朱 夏

论中国含油气盆地构造

石油工业出版社

内 容 提 要

本书收集了朱夏同志和他的合作者自1965—1991年间在学术会上的发言、报告和期刊杂志上发表的有关含油气盆地构造方面的论文共13篇。为了配合此论文集的出版，作者对每篇文章又进行了修改，个别文章作了较大的删节，文前还专门写了“自序”。

书中讨论了含油气盆地的定义和类型的划分，论述了含油气盆地的形成机制，含油气盆地的地球动力学背景，盆地构造的演化及其运动体制等许多值得探讨的理论问题。重点分析和讨论了我国中新生界含油气盆地的大地构造特征，板块构造与中国石油地质的关系，盆地内的生储油性质及其组合关系，同时还引用了美国、原苏联等国的大量实例，进一步指出了我国今后找油的领域和方向。

本书可供石油、地质、煤炭等部门从事大地构造、构造地质、石油地质工作者使用，也可作为地质、石油科研和教学人员的参考书。

图书在版编目（CIP）数据

朱夏论中国含油气盆地构造 / 中国石油化工股份有限公司石油勘探开发研究院无锡石油地质研究所等编．—北京：石油工业出版社，2020.6

ISBN 978-7-5183-3951-8

Ⅰ．①朱… Ⅱ．①中… Ⅲ．①含油气盆地 – 地质构造 – 研究 – 中国 Ⅳ．①P618.130.2

中国版本图书馆 CIP 数据核字（2020）第 069901 号

出版发行：石油工业出版社

（北京安定门外安华里2区1号　100011）

网　址：www. petropub. com

编辑部:(010)64523543　图书营销中心:(010)64523633

经　　销：全国新华书店

印　　刷：北京中石油彩色印刷有限责任公司

2020年6月第1版　2020年6月第1次印刷

787×1092毫米　开本:1/16　印张:10.25

字数:263千字

定价:80.00元

（如出现印装质量问题，我社图书营销中心负责调换）

自　序

岁月催人，我从事以找油为目的的地质普查工作已经三十年了。有如普拉特（Wallace E.Pratt）——今年恰好是他诞生一百周年——所说[1]："我分享了成绩辉煌的地质事业的喜悦。我们已远远超越了我开始从事石油地质工作时认为可能达到的最高峰"。然而，更经常萦回于我脑海中的是普拉特的另一段话："每一个找油的人必然要根据他对事实的观察，即根据他对自己工作地区石油产状的了解而行事。但是，找油的人几乎从来不会知道他所要涉及的所有因素——也就是尚未勘探或尚未充分勘探的地下深处某一地壳块段的实际情况。对他来说，已知和未知之间的悬殊非常之大；因此，对他来说，对于他所不知道的东西的潜力经常有所警觉是十分必要的。他必须经常意识到他并没有知道可能成为他的问题的所有的东西"。"如果他的知识使得他盲目地对待未知的东西，他就不会有多大发现"[1]。正是为了想从某些基本地质问题的探索中寻找一些未知的东西，我断续地写下了搜集在这本小册子里的几篇文章。

普拉特有一句名言："归根结底，首先找到石油的地方是在人们的脑海中"，已为举世所传诵。上节的引文，我想，可以看作是他对这句名言的自我诠释。找油工作，贵在开拓。探寻油气的实践不是一项任意的活动，而必然是在以往已被不同程度地认为是正确的理论指导下进行的。但是，实践的目的绝不是为了印证已知的理论或模式，而是要对它做出检验，有所发展。这种检验无疑地要以所观察到的事实和所获得的信息为基础，但是不能就事论事地为它们所囿限，要通过发散的思维活动，实现普拉特所谓的"智力想象"（Mental visualization），融未知于已知，化意外为意中，以形成脑海中的油田，为发现并做准备。对于一个找油者来说，他的哲学应该是从实际出发，解放思想，不断地探索未知。

在找油者的面前，一直横亘着一条已知与未知之间的鸿沟，有待他去逾越。1941 年普拉特提出了"烃类是海相沉积岩石的常规组分"[2]这一基本概念，冲破了原来找油指导思想中的一些不必要的束缚（当然，必要的制约条件还是存在的），使得以后在海相沉积岩领域中寻找许多未知的油气成为可能，而且是行之有效的事情。但是，对于当时的普拉特来说，陆相沉积岩中的烃类赋存仍属于"未知"的范畴。五十年代我国石油地质普查工作者向陆相中新生代沉积盆地的全面进军，是对普拉特这一基本概念的新的挑战和突破，开拓了"烃类也是陆相沉积岩石的常规组分"（当然，也有必要的制约条件）这一广阔的未知领域，并向前迈进了成功的一大步。

不过，当我们全力探索陆相中新生代沉积盆地的油气时，也曾经或多或少地忽视了另一些方面。从我个人的经历说，三十年前（1955）我在准噶尔盆地进行油气地质普查工作时，虽然也注意到了具有生成油气条件的上古生界海相沉积，但由于当时找油指导思想的局限，还是把这些有可能成为已知的东西摈斥于未知之列。多年的勘探成果不但在准噶尔，而且在不少别的盆地都说明：要防止普查工作战略的片面与失误，首先要免于找油“哲学的贫困”。

从我国含油气盆地的实际出发，首先引人注目的是我国有属于两个地质历史阶段、同两种全球热—构造运动体制相联系的两套富于油气远景的沉积盆地。它们在大部分地方彼此叠加。这种叠加不是一般的沉积的“复合”，而是通过构造格局的重大变化（“变格运动”）所构成的复杂联系。包括盆地基底和盖层的地壳块体或段带的移位［无论是伸展（拉张）、挤压（推覆）或平移（转换）］及相应的物质流和热流的变化，使得我们必须以三维的观点（而不是“鸟瞰式”地）来认识盆地的范围；以动态的分析（如张、扭、压应力的先后递变）来了解盆地的形成与改造。正是这些叠加关系为多种油气藏的形成提供了有利条件，其中有的还是大型的，如同推覆有关的隐蔽油藏或同犁式正断层相联系的基岩油藏等。因此，盆地整体的观念是勘探油气所必须遵循的一条基本原则。每个阶段的盆地又往往经历了多旋回的演化，断陷—坳陷的转化是演化的一种重要而普遍的形式，它不仅适用于中新生代盆地，而且古生代坳拉槽转化为台向斜也具有这种性质。近年来金斯顿（Kingston，1983）所强调的断裂（fracture）与沉陷（sag）[3]、佩罗东（Perrodon，1984）所提到的开裂（rifting）与弯曲（flexuration）[4]的关系，也就是我在六十年代初所说的断—坳转化的观念。同断陷、坳陷各自的沉积—构造体、同断陷发生以前的“基岩”及同断坳的转化过程相联系的各式各样油气藏是一个复杂而有序的系列。所以，对于每一个大型盆地，首先要从纵向上把它看作是一个多阶段、多层次的系统，按模式的匹配与规律的拟议来探索未知而潜在的东西。其次在横向上，一个地质历史阶段的大型盆地总是包含着为当时的全球构造运动体制所控制的多种结构。从找油角度看，我们感兴趣的是那些负向结构，诸如：同正断层相关的地堑、箕状断陷；同逆断层（推覆、拆离、A式俯冲）相联系的克拉通周边和前渊；同平移断层相伴随的拉裂（Pull-apart）；以及一般同断裂无关而因壳幔调节成重力负载所产生的坳陷等。当两个阶段的盆地相叠加时，前一阶段的负向单元可被“席卷”入后一阶段的正向单元，而后一阶段的负向单元又可“囊括”前一阶段的正向单元。在诸如此类的复杂的并列和结合关系中，结构单元之间的接合部分往往是应力作用活跃（如滚动、推覆、平错）而沉积方式多变（如相变、尖灭等）的地方，也就往往成为发现多种油气藏的场所。因此说，对于复杂的大型盆地，必须进行各阶段的结构分析。历史的、动态的、系统的结构分析对于探索有复杂运移过程和生储关系的油气藏类型尤为重要。近来原苏联学者提出的“原苏联含油气省（盆地）构造模式”（Щеин，1984）[5]，实际上也就是我们所说的大型盆地的不同阶段、多种结构的组合。

一个结构单元是一种构造形式，也是一个沉积实体。我称之为盆地的“原型”，并认为：可以按地球动力学的机制来区分、类比的是这类原型，而不是它们的组合——盆地。盆地的整体，尤其是为迭加关系所复杂化了的，只有从结构的分析、综合来加以比较。按照两个世代、两种体制的观点，我曾以中国大陆壳上的盆地（不包括同大洋盆直接关联的被动或主动边缘盆地）为准，分别提出古生代盆地与中新生代盆地的若干原型，并以符号来表示它们的并列与叠加关系。最近，佩罗东（1984）提出应划分沉降的类型以区别于惯用的盆地类型[4]，是同我们的主张相一致的。这些原型或结构单元应被看作是在一定环境下的作用—响应（process-response）系统；对此，我曾用 T（环境）—S（作用）—M（响应）的程式来表达它的内涵与外延诸因素。系统中包含着许多子系统，诸因素间有极其复杂的相关性。用系统论的观点和方法，把这种复杂相关性的地质语言以符号、数据或方程式来表达，通过电脑的运算、模拟，将能使各种盆地原型具有全球性的可比拟性，并从而突出中国盆地在全球构造环境中的特殊性。这样做，可以使大量的已知的东西更有效地为探索未知服务，而对于尚未勘探或尚未完全勘探的地下深处来说，也可以从少量的已知的东西来推演许多未知的、潜在的东西，以期有助于油气田在找油工作者脑海中的形成。

选择这几篇文章的目的是想陈述一下三十年来找油工作的亲身体会在我脑海中逐渐形成的上述概念。六十年代我提出了盆地形成、演化的运动体制和一个盆地的整体包含着两种体制等问题。七十年代我把对运动体制的分析概括为历史演化、全球联系、深部根源、和动力作用方式等方面。同时，我和我的同事们曾计划（1979 年）按理论建模—实例校验—动态模拟的程序来进行盆地系统的研究工作。这些工作至今还只不过是有了一个开端。所以，上面所述的概念距离油田在脑海中的形成还很遥远。我所以敢于不揣粗陋地提出来，是因为我觉得一个找油者不应该满足于已知事物的经验积累和归纳，更不能不防止找油思想的因袭和束缚。他的责任永远是面向未来，探索途径。正如在深山旷野中进行地质观察那样，虽然免不了歧路徘徊，甚至会迷途知返，但毕竟要在艰苦的里程中踏出自己的脚印。我的意图无非是想为百花烂漫的中国石油地质园地添植一茎小草；或者说，在找油工作中已习以为常的实证主义思想方法以外，多考虑一点普拉特所说的“想象”（vision）。

在三十年来我国石油地质普查的辉煌成就中，我分享了已知的喜悦，更憧憬着未知的美好。我国的油气盆地还有许多未经开拓的潜在领域，这是找油工作者们的共同信心。相应地，以全球观点来联系中国的实际，从解放思想来发扬“求实”的精神，推陈出新，举一反三，我相信，正是中国油气盆地所期待于找油工作者们的。

朱夏

1985 年 1 月

参考文献

[1] Pratt，Wallace E. Towards A Philosophy of Oil-finding，AAPG Bull，1952，1982，vol.36，no.12.

[2] Salvador，Amos. Memorial—wallace Everette Pratt（1885—1981）. AAPG Bull，1982，vol.66，no.9.

[3] Kingston.D.R.，C.P.Dishroon，and P.A.williams. Global Basin Classification System，AAPG Bull，1983，vol.67，no.12.

[4] Perrodon，A. and P. Masse. Subsidence，Sedimentation and Petroleum Systems，Jour. Petr，Geol，1984，vol.7，no.1.

[5] Щеин，В.С.，К.А.Клещев. 地台和褶皱区的油气聚集条件，俄文 // 油气地质（но.з），1984.（李寿田，译 // 海洋地质译丛，1985（1））.

目　　录

我国中新生界含油气盆地的大地构造特征及有关问题 …… 1
关于我国陆相中新生界含油气盆地若干基本地质问题的初步设想（摘录） …… 26
中国东部板块内部盆地形成机制的初步探讨 …… 35
中新生代油气盆地 …… 45
论中国油气盆地的构造演化 …… 58
试论中国中新生代油气盆地的地球动力学背景 …… 64
板块构造与中国石油地质 …… 74
中国中新生代构造与含油气盆地 …… 83
中国大陆边缘构造和盆地演化 …… 91
试论古全球构造与古生代油气盆地 …… 98
多旋回构造运动与含油气盆地 …… 129
关于盆地研究的几点意见 …… 141
活动论构造历史观 …… 147

我国中新生界含油气盆地的大地构造特征及有关问题*

一、含油气盆地的定义及类型问题

我国的石油地质学家对“含油气盆地”这一名词的使用，已习以为常。对于像准噶尔、柴达木或者四川那样的地区，我们毫不踌躇地称之为“盆地”；即便是对于那些以平原地貌为主的地区，像华北、江汉、东北等，在为它们选择一个具有构造意义的称谓时，我们亦乐于使用“盆地”这一名词。把盆地作为一个整体来率先考察它的全貌，进一步按沉积、构造……等方面的特征来把盆地区划为若干具有不同含油远景的部分，然后再选择条件最好、希望最大的部分加强工作，从而找出油气藏成群分布的地段；这种“循序渐进”的工作方法已被无数事实证实为成功的经验。反之，如果不从整个盆地着眼，仅仅从规模、形态、油气显示等条件来任意选择局部构造进行工作，那么，事实也会证明，这种选择往往只是主观的，结果是不会令人满意的。

A.A. 巴基洛夫（1962）认为：“1948—1957 年在西伯利亚西部与东部进行的普查—勘探工作……所以在实际上毫无成就的原因，是由于这些工作基本上是集中在有利于区域油气聚集带形成的地区以外进行的，也就是说，由于在选择布置油气普查—勘探工作的地区时，对区域地质因素考虑得不够。”要足够地考虑区域地质因素，必须首先明确：什么是应该作为考虑基础的与含油气性有关的最基本的地质区域；以中国的情况看，这种最基本的地质区域应该是，也只能是盆地的整体（特别是中新生界盆地）。

在工作中我们有过这样的经验：在某一盆地的沉降最深、沉积最厚的地区进行勘探，获得的成效不大，而在把工作转移到该盆地的边缘斜坡地区后，就找到了预想的油田；可是在另一个盆地，最早在斜坡地区进行的工作未获结果，而当工作推展到该盆地的中央坳陷部分时，却取得了可喜的成就。某些盆地的油气田是在潜伏隆起带的顶部与侧部找到的，可是在另一些盆地，钻探证明在潜伏隆起带上已缺失了含油层系，相反地，在相应的凹陷中则发现了油田。这些情况告诉我们：在不同盆地内处于相类似位置的部分，在含油气条件上彼此可以有很大的本质上的差别，只有在了解盆地整体及其历史的前提下，才能对盆地各个部分的特性，特别是含油气性，正确地进行具体的分析，从而指导普查—勘探工作的实践。“只有在对这一部分地壳在地质发展历史过程中所经历的变化全部加以考虑以后，才能够对整个盆地或其个别部分进行彼此之间的远景比较评价。”（И.О. 布罗德，1961）

* 原载《中国大地构造问题》，1965，科学出版社。

从整体到局部，这不仅是工作程序的问题，而是体现了我们对含油气地域区划原则的理解和运用。含油气地域的区划，像其他矿种的成矿区域划分一样，目的在于阐明油气集聚分布的内在规律，从而为正确的预测工作服务。原苏联石油地质学家在这一方面曾做出了重要的贡献。特别是近三、五年来，有关含油气地域区划和分类问题的争论更是方兴未艾。几乎所有的有关学者都强调了大地构造是含油气地域区划的基本标志，而争论的焦点则在于：什么是含油气地域区划的基本单元；以及含油气盆地在区划中占有什么地位？在讨论我国中、新生界含油气盆地的大地构造特征以前，结合我国的具体地质情况来探讨一下各家的意见，将是十分有益的。

较早使用“含油气盆地”这一名称的有哈茵（1951，1954）、布罗德与耶列明柯（1957）等。哈茵认为区域性油气形成与油气聚集的基本地区性单位是含油气盆地，这一名词被理解为：“……长期发育的大地构造洼地，在地质时期的某一一定段落中曾经是成油和油潴形成作用发育的地区。”布罗德和耶列明柯（1957）最初认为：含油气盆地是“……地壳现代构造中的大型的长期沉降地区，它们和许多油气聚集带及供给油气的集油面积有着关联”。在第二十一届国际地质会议的论文中，布罗德与瓦林佐夫（1960）又提出了如下的定义：“含油气盆地系指地壳现代构造中的巨大而长期沉降的闭塞地区，与之有关的有各种各样的油气藏，它们集中在油气聚集带内并从集油气区获得补给”。在答复对上述论文的批评意见时，布罗德（1961）又提出：含油气盆地是“封闭或部分封闭的地壳坳陷区，由沉积岩组成，其中有含石油和天然气潴的岩性——地层组合”。

另一方面，反对把含油气盆地作为区划单元的主要有 A.A. 巴基洛夫与 H.IO. 乌斯宾斯卡娅。乌斯宾斯卡娅（1952）认为大型含油气区域的基本单元是“含油气省”，它的定义是“……油气聚集的大型的地区性的分布，和统一的地质结构与地质历史相联系，其特点为具有控制沥青形成与油气聚集的比较一致的岩相与构造类型”。后来她又提出（1962）：“含油气省是指与区域构造单元（边缘、地台内部及山间洼地等）相联系的有油气聚集分布的大型区域，以有共同的含油气建造（层系）及控制油气聚集的共同类型的构造为其特色。”在具体的区划中，划分各种类型的省的依据是“与油气聚集有关的区域性构造——大地构造单元的性质”。巴基洛夫提出的基本单位是“含油气区”。这一名词的定义是：“依存于同一大型大构造单元的大型含油气区域，其特征为具有统一的地质结构与地质发展史及类似的、区域性的成岩作用发育条件，其中包括了在一长段地质发展时期（纪或代）内油气形成与聚集的条件”（1962）。按照这一定义来“审查一下全世界所有大陆上含油气区的分布条件，可以看出它们只存在于某些一定成因类型的一级大构造单元及其有关建造中”。

对上述各家的意见加以比较，不难看出：所有的关于“含油气盆地”的定义确实都有模糊不清的缺点。这些定义所表达的含油气盆地的概念，诚如巴基洛夫所说，“并不能揭示这些区域的形成与分布和属于不同成因类型的地壳构造单元及其有关建造之间的有规律的联系”（1962）。不过，应该指出，这些定义上的严重缺陷毕竟不能妨害“与大型的、结构复杂的地壳坳陷地段有关”（布罗德，1961）的含油气盆地的客观存在，亦不能否认某些含油气盆地是在不同大地构造单元的基础上发育形成的统一了的“结构复杂的盆地”。

相反地，强调了对大地构造单元的依存性的含油气“省”或“区”的概念，在处理“相当于一系列不仅属于不同类型，而且属于不同大地构造范畴的含油气省或其一部分”的“复杂结构的盆地”（乌斯宾斯卡娅，1962）时，便不能不遇到“没有任何相互协调之处”（同上）的困难。

我国的绝大多数中新生界含油气盆地都是这种“复杂结构的盆地”的例子。某一个盆地是部分在前寒武纪结晶地块上，部分在有古生代沉积的台坪上，通过不同的发育过程，最后形成的一个统一的盆地；即便是同属于台坪的部分，由于发育过程中的构造运动体制的差别，仍具有不同的结构，可能影响到油气聚集的条件。另一个盆地主要是在中间地块的基础上发育的，但也包括了一部分地槽褶皱带在内。另一个盆地虽然被认为是形成于海西褶皱带的基础之上的，但亦有人怀疑它的基底的某些部分是前寒武纪结晶岩石。此外，某一个外表上十分简单、完整的盆地，据初步的地球物理资料看，也并不是单纯的“台向斜”型的坳陷，它的基础的各个部分具有不同的大地构造性质。可以说，我国的大型中、新生界盆地的大部分是跨越两个或两个以上的一级或二级大地构造单元而发育的，但是我们总不能否认它们是完整的、统一的盆地；更不能撇开它们不管而只把它们的某些部分认为是含油气地域区划的基本单元（含油气省或含油气区）。很难想象，在这些地区进行油气普查勘探工作时，如何能不通过对盆地整体的考察就认识这些不同的“基本单元”？即使区划了这些单元，又如何能够正确地认识大地构造类型相似的单元在不同盆地中的不同含油气条件？巴基洛夫批评布罗德的含油气盆地概念的理由之一是：“含油气盆地这一术语之所以不能接受，是因为И.О. 布罗德和М.Ф. 米尔钦柯把这个概念推广到极不相同的一级构造单元上，即不仅其地质构造和地质发展不同，而且在其范围内出现的不同类型和级别、油气聚集的形成条件和运移条件也不同”（1962）。对此，我们不能不反过来问：如果所有这些“不同”的东西确实存在于同一个地区的范围以内，而且有统一的发展历史，例如包括克拉玛依和独山子在内的准噶尔盆地，我们除了称这个地区为“盆地”并承认它是含油气地域区划的基本单元以外，难道还有什么其他更好的办法吗？

巴基洛夫十分正确地指出：“大地构造作用的每一新的大阶段是在前一阶段的基础上发育的，初期继承了前一阶段的构造关系，而在进一步发展中则逐渐产生了具有新的质的特点，只能为这一阶段所特有的新的构造关系”（1962），可是他自己并没有重视这一点；他提出的为含油气区所依存的地壳的大型大构造单元只包括了“地台区”与“过渡及褶皱区”两类的某些单元。这些单元显然不能说明某些“地台区”与“过渡及褶皱区”在“进一步发展中”所产生的“特有的，新的构造关系”，因此在这些地区的后期历史阶段中形成的大构造单元——盆地，在他的体系中无法被容纳，不能不被排斥在外，置之不顾，或者被强加割裂，“削足就履”。

乌斯宾斯卡娅察觉了“含油气省与结构复杂的盆地之间没有任何相互协调之处”；她一方面指责：“在构造——大地构造标志上意义不一的简单地与复杂的盆地的差别，不仅是含油气盆地分类中的缺点，而且在按这一原则进行含油气地域的区划时亦有实际困难”（1962）——对布罗德的含油气盆地分类来说，这一指责是部分地正确的；另一方面，她对1954年提出的含油气省分类也做了一些补充，以便能容纳更多地为以前的类别所不能包括的含油气地区（盆地）。在新的分类中（1962），乌斯宾斯卡娅把原来（1952）的“与褶皱系有关的含油气省”改称为“活动带（地槽及后地台）含油气省”，并在其中增加了第三个类别，即“后地台活动区洼地省”；原来的“与地台平原地区有关的含油气省”被改称为“地台区（古老及年青地台）含油气省”，其中增加了一类：“活动古老地台及内地台活动带洼地省”。这一改变或增补的用意是十分明显的，是为了给许多不能为“地槽”或“地台”构造单元所概括的含油气盆地以应有的地位；可是，由于它不能摆脱“地槽”—“地台”这一根深蒂固的概念的束缚，所以仍然是不彻底的。乌斯宾斯卡娅自己也不能不承认：“由于本身的过渡性的大地构造性质，后地台活动区和活动地台有其相似之处”。从以上引用的含油气省的名称看，不难认为：对于在地质发展历史后期形成的许多复杂结构的盆地来说，在乌斯宾斯卡娅的概念中，地槽—地台这一“牢不可破”的界限无形中已从基础上开始动摇了。

布罗德及其合作者坚持了盆地的统一性及其作为含油气地域区划基本单元的重要性，可是未能提出与此相称的含油气盆地的分类。布罗德 1960 年提出的“世界含油气盆地分类草案”不仅过于简略，而且过多地看重了地貌—水文地质标志，因而忽略了对大地构造—构造标志的应有的充分分析。特别是在第三大类，即“山间洼地含油气盆地”的范围内，包罗了许多性质绝不相同的盆地，使得新、老褶皱山系和新、老地台上的盆地在这一标题下形成了“大杂烩”，“山间洼地”在这里已失去任何明确的定义。这一点比起布罗德和耶列明柯在 1957 年的分类来只能说是一种倒退，无怪乎引起了许多人的尖锐批评，几乎完全湮没了布罗德整个观念中的正确的部分。

哈茵的含油气盆地分类是单纯的大地构造分类。这一分类只看到了含油气盆地（主要是简单的盆地）从属于大地构造单元并成为它的一部分这一方面，忽略了另一个重要的方面，即：复杂的含油气盆地可以而且往往席卷几个不同大地构造的全部或一部分而发育成为统一的整体。因此，后一类盆地在这一分类中便找不到它们应有的位置。

此外，瓦林佐夫在“中国含油气洼地的大地构造特点”（1962）一文中提出：含油气盆地是“大型的负性大地构造单元；它是完整的、封闭或半封闭的，通常有复杂结构的和不均一的沉降地区，具有足够厚度的沉积盖层，其中已知或可望有具工业价值的油气藏存在”。这一定义是比较明确的，可是在它的后面仍然隐藏着含油气盆地从属于大地构造洼地的概念，只是“在中国的情况下，‘含油气洼地’和‘含油气盆地’基本上是吻合一致的”。从这一概念出发，他提出的分类仍不能不恪守“地台区—褶皱区”的绳墨；承认了阿尔卑斯褶皱作用的改造，但仍不能不把被改造的地区列为褶皱区。所以这一分类的基础是盆地所在的基底大地构造位置而不是盆地本身的特点。从分析盆地的不同特性从而阐明或预测油气聚集在不同盆地中的分布规律这一目的来看，这样的分类是没有多大实际意义的。例如，把华北、华东与鄂尔多斯并列为“前寒武纪褶皱地台”上的“台向斜”，如何能说明彼此之间的显著差别？把四川与广西、贵州并列为“华南活化准地台”上的“大复向斜”，又如何能表示四川中生代盆地的特点？按位置的特点把南山山前洼地列为独立的大类，显然忽视了它和准噶尔及塔里木的山前地区所共有的某些性质；同样，准噶尔和塔里木的区分是很勉强的，而塔里木和柴达木却并不具有瓦林佐夫所指出的共性。

再看一下美国学者关于盆地的意见。在美国石油地质文献中，“含油盆地”（Petroliferous Basin）这一名词的使用是十分松弛的，几乎没有什么严格的定义。它可以是范围广大的圆形构造凹陷，如密歇根盆地，或者是有很厚沉积物的没有特定形状的广大地区，象黑勇士（Black Warriors）盆地，或者像落基山山间构造凹地那样，这一名称并不表示“地层的厚度有所增大”（罗塞尔，1960）。由于涵义不清，在有关石油的形成与产出问题上，有些人着重于构造盆地，另一些人则强调了“原始沉积盆地”（威克斯，1952）。事实上，一个“大小与形状仅受制于现存地形”的简单的“接受沉积物的地形凹地”——沉积盆地（达尔慕斯，1958），或是一个简单的构造向斜盆地，对石油的大规模形成、聚集来说，都没有主要的意义。只有那些同时具有长期沉降与沉积物沉积条件的地域才能成为巨大的含油气盆地。这里居于主动一面的是地壳的沉降作用，而控制沉降作用并从而制约盆地演化的则无疑是当时当地的大地构造运动体制。达尔慕斯着重了“演化”，并提出了“动力盆地”这一名称来表示地壳的“主动”沉降部分，显然是有进步意义的。不过他认为动力盆地是“与沉积物的存在和以前的区域或局部构造都独立无关”的构造单元这一点，显然忽视了受作用的“被动”的一面的反应，因而在看法上存在着片面性。

达尔慕斯认为动力盆地只有原生的与次生的两类，未能进一步对各类盆地及其相互的动力关系加以分析。因此不能说明盆地的类型、性质与盆地内油气生成聚集规律之间的一定关系。另一方面，可能由于过分着重了盆地的沉积作用的一面，威克斯（1952）所提出的盆地分类，在大地构造背景与地质历史发展观点上，都缺乏比较严密的体系。特别是关于“稳定地区”（地台）盆地的分类中，把离活动带（地槽）的位置远近和断裂作用是否显著（地堑与半地堑）等漠不相关的因素杂然并举，很难说明这些盆地的发育特征，

威克斯着重指出：“要了解油的产出，必须回到原始沉积盆地去”。由此他强调了控制沉积的环境因素。可是对于控制环境的出现和消失的那些更深入一步的原因，却没有能够在他所描绘的盆地格局中得到解释。与重视大地构造因素的巴基洛夫相比，或是与在含油气基本单元的定义中愈来愈轻地看待沥青形成条件的乌斯宾斯卡娅相比，正好是各执一端。威克斯（1952）曾经指出，伊利诺斯盆地的大部分在晚密西西比纪的捷斯特期以前是稳定的地台斜坡而不是盆地，大部分的油则是在捷斯特盆地内找到的。在另一篇文章里（1958），他又提到：“在加利福尼亚的某些盆地中，早期的沉积全部或大部处于开阔海的充氧环境。只有当中央沉降发生，盆地变得更受限制，并有中央凹地发育时，才有大量的油”。这些都正好说明：运动体制的变化是形成含油气盆地的首要条件。在含油气盆地的定义与分类中不能不恰如其分地反映这种情况。

从以上对各家意见的评述中，我们获得了这样的概念：作为含油气地域区划的基本单元应该是含油气盆地；对它们的正确认识，无论在理论或实践上都有重要的意义。问题是：现有的关于含油气盆地的定义和分类方案，在很大程度上都还不够确切，不够完备，需要我们作更多的研究。对于那些从属于一个大地构造单元的简单的盆地，定义和分类问题也都比较简单，称之为盆地、或称之为“省”或“区”，只是一个命名原则的问题；可是对于那些在不同大地构造单元的基础上统一发育的所谓“结构复杂的盆地”，问题也就复杂得多，现有定义和分类方案的最大缺点也即在此。

在布罗德（1960）的《世界含油气盆地分布草图》或更早一些的乌姆勃格罗夫（1947）的《第二类盆地分布图》的基础上分析一下这些成问题的“结构复杂的盆地”最引人注意的一点是：这些盆地的绝大部分都是由中生界至新生界（个别的可有部分二叠系）沉积充填的，也就是说，它们是在地质发展历史的后期，亦即阿尔卑斯旋回内形成的。它们中间的一部分属于阿尔卑斯地槽带，不在这里讨论，更多的则是在相应于这一地槽带的所谓“阿尔卑斯地台”[1]（别洛乌索夫）上的构造运动的产物。如果说，阿尔卑斯地槽和在它以前的地槽相比具有许多特色这一事实已为多数地质学家所承认，那么，与之相应的阿尔卑斯地台和在它以前的地台相比亦有很多差别应该是无可置疑的事情。如果说，全世界的绝大部分海洋盆地都是在中生代及其以后时期（最早的不过古生代末期）形成的，那么，同一时期在大陆上有许多盆地发育更是无足为奇的了。乌姆勃格洛夫（1947）亦早曾指出，“大多数盆地与槽地形成于某一华力西幕之后。在阿尔卑斯某些幕以后，同样而且特别强烈地形成盆地，在成因上与加里东幕有关的盆地无疑地要少得多”。

作为一个整体，阿尔卑斯地台的组成成分包括了早已存在的结晶地块、地台及已经回返的地槽褶皱系亦即年青地台。在阿尔卑斯地台的新的运动体制之下，所有这些组成单元都将受到影响，改变旧的构造关系，产生新的构造关系。在这里，随着地球历史的发展而带来的新生作用及由此产生的适应于新的运动体制的新的构造关系是一个方面；继承了各个不同组成单元的原来性质而与新的运动体制相抗衡的是另一个方面。这两个方面的相互作用，使得旧构造关系的改变程度可以很不相同，从十分稳定，几乎没有受到多少改变直至脱胎换骨，面目全非的彻底改变（例如：从大陆型改变为海洋型结构的地壳），而新产生的构造关系则表现为多种形式与多种性质相统一的不同单元。像任何种类的构造单元一样，这些新生单元有正性的，也有负性的，彼此以对应的关系相结合，相转化。盆地是这些负性单元的一种形式。属于这一范畴的正、负性单元，除了各类盆地及相应的穹地以外，还有天山型的隆起、非洲型的裂谷，里海型的沉陷等（此外还有大洋盆地）。它们和从以前的地质历史阶段继承下来而未经或略经改变的结晶地块、地台（古生代地台）、褶皱山系或所谓年青地台等在统一的阿尔卑斯地台上并存着。从占有的面积看，受新生作用影响的大地构造单元要比保存下来的未经改变的旧单元居于优势。所以它们不是地台个别部分“活化”的产物，而是整个地球历史向前发展的必然结果。在成因上，这种新的运动体制的根源来自地壳以下的深处发展［无论是别洛乌索夫的“玄武岩阶段”（Базальтовая Стадия）或者是克劳斯（E.C.Kraus）等人的其他理论］；在现象上，它是地台历史延续的新阶段，在一定意义上说，亦是地台的“多旋回性”发展的表现。

新的运动体制与旧的构造关系的相互作用决定了新生的不同类型盆地的性质。它们之中，有些在一个旧单元的范围以内形成，有些则在好几个单元的共同活动下发展。有些在发育过程中有显著的断裂活动；有些则以波状的坳陷为主；有些早期以断裂为主，后来转化为坳陷，另一些则在坳陷的基础上转入隆起状态并发生断裂。这些具体情况和相互关系，我们将在后面结合中国的中新生界盆地加以说明。这里需要指出的是：这种阿尔卑斯

[1] 我们以前曾称之为“后华力西（印支）地台”，现改从别洛乌索夫的命名。就中国的地质发展历史说，原来的名称意义似更确切些。

地台上的盆地是和前阿尔卑斯地台上的盆地有所不同的。威克斯（1952）早曾指出过“第一旋回（古生代）盆地”与“第二旋回（中生代—第三纪）盆地”的差别，但他只着眼于古地理方面，事实上盆地的结构和构造性质更多地显示了这种差别。哈茵（1960）指出，老地台有稳定的，也有活动的；年青地台同样如此。作为区分稳定与活动地台的标准，哈茵提出了五项指标，即：深断裂的发育，上迭凹陷（地堑——台向斜）的发育，陆相似磨拉石建造的发育，岩浆活动，以及撒克逊（燕山）型块状褶皱。不难看出，他所认为的老地台的活动性在很大程度上是指为后来的阿尔卑斯地台运动体制所赋予的。严格说，稳定与活动应该是就同一范畴内的事物相对而言的。在老地台范畴内，相对于典型的稳定地台的是那些被称为“准地槽”“次地槽”或一部分“准地台”的单元；它们是同一运动体制下的不同表现。就阿尔卑斯地台来说，同样有稳定的部分和活动的部分；但他们并不受原来性质的约束。无论是原来的结晶地块、地台，准地台或年青地台都可以分异为活动的与稳定的，从这一意义上说，稳定的波罗的地盾与有断裂和坳陷发育的非洲或南美地块，稳定的俄罗斯古生代地台与活动的西伯利亚古生代地台，稳定的乌拉尔古生代褶皱带与活动的天山古生代褶皱带，稳定的西西伯利亚年青地台与活动的中亚细亚年青地台等，又重新组合成为阿尔卑斯地台的稳定与活动单元。“旧的统一和组成此统一的对立成分让位于新的统一和组成此统一的对立成分”这一新旧过程的交替是十分清楚的。在旧的过程（地台）和新的过程（阿尔卑斯地台）中，在各自的稳定和活动部分中，都可以有盆地形成，但在盆地的分类中，如果忽略历史过程的不同，而仅仅着重于稳定或活动的程度，所得的结果将只能是一种形态的比拟，不能说明盆地的形成、发展和分布规律，也不能从各型盆地在成因上的有机联系来对比分析从稳定到活动的一系列条件下含油气情况的异同，从而不利于勘探实践。

所谓古地台上的活动盆地事实上包括了两种情况。其一是地台运动体制下的活动部分，如“准地槽”“准地台”（如我国西南的古生界石灰岩地区），它们和阿尔卑斯地台上的活动盆地是易于区别的，这里不做讨论。另一种是古生代的稳定盆地，后来又受到改造，并常常为新的盆地所掩盖，如东西伯利亚的古生界含油气区或北非的撒哈拉古生界地台。这些盆地是在地台运动体制下形成而在阿尔卑斯地台运动体制下受到改造的，就油气形成条件的分析说，正如威克斯所指出：“要回到原来的沉积盆地去”，而对于油气的聚集则需要更多地考虑改造的因素。它们和一开始就在阿尔卑斯地台运动体制下形成的活动盆地相比，无论在与基底的关系、沉积建造的性质、褶皱断裂的发育过程及对油气的影响等方面，都是颇不相同的。至于老地台上的古生界稳定盆地与阿尔卑斯地台上的中新生界稳定盆地（包括在老地台上叠置的与在年青地台上形成的）之间的差别，就比较不那么明显，大体说来，可以归纳为以下几点。首先，就相对于基础结构的关系说，老地台盆地的整体有较高的继承性，其内部的次级单元则有较多的新生性；阿尔卑斯地台盆地则相反，盆地的整体对基础结构来说是新生的，而其各个部分的活动则又在一定程度上继承了不同的基础部分而有所差别。前一种情况的例子，有如哈茵（1960）所说：“俄罗斯地台上的主要正构造——波罗的与乌克兰地盾，伏龙涅日与伏尔加—乌拉尔穹起——相当于基底的最老部分，而主要的负构造，特别是莫斯科台向斜，则相当于较年青的块段”。至于台向斜及穹起内部的构造（一或二级）则在发育过程中愈来愈多地摆脱了基底的影响（纳里夫金，1956）。后一种情况可以西西伯利亚低地为例。它在包括了贝尔加褶皱带，加里东褶皱带，华力西褶皱带，以及前寒武纪地块等不同性质单元的基础上统一发育，如罗斯托夫切夫的图上所示；可是在分析它的内部构造时，纳里夫金（1959）指出，很多一级构造“位于古生代基底的复向斜与复背斜之上，代表着继承构造”，并认为可能由于基底褶皱结束与地台盖层开始形成之间的时间长短不同，西西伯利亚低地和俄罗斯地台相比，次级构造的“继承性更为明显”。其次，地台上的盆地通常是在一个比盆地范围大得多的斜坡背景上开始发育，如前面已提到过的伊利诺斯盆地，在晚密西西比纪以前是稳定的地台斜坡，以后才成为盆地；又如美国的二叠纪盆地，据加莱（1958），从密西西比期的末叶起，构造环境才从一个平坦地台的宽阔斜坡转变成为一个几乎封闭了的盆地。阿尔卑斯地台上的盆地则与此不同，它们有些是从狭窄的槽地开始，逐渐扩大为盆地，如德国西北部的盆地在三叠纪—侏罗纪时是一系列槽地（彭茨，1958），又如巴黎盆地最早的沉积中心是从威尔特槽地开始的（德·西特，1956）。另一些盆地最初是一些小凹地，后来才成为大坳陷，如西西伯利亚低地在三叠纪时的情况（罗斯托夫切夫）。中国中新生界盆地的这种例子更多。换句话说，地台盆地常常是在区域性的沉降背景上出现的，所以和边缘外框的构造线基本上是“协调的”（按乌姆布罗夫的定义，1947），碎屑沉积的比较缺乏，可能一部分也是由于这一原因。阿尔卑斯地台盆地则有很多是在区域的隆起背景上通过断陷或小洼地而发展的，所以碎屑物质较多（特别是在盆地发育的早期），并与外框呈“不协调”的关系。当然，也有一些盆地是地台沉降的延续，例如鄂尔多斯，但它淹没了外框的古构造线，在关系上仍是不协调的，不同于地台上的台向斜型盆地。

我国的中新生界含油气盆地都是这种阿尔卑斯地台运动体制下的产物。因此，虽然一部分盆地发育在古生代褶皱区内，但并不是受造山运动体制控制的山前或山间盆地；另一部分虽然在所谓“中国地台”上发育，可是性质并不相同于地台运动体制下的“内地台盆地”。这些盆地内油气形成和分布的习性自然有其特有的规律。对这些盆地进行油气普查—勘探工作时，必须在揭示这些规律的前提下因地制宜，不能够因袭从不同性质盆地的工作中取得的经验。

从以上这些方面考虑，特别是考虑到我国中新生界盆地的特色，我们所理解的含油气盆地是：在地质发展历史一定阶段的一定运动体制下形成发展的统一的沉降大地构造单元，它们的特性，包括沉积—构造的发展及其对油气形成、聚集、保存条件的影响，决定于运动的性质、历史与受作用的地壳块段的整体或局部反应的相互作用。

按此定义，所有的含油气盆地似可按其形成发育过程中的主导运动体制来加以分类。这些类别是：

1. 在造山运动体制下的盆地

它包括属于地槽各部分的坳陷盆地、在中间地块基础上的山间盆地、在褶皱带基础上的山间或山中盆地及前缘坳陷盆地。阿尔卑斯造山运动体制下的盆地与在此以前的造山运动体制下的盆地有一定的差别，这里不做详细讨论。应该指出的是：从现有的资料看，与古生代地槽体制有关的含油气盆地，实际上为数不多，且不占重要地位。被认为是华力西山前盆地的美国石油摇篮阿巴拉契亚盆地，按另一些学者（如乌斯宾斯卡娅）的意见，应属于地台边缘部分；第聂伯－顿涅茨的地位更是有争论的，看来属坳拉谷（Aulacogen）的可能性要比属华力西山前坳陷更大一些。落基山东部的一些盆地，一直被认为是典型的山间盆地，但这里的古生界和中生界在盆地之下和在山区，厚度并无变化，只是到了第三纪（或部分白垩纪）才在盆地部分出现了洼地，堆积了“山区”所没有的很厚沉积。这一性质说明它们主要是地台上的新生坳陷，并不是山间盆地。因此，属于这一类的主要都是与阿尔卑斯地槽体系有关的盆地。不过亚洲东部与岛弧山系有关的所谓山间地槽（I diogeosyncline）型的盆地，涉及地壳结构的变化，把它归入这一类或是包括到下述第三类的运动体制更恰当些，还值得进一步研究。

2. 在造陆运动体制下的盆地

它包括内地台盆地与地台边缘坳陷盆地；和它们密切相关的基岩凸起、拱穹，以及地台斜坡等都属于这一体制。象滨里海和墨西哥湾海岸那样的在地质历史后期从复杂基础上发育并影响到地壳结构变化的盆地，我们认为应归属下一类。

3. 在变格运动[1]体制下的盆地

以上所说的阿尔卑斯地台运动体制下的盆地。这些盆地可以迭置在上述两类盆地之上，从它们在阿尔卑斯地台内所处位置来看，亦可以说是“内部的”“边缘的”“山间的”“山前的”等，可是性质却有不同，因此最好不使用这些字眼，以避免混淆。这一类盆地分布于欧洲的西部（德国西北部、巴黎、阿克维坦）、非洲的南部（卡拉哈利、刚果）、亚洲的中部和东部、北美洲的一部分（落基山东部、加拿大西部的白垩纪油区）、南美洲的东部（阿根廷和巴西的一些盆地）。它们一般可分为断陷与坳陷两种类型，但更重要的是这两类的结合和转化。断陷与坳陷的不同程度，反映了地球内部物质运动的不同阶段；例如硅铝层的增厚反映为天山型的断陷，硅铝层的变薄或消失反映为滨里海或滨墨西哥湾的坳陷（别洛乌索夫，1960，1962）；这些过程的不同细节产生了各个盆地的特殊性质，而盆地不同基础在适应或反抗这些过程时的不同表现更加丰富了这些盆地的各自的特色。有关我国中新生界盆地这方面情况，将在后面再加讨论。

地壳的运动体制是随着地质历史的向前发展而改变的，因此按运动体制来划分盆地类型，自然也就包含了历史阶段或时代的意义。不过，地壳运动的发展具有不平衡性，各个地区进入某一运动体制阶段的时间先后可以不尽相同；阿尔卑斯地台运动体制的开始，在有些地方可以早在二叠纪，例如非洲；另些地方则在三叠纪的晚期，如亚洲东部；还有些地方可以更晚，例如美国的墨西哥湾（侏罗纪）或落基山东部（白垩纪—第三纪）。同样，在变格运动起主导作用的时代内，某些地方由于特殊的原因，仍可出现造陆运动的体制，形成地台型的盆地，例如中东的一部分。

以运动体制来区分盆地，无疑地承认了构造运动的作用是首要的。但这并不等于是

[1] 中外地质学家曾创立许多名词来表达相当于这种体制的运动，由于理解的不同，名词的意义亦互有出入。为免除混淆，我们在这里采用了蒲勃诺夫 1938 年提出的较富于概括性的“Diktyogenese”一词，是否恰当，尚可商榷。此一名词钱祥麟曾译为“波变运动”，按字义说，以译为“变格运动”较宜。在另一篇文章内，我们曾试称之为“准地台运动体制”，但据有些同志的意见，“准地台”一词已经黄汲清用于更广泛的意义，不宜相混，故暂时用这一名称。

“脱离生油岩系、和生成石油的有机物质”，“在缺少一个主要因素——物质的条件下去归纳形成油气田的规律”（П.Я. 安特罗波夫，1961）。恰恰相反，我们认为生油物质、储油空间及二者的组合关系只是在一定的运动条件下的产物。运动的体制、性质、强弱和受运动作用的物体的整体或部分的反应交织地决定了地壳某一部分的沉降作用及其相应部分的隆起作用的规模、形状、幅度、速度和持续的久暂，这些又制约了沉积物质的供给情况、沉积环境、区域性的差别及成长中的变化与变动，依存于此才出现了有利或不利于油气生成聚集的各种条件。安特罗波夫问道：“难道在地球上坳陷区还少吗？但它们远远都不仅不是聚集油气的远景地区，而且也不是研究的对象。我们认为这是完全自然的事情。构造形状可以适应于油气的聚集和形成，但曾否存在过相应的物质——动物及植物世界和以后是否有必要的环境？”如何看待这种“完全自然的事情”呢？难道不通过对坳陷的形成背景、运动性质、发展历史等方面的分析就能认为那些不是“远景地区”、那些“不是研究的对象”吗？不能忘记，对含油气盆地的研究不仅是对已知事实的归纳，更重要的是通过分析，进行预测，指导实践工作；因此，对于那些“相应的物质”和“必要的环境”不只是要解决它们“曾否存在”的问题，而是要了解它们在什么情况下存在、在什么情况下改变的问题。从那些即便是不完善的定义中已可看出，“含油气盆地”的涵义要比单纯从构造着眼的“省”或“区”更多地包含了“物质”方面的内容。

已经说过，大部分的在变格运动体制下发育的盆地是结构复杂的盆地，它们是在不同的基础单元上统一起来的。因此，盆地的不同部分在接受同一运动体制下的同一动力作用时可以有不同的反应；或是说，各个部分服从同一动力作用的时间先后与程度多少可以有所差别。再者，动力作用本身亦不是一成不变的，随着运动体制的发展，它可以有从强到弱，乃至改变其性质（如从断陷转为坳陷）等情况；盆地各个部分与之相适应的程度亦可以有所不同。这样，就使得我们有可能按这些情况在沉积—构造条件中的反映来划分盆地为若干部分，每一部分的沉积—构造特色直接或间接地影响了各该部分的油气生成储集和保存条件。这些部分的每一个就成为含油气盆地内部结构的单元。这些单元的区分，在很大程度上依从了基底构造单元的界线，但并不是绝对的；同一个基底单元可以在发育过程中分异，从而影响盖层的沉积与构造，如前面已述及的某一盆地。在这些单元之下可按沉积—构造的基本特征、构造（包括不整合）及岩性条件（尖灭、成岩作用的岩性变化等）的不同再分为“带”，其中产出了油气藏或油气藏群。

另一方面，某些地理位置接近并由于同样的或相互呼应、转化的应力作用所形成的盆地群，可合并为“含油气省”；尽管它们的基底性质不同，形成和发育时间的先后久暂亦有一些差别，但运动的性质仍是一致的。例如，中国东北部和东部的若干盆地。都是以断陷开始然后转化为坳陷的，虽然一部分基础是华力西褶皱，另一部分是结晶地块或古生代地台，还有一部分是“准地台褶断束”，断陷开始和转化为坳陷的时代亦各不相同，但从总的性质看可合为一个“省”。四川和鄂尔多斯虽然基础性质和盖层褶皱情况不同，但同是在沉降背景上开始坳陷的，亦属于同一省。

二、我国的中新生界含油气盆地

我国的中新生界盆地分布普遍。大小不等、形状不一的这类盆地，为数达一百多个。在一部分盆地内已找到了油气藏，另一些盆地亦富于含油气远景，有待进一步勘查。为了对各个盆地或其各个部分进行有科学依据的含油气性远景评价与预测，必须首先对它们的形成原因与发展过程作具体的分析。

先看一下外国学者是如何看待这些盆地的。乌斯宾斯卡娅在早期的分类中（1946—1952），把准噶尔、塔里木、陕西盆地统称为中央亚洲洼地，列入“与褶皱的中新生界综合体”有关的“山间洼地省”。如她所列举，属于同一类的有落基山、加利福尼亚、马拉开波盆地、马来群岛、缅甸、维也纳与特兰西瓦尼亚盆地等。这一不正确的意见显然是由于当时对中国地质情况缺乏了解所致。在后来（1962）的分类中，她把准噶尔、柴达木等归入“后地台活动区洼地省”，而四川与鄂尔多斯则被认为是“活动古地台含油气省”的代表。除了说明发育的基础时代不同而外，这两类含油气省“有其相似之处”，而“后地台活动区洼地省的油藏和山间洼地的油藏”又“有很多共同之处”，因此区分仍是不明确的。哈茵（1954）把含油气盆地分为11类，提到的中国例子只有准噶尔盆地，被称为“残余与再生地槽的内部坳陷”。看来如果承认“再生地槽”的定义的话，这一名称用于吐鲁番盆地还有些近似，对准噶尔来说未免格格不入。布罗德与耶列明柯1957年的分类中，认为准噶尔、塔里木、陕西及中国东部盆地和原苏联的米努辛斯克与库兹涅茨、费尔干纳、蒙古的戈壁盆地、北美的侏尔斯堡、云塔、绿河、粉河等盆地同属所谓“建立在古生代与中生代山系的山间洼地基础上”的“古块状山洼地”。这一分类提出了除“地台内部洼地”“地台边缘洼地”与“年青山系洼地”以外的另一个新的类别，说明作者已体会到有许多盆地，包括中国的盆地在内，不是用地台—地槽（褶皱带）的简单体系所能包纳的。可惜这一观点后来又被放弃，在新的分类中，差不多中国所有盆地（塔里木、伊犁、准噶尔、吐鲁番、柴达木、四川、洞庭湖、鄂尔多斯、松辽、华北、江苏乃至广西、贵州）都被称为“在中间地块或其他的构造单元基础上形成的山间盆地”，不分彼此地混为一谈；所谓“其他的构造单元基础”更使人不知所指。此外，巴基洛夫在1957年曾提到了“在中国地台上”的“具有华力西褶皱基底地区内的中生代与部分的第三纪油气聚集”，而在后来（1962）提出的意见中，又把“中国的柴达木、准噶尔等”列为“与内地槽（山间）洼地相依存”的“含油气区”（注：着重点都是原有的），可见在同一作者的概念中，地台与地槽的界限是如此模糊不清，以致在使用于盆地的分类时，几乎是随心所欲。

总的看来，这些有关中国含油气盆地类型的意见都有这样一个缺点，即：一方面牢固地依附于传统的地槽—地台这一大地构造划分的基本概念，并在有意无意中因袭了地台与平原、地槽与山系相等同的习惯看法，而另一方面又不得不承认许多盆地，尤其是中国的盆地，既不同于地台的洼地又不同于地槽褶皱系的洼地，因此出现了不相适应的情况。我们认为，地槽与地台既有先后相继的阶段性的关系，又有同时并存的对应性的关系；前一阶段的地槽在回返后成为后一阶段的地台（年青地台），而与后一阶段的地槽相对应的地台又必然还或多或少地包括了经历了改造的前一阶段的地台，正如后一阶段的地槽可以包括已经改造的前一阶段的地槽与地台部分一样。使各个阶段的地槽与地台形成新的对应的统一体的是各该阶段的运动体制，而各阶段的运动体制又必然随着整个地质历史的向前发展而有不可抗拒的质的改变。

在元古代以来的“新地阶段”或“新地旋回”（Neogäikum）中，应该指出，加里东、华力西和阿尔卑斯旋回（阶段）的性质是有差别的。在世界范围内，加里东和华力西旋回的界限是不明确的。许多地方出现波波夫所说的造山幕在时间上的“斜线推进”现象。也就是说，从加里东旋回到华力西旋回，运动体制的改变并不是旗帜分明的。另一方面，阿尔卑斯旋回的新的运动体制及其对先存事物的改造作用则十分明显，虽然这一体制在世界各地开始的时期或先或后，不尽相同。如果考虑到海洋盆地的世界性发育情况，这一点就更清楚了。在综合考虑各种基本地质现象的发展关系时，В.Г. 邦达楚克（Бонларчук，1946）认为从前寒武纪以后，可以划分为自寒武纪到二叠纪的乌拉尔旋回与从三叠纪到新第三纪的阿尔卑斯旋回。每一旋回在自然地理条件的变化序列、岩相的变异、构造与地貌的形成、矿产的建造及生物作用方面都表现了相似的过程。当然，这种相似性并不是简单的历史重演，而是具有新的质态的事物的螺旋状向前发展。阿尔卑斯与前阿尔卑斯阶段在这里可以有更多的划分依据。由于中国大陆受阿尔卑斯地台运动体制的影响特别显著，因而使中国的地质构造具有鲜明的特色，上百个为中新生界沉积充填的已知与可能含油气盆地的广泛发育，是这种特色的一个突出的方面。

我国的不少地质学者，对中国地质的特色，特别是对印支运动以来的地质历史后期的构造特色，已做了深湛的研究。他们的研究大部比较集中于隆起地区，对为新沉积所广泛掩覆的凹地注意较少，其中涉及含油气盆地的意见亦存在着一些分歧。探讨这些分歧，势必联系到各家学派的整个理论体系，非本文力所能及。在这里我们只想指出，含油气盆地的资料分析将是有关这些特色研究的不可缺少的一环。

在新的地质历史发展阶段中，一方面是盆地形成发育的新的运动体制——断陷坳陷及其结合与转化；另一方面是盆地基础（地台、地槽褶皱带等）的性质与结构。这两方面的错综复杂的相互关系与相互作用是决定盆地的沉积—构造发展历史和产生多种多样的，包括油气形成、聚集与保存条件在内的沉积—构造现象的基本原因。以下我们试就盆地的形成方式、发育过程与空间与时间上的转化、与基础的关系、盆地的沉积内容及变化趋势，以及构造活动性等几个方面来分析这些基本原因。

我国中新生界盆地的基本形态可以分为长条状的与非长条状的（菱形、长方形和其他规则或不规则形状）两类，或是按传统的说法：槽地与盆地。这和黄汲清划分的条带状的与非条带状的大型坳陷，在某种意义上颇相接近；但这里的长条状盆地（槽地）不包括那些具有准地槽性质或从地台转化为地槽的坳陷在内。这些槽地与盆地是地质历史后期的运动体制下的以振荡运动为主的产物，在发育过程中它们本身又受到褶皱、断裂乃至振荡运动的影响，如槽地与盆地的转化及本身沉积物的各种构造形态的产生等。前者形成盆地，后者改造盆地，二者是同一运动体制下的先后相继、相互依存的同一种作用，而不是“两种类型”（黄汲清，1962）。

槽地的发生常有断裂作用相伴，盆地则可以不受断裂的影响。因此，按最基本的形式说，前者是两侧有断裂的地堑或仅一侧为断裂所限的半地堑（箕状槽地），后者则是所谓“平底锅”式的（pan-shaped）。事实上，这种单纯形式的槽地和盆地往往规模不大，对含油气远景来说没有重要的意义；重要的大型含油气盆地常常是二者的结合。最常见的结合方式是盆地的一边或盆边的某一段出现了槽地，在横切面上具有总体的“半地堑”形状。这种大型的复杂结构的半地堑盆地与威克斯（1952）所说的半地堑并不相同。它们不是联结地台（稳定斜坡）与地槽（活动带）的一种构造体系，而是在不同时代、不同性质的构造单元上发生的构造型式。在结构上，大型槽地一侧的断裂常常是从基底开始的，平行于外框构造单元的主要方向，但有时可切断其局部细节的构造线方向；随着槽地的沉陷，断裂继续“向上”发育，直至为上部某一地层所超覆，在其中反映为挠曲以至消失。在其他部分的盆地边缘，断裂可不发育，外框的构造单元向盆地内部延伸的情况每可从地球物理资料中见到；有时亦有断裂发生，不过这些断裂往往是在坳陷或挠曲的背景上产生的，不一定向下延伸到基底部分，并且可随盆地边界的推展或退缩而在不同的地层层系中改变其位置。由这两个相互呼应的部分组合而成的大型复式半地堑型盆地，我们曾称之为“断陷”（fault-down）与“坳陷”（warp-down）的结合。

这种“断陷”—“坳陷”相结合的型式，在中国中新生界盆地中是十分普遍的现象。准噶尔盆地和塔里木盆地是典型的例子。在不同的规模上，吐鲁番盆地和酒泉盆地亦具有这种性质，不过断陷占了主要地位。相反地，在四川盆地和鄂尔多斯盆地，坳陷占据的面积大得多，可是仍具有与之相结合的断陷。

在结合关系中可以看到一种富有兴趣的情况，即：在半地堑盆地的发育早期，断陷中有最厚的沉积物，坳陷部分的同期沉积具有不同的岩相与厚度；随着整个盆地的发展，这种差别渐渐减少或不显著；到了后期，坳陷相对上升，沉积减少，而堆积中心又重新回到了断陷部分（当然位置不一定完全重合）。准噶尔盆地是一个例子：三叠纪及早侏罗世、中侏罗世地层在南部天山山前的断陷中厚度要比北部大得多，南北的岩性（例如杂色层与煤层发育情况）亦有较多的差别；晚侏罗世—白垩纪沉积在南北两部的厚度差别已较小，岩相更趋于一致，到了第三纪，南北的厚度和岩相的差别又达到了顶峰。鄂尔多斯也有类似的情况，据已有资料，三叠系沉积最厚的地方是盆地的西部，而盆地“回返”以后的第三纪至现代沉积看来也只是集中于宁夏平原一带。合肥盆地的地层时代问题还没有完全解决，据作者的意见，晚侏罗世的火山—沉积岩系发育在大别山北缘的断陷地带，早白垩世的沉积扩展到全盆地，而晚白垩世的巨厚粗粒碎屑沉积又退缩到盆地南部的断陷范围之内。这种出现于统一的盆地内的断陷与坳陷部分沉积发育的相互关系，在分析各时期生、储油岩性分布与组合及油气运移、储集条件时，不能不起重要的作用。

这种在沉积发育过程中出现的起落呼应的关系，不仅存在于统一盆地内的断陷与坳陷之间，同样也可以在相邻的盆地与槽地或大盆地与小盆地的关系上见到。例如鄂尔多斯与六盘山。当晚三叠世鄂尔多斯坳陷在广大范围内基本形成时，六盘山地区还保持着上升的趋势，侏罗纪后期和白垩纪时，鄂尔多斯坳陷范围已有所收缩，而六盘山则开始了显著的沉降，沉积了厚达3000m，而且岩相不同于鄂尔多斯坳陷内同期沉积的“六盘山群”；到了第三纪，鄂尔多斯的坳陷已基本停止，很少沉积，但在六盘山狭长地带内则有厚达2700m的沉积发育。另外，在某些大盆地的外围常常有若干较小的盆地；有的小盆地在某一时间段落内和相邻的大盆地在沉积关系上是连通的，另些小盆地则和大盆地一直是隔绝的。前一种情况可以内蒙古东部的某一盆地为例。当位于其东的大盆地沉积发育到某一个旋回时，小盆地才开始沉积；而当小盆地的沉积作用结束时，大盆地还继续接受沉积，因此它曾被称为“迟到早退”的盆地。很有兴趣的是：据初步的资料，小盆地开始沉积的时期，并不相当于大盆地中已开始沉降的某一沉积旋回的初期，而是和这一旋回的趋于结束相同时。隔绝的小盆地的振荡运动的旋律，可以和相邻的大盆地相一致，也可以不一致，因此同一时期的沉积在相邻盆地内可以有基本相似的岩性，也可以截然不同。在后一种情况下，举例说，当大盆地沉积大套黑色淤泥质的还原相地层时，某一相邻小盆地中可形成红色的粗粒碎屑沉积。生储油岩系的时代和组合关系，在这种情况下自然亦各有不同，不可一视同仁，例如某一大盆地的含油岩系属白垩系，而相邻小盆地中产油的则是上侏罗统。

断陷与坳陷的另一种重要关系是时间上的相互转化。某些盆地在开始时是一些彼此隔绝或局部连通的半地堑状断陷槽地，到了后来才形成一个统一的坳陷盆地；这种断陷常是较小的，但沉积物在断陷槽地中的厚度可以很大，而在间隔它们的半地垒状隆起上，则厚度很小或完全缺失。油气的形成运移显然会受到这种情况的影响。由于大家所能理解的原因，这里不宜做具体的说明，只是想提出一下：在国外的某些盆地中亦有类似的可以借鉴的情况。以下是A.彭茨（Bentz，1958）关于德国西北部盆地的几段叙述：“德国西北部沉积盆地具有复杂的地质历史。它的较深的底盘有非常复杂的构造线，高的块体为深的沉积槽地所分隔。已经证明德国西北部盆地内已发现的68个油气田在成因上都和这些地下槽地在盆地内的分布有密切关系。这些地下槽地从里阿斯期起发育，但最早的格局可能在晚二叠世的镁灰统（Zechstein）已经开始形成”。“可以设想，与槽地的同造山期的快速沉陷相联系，在里阿斯期时断裂已经生成”。“广大的不含油地区是古老的隆起，原来沉积在它上面的侏罗系与下白垩统要比槽地中的厚度小得多，这些槽地代表了生油岩石形成的地方。从槽地的深处，石油在运移作用所及的范围内向各种圈闭，亦即向在槽地以内和在槽地边缘的各种类型的构造运移”。如果把引文中的“德国西北部”改为“中国某地区”，把镁灰统、里阿斯期、侏罗系、下白垩统等改为相应的地层时代，熟悉中国某些盆地地质及含油气情况的读者，必然会对这些叙述感到非常亲切。

从断陷转化为坳陷的过程，对中国东部的盆地来说，是一个普遍的过程。不过转化的时期在各地先后不一，某一个在海西褶皱基础上的盆地，在三叠纪时是没有沉积的隆起地区；早、中侏罗世出现了一些断陷，特别是在西部，钻探已经证实这一时期的沉积物位于地堑之中，并有火山活动，晚侏罗世时，断陷已不活跃，沉积物充填于当时地形低洼的地方；白垩纪开始，这里已成为坳陷，形成了统一的盆地。另一地方的前寒武纪和古生代基底，从晚侏罗世起出现了众多的断陷槽地，有些槽地的断陷作用一直延续到早第三纪，然后再成为统一的坳陷。另一些地区，断陷的形成看来是从晚白垩世的红色地层开始的，延续到中新世才转为坳陷。部分滨海地区一直到上新世才成为沉降的平原。因此，由北而南，由西而东，从断陷的开始到转化为坳陷的时期，似乎也显示了起伏呼应、“循序渐进”的规律。

和中国中西部的盆地做一比较，更可以看出在空间与时间关系上的某种联系。从山西高原的两侧来看：西面的鄂尔多斯从晚三叠世开始形成坳陷，当时太行山以东的地区，除个别的小坳陷或断陷外，还处于隆起状态，没有沉积；侏罗纪及白垩纪时，鄂尔多斯继续坳陷而且范围逐渐缩小，而太行山以东的地区则开始断陷，并且愈趋后期，断陷的作用愈为显著；第三纪时鄂尔多斯已趋于上升，东部地区却正逐步转入坳陷。江汉盆地与四川盆地的关系亦复如是。江汉盆地的地质情况还知道的不多，但不难推断，当四川盆地在晚三叠世—侏罗纪成为较大规模的坳陷时，这里只是一些断陷；江汉盆地的统一坳陷最早只能从白垩纪开始（可能更晚），而当时四川盆地的坳陷已是接近尾声了。

由坳陷转为断陷的例子比较少。鄂尔多斯坳陷两端的地堑（渭河地堑与河套地堑）可能属于这一类；准噶尔盆地西南的“走廊”断陷，亦可能属此，但情况都还了解地不够。闽浙沿海的火山—沉积杂岩分布地区可能算作一个特殊的例子，这是一个奠基于不同性质的大地构造单元之上、堆积物厚度达几千米的广大地区；虽然“沉积”的方式特殊，但总的性质仍是一个大型的坳陷，其西的赣湘地区当时是相对的隆起。在这一坳陷及其相邻地区的范围内，从晚白垩世起转入隆起并出现了一系列断陷。大部分断陷在第三纪早期即已结束，另一部分则在第三纪晚期又转化为坳陷。

总的说来，各个断陷、坳陷的初生时期及其相互转化时期随其所在地区不同而有“迁徙”（Migration）的现象，这可能是产生阿尔卑斯地台运动体制的地球内部物质运动的某种规律所引起的。这些初生和转化时期可归纳为：晚三叠世（前瑞蒂克）、晚侏罗世（前莱阳统）、晚白垩世（浦口或方岩组沉积开始）、渐新世、和上新世等五个时期，所以这种运动体制是“多旋回的”。值得注意的是，这些时期都和中、新生代各个纪的界限不相吻合，因此在沉积阶段上就不得不出现（晚）三叠—（早、中）侏罗纪、（晚）侏罗—（早）白垩纪、（晚）白垩纪—古、始新世、渐—中新世、上—更新世等跨时代的产物。目前在地层划分对比工作中存在的问题很大一部分是由于这一原因造成的。

正因为不同的坳陷和断陷可以在不同时期形成、发育或转化，所以不同时期的沉积在不同的地方可以处于坳陷或断陷的同一发育阶段，因而具有某些相同的性质。反之，处于坳陷或断陷的不同发育阶段中的同一时期的沉积，却在性质上有较大的差别。如果说：“每一沉积建造相应于大地构造旋回的一定阶段和一定的大地构造带”（别洛乌索夫），这里不妨暂时按“坳陷型建造”与“断坳型建造”来分别说明沉积发育的一般规律。

坳陷型和断陷型建造都可以是单旋回的或多旋回的。每一个旋回的组成部分自下而上地反映了坳陷或断陷在这一段时间内自始至终的活动情况。这里所指的一段时间可以是上述的一个跨时代的沉积段落，也可以是它的一部分。有如作者1959年所曾提出，一个完整的坳陷旋回反映了坳陷活动的五个阶段，即：（1）坳陷开始形成，沉积物起充填作用的阶段；（2）坳陷持续发展，沉积物统一被覆的阶段；（3）坳陷稳定沉降的阶段；（4）坳陷作用趋于停顿的动荡阶段；（5）坳陷结束回返阶段。第一阶段的沉积充填了盆地基底起伏不平的地形，发育是局部性的，各处厚度变化较大；且由于距局部供给区的远近和供给区的情况不同，岩性亦有较大变化，但一般是较粗的碎屑物质，如砾砂岩、长石砂岩等。因为主要是在充氧条件下形成的，所以红色的层次通常占重要地位。第二阶段的盆地已成为一个基本统一了的坳陷，沉积物普遍分布，以暗色的砂质泥质的互层为主；供给来源来自盆地四周；自下而上，沉积的韵律有变薄变细的趋势。某些盆地内，此时出现含煤的砂页岩沉积，说明有较稳定的成煤条件；如果条件较差，不能形成薄煤层时，亦时常可见砂质岩中有较多的碳质团块。随着沉积物的逐渐变细，剖面上出现了代表第三阶段的泥质岩沉积。这些泥质岩是在较强还原条件下形成的，通常呈灰黑、深灰或灰绿色，有时亦夹有极薄的细砂条带。黄铁矿晶体或小团块常在泥岩中出现；泥灰岩、菱铁矿等夹层更属常见。在隔离盆地（silled basin）的情况下，可以形成油页岩层，有时达到相当大的厚度。蒸发岩类亦在此种情况下出现，在有些盆地内可成为石膏或岩盐层，一般则仅表现为散布的石膏晶体。继这一稳定沉降的阶段之后，往往出现一个动荡不定的时期，大套的砂泥质岩石互层于此时形成，层间冲刷，泥砾等现象比较发育，韵律的性质往上变粗，红色层次亦向上增加。煤线或薄煤层有时亦在这一阶段出现，但只是局部的。最后，盆地的坳陷作用中止，出现了以河流相为主的红色沉积，有时有发育甚好的斜层理，有时则成为泥砂混杂的沉积物，具有所谓“拉杂沉积”（dumped deposits）的性质。这里不能列举各个盆地的例子，但可以指出，许多盆地沉积的现行分层，无论是用地层标记的如 T_3^1–T_3^5，或是用字母标记的，如 a、b、c 或是用颜色来分别的如红色、绿色、苍棕色层等，细加分析，沉积的序列都是基本上符合上述规律的，不过各个阶段的发育程度在不同盆地或同一盆地的不同部分彼此有所差别而已。

在多旋回发育的情况下，每一旋回常常是不完整的，特别是下面一个旋回往往只发育到第四个阶段便为上面一个旋回所接替；代表坳陷结束阶段的沉积只有在最后一个旋回内才有良好发育。上面的一个旋回，当坳陷的范围扩张时，往往从第三阶段，即新的稳定沉降开始，缺少前两个阶段。反之，当坳陷的范围收缩时，第一、二阶段仍有其代表，不过只有在最初一个旋回内，第一阶段的充填沉积发育得最好。

旋回的多少、旋回中各阶段沉积发育的程度，以及各个阶段在坳陷不同部分的发育情况是决定盆地内生、储油岩系及其组合关系的优劣程度和分布条件的重要因素。这些因素又在很大程度上取决于盆地或其各个部分对坳陷作用的不同反应。因此，复杂结构基础的各个部分在新生的坳陷中所起的继承作用具有重要的意义，虽然并不是唯一的决定意义。对于储油岩系来说，除总的发育条件外，沉积当时的坳陷作用的“量”的方面，即它所导致的相对于水面的沉降幅度与速度，由于直接影响了沉积物的分选与胶结过程，所以对产生不同的孔隙性与渗透性有重大的作用。属于同一阶段而物质成分又相类似的砂岩，胶结情况和渗透性能可以大不相同。据现有资料看来，上述第三阶段一般是生油岩系的发育时期，在其上下的第二和第四阶段提供了储油岩的形成条件，尤其是它们和生油岩系的过渡部分，可能兼具生油与储油的性能，有利于短距离的运移，值得特别注意。

断陷型建造与坳陷型建造的主要差别在于后者的发育是旋回性的，前者则有更多的间歇性。断陷开始时，因差异运动而引起的地形悬殊，使得大量粗碎屑岩得以形成，红色的磨拉石型沉积往往可以达到十分巨大的厚度。沿着断裂常有岩浆活动，中酸性的熔岩流溢堆聚，有时与红色砾岩相夹杂，有时不整合地覆盖其上。凝灰物质的堆集，影响更为久远，不仅分布可达粗碎屑岩所不及之处，而且可继续在较晚的沉积物内掺杂聚积。当断裂活动渐趋宁静以后，断陷中的沉积物主要是砂泥质的互层，由于氧化还原条件的交替，这些互层往往是杂色的。在闭塞条件较好时，这里也可出现厚层的深色泥质岩石，其中可包括油页岩层，黄铁矿团块、菱铁矿、泥灰岩夹层也常在这种环境下形成。不过差异运动的余波仍不时发生影响，以致在泥质沉积中往往出现局部的砂质体，成为囊袋状砂层。这一阶段的末期，在某些盆地内可有蒸发岩类（石膏层为主）形成。上述旋回结束以后，如断裂作用又重新活跃，第二个类似的旋回可以重复发育，但沉积厚度最大的中心可以在纵横方向上发生迁徙。如果断裂不再活跃，而整个地区处于总的隆起状态下，断陷中的最后产物将是和坳陷最后阶段相似的红色砂岩。反之，如果整个地区转入总的坳陷状态，旋回上部的泥质沉积部分将特别发育，达到很大的厚度。最后，在有些地方，泥质岩的顶部出现一段代表动荡起伏时期的砂泥岩互层，通常红色与暗色的层次相间，呈“条带状”；在另些地方则缺少这一段，泥质岩直接为代表后期坳陷的第一阶段（往往只是局部的）或第二阶段的沉积所覆盖。具体事例在此从略，但可以指出，上述暗色泥质岩段是断陷中具有良好生油条件的沉积，杂色岩中亦可有生油层段；泥质岩内囊状砂体和泥质岩上段局部发育的砂泥岩互层是有利的储油层位。它们在断陷中的发育程度直接影响断陷的含油气远景评价。

在一个比较宽阔的断陷、特别是半地堑中，由于营力（主要是重力作用与洪流）性质的限制，在断裂一侧产生的粗粒碎屑，除了在特殊的条件下往往不能被搬运很远以充填整个断陷。所以粗碎屑岩沉积的同时，在斜坡一侧已有杂色沙泥互层或暗色泥质沉积发育；二者平行发展，其间的过渡地带，常常不很宽阔，但对油气生储条件却有重要意义。例如吐鲁番盆地北侧（博格达乌拉山麓）的中新生界几乎全以大套的砾岩为代表，中部及南侧则发育为若干沉积旋回。柴达木盆地具有较多的断陷性质，靠近祁连山和阿尔金山，第三系沉积中粗碎屑岩及红色层段较为发育，而盆地中部则自渐新世以上的沉积几乎全以黑灰色淤泥质岩石及泥灰岩、蒸发岩为代表。

如上所述，除了长期持续的大型断陷外，盆地的发生方式之一是在区域性的隆起背景上经历断陷的过程而转化为坳陷，另一种方式是直接形成坳陷或是在古构造的区域性沉降背景上继续坳陷。在前一种情况下，断陷的沉积物或是坳陷的沉积物都显然和它各自的基底具有不整合的关系。不过，除了这种新生的关系外，仍不能完全排斥断裂对古构造的一定继承作用。赣、闽、浙地区的一些小盆地（其中的沉积物大都是晚白垩世—第三纪）常常发育在大断裂或深大断裂之上，且大都具有半地堑的形状，盆地和断裂之间的关系是很清楚的。这些在中国东部发育的以北北东方向为主的大断裂属于何种性质，目前还很少研究；但从某些断裂两侧的岩石变质和派生构造的资料看，作者倾向于它们是具有水平移动的扭断裂（wrench fault）[1] 的性质。这类断裂中最大的郯城—庐江深断裂，它的形成时间较早，但性质如何，目前还是一个研究课题。假定它是一个古老的扭断裂，那么在它的两侧同时有许多北东东和北西向的派生断裂发育将是完全合乎应力作用的要求的（摩迪与

[1] 或译“平搓断裂”。

希尔，1957）。事实上，无论在出露的地区或是在新坳陷的覆盖下，这些断裂都广泛存在。它们在区域性隆起中发生了新的垂直运动，成为从晚侏罗世或更晚时期开始的断陷。其他如柴达木盆地的一些断裂，有些是从加里东褶皱期起就存在了的，它们在对后来构造的控制作用中，继承性是十分明显的。

在从沉降的背景上形成的坳陷中，就坳陷的沉积与作为其基础的古地台沉积之间的地层关系看，不整合常常是不明显或是不存在的。鄂尔多斯盆地的上三叠统与其下的古生界地台沉积看来是通过“石千峰群”相过渡的，至今没有发现过可靠的区域性不整合。四川盆地的香溪煤系和其下的三叠系地层之间，除局部现象外，一般也没有明显的角度不整合。可是从整个构造格局的关系看，两者之间的主要关系均是改造而不是继承。从山西隆起延伸过来的北东向地台构造单元被掩覆在鄂尔多斯盆地东部沉积之下，在地球物理资料上有明显的反应；而盆地沉积本身则具有十分清楚的近南北向构造方向；两者是“不协调的”。沿南北走向上，石千峰群与延长统沉积在厚度与岩相上的一些变化，显示盆地的早期沉积仍受到北东方向古构造的影响而有与之相适应的调整，但到了后来，这种影响已被摆脱，于是古生代的“渭北隆起”变成了中生代的“渭北凹陷”。

所有这种关系都说明新生作用与继承作用是不可分割的。只有它们的相互作用才能决定盆地的形式和内容及其发展历史。这里，新生作用的一面主要是断陷、坳陷的应力体制及其相对的强烈程度；在继承作用这一面的则是基底的结构、性质及其相对的活动程度。每一个方面的本身都是头绪多端的，相互的作用更是错综复杂。就我国的中新生界盆地说，有些比较明确的情况可在这里略加申述。

一种情况是基底比较稳定而“被动”，随着坳陷的发育，旧的构造格局逐渐被新的格局取而代之，亦即旧的构造格局对新的沉积不再起控制作用。上述鄂尔多斯盆地，特别是它的东部，便是这种例子。基底的北东构造方向已完全让位于坳陷的近南北构造方向，不过从整个盆地说，东部的地台、北部的结晶基底凸起和西部的“边缘坳陷”在盆地的沉积—构造发展历史过程中仍均继承了各自的特性。新构造格局取代旧构造格局的另一种情况出现于基底为活动性较高的地台（“准地台”）部分，如四川盆地，特别是其东部。这里基础部分的古生界及三叠系沉积在坳陷后期的运动中与坳陷内的较晚期的中生界沉积一起组成侏罗山型的褶皱与逆断；香溪煤系沉积以前，亦即坳陷开始以前的古构造格局在此已难以辨认。这两种情况都为当前的实践工作带来一些问题，前者是如何在三叠系—侏罗系沉积中从继承作用的线索来寻找可能存在的较大型构造，后者则是如何通过古构造格局的再造来认识三叠系—古生界中原来的油气圈闭条件。

年青地台的褶皱基底一般亦有较高的活动性。它的活动方式看来主要是在上迭坳陷形成过程中继承其原来结构而发生波状起伏的“基底褶皱”。纳里夫金曾指出西西伯利亚低地华力西褶皱基底的这种活动方式，坳陷中的拱起与凹陷相应于基底的复向斜与复背斜而形成继承性的构造。哈茵亦提出过这种继承关系在年青地台上的普遍性。我国的某一在华力西褶皱带基底上发育的盆地，据已有的资料，基底的隆起与凹陷部分在盆地（坳陷）形成过程中长期持续地发展；它们以挠曲与斜坡相联系，彼此间没有显著的断裂。这种波状起伏是盆地基底继承性活动的一种重要形式，在盆地沉积中的这种持续的隆起与坳陷对各个阶段油气的生储聚集条件显然是十分有利的。

古生代褶皱带的强烈隆起与中间地块的相应下沉，这一作用的本身就有十分明显的继承性。它的新生意义表现在：强烈的断陷在隆起之内或在其边缘大规模地发育，前者如吐鲁番，后者如乌鲁木齐或库车的“后期山前坳陷”。同时，沉降的部分亦往往超出中间地块的继承范围而包括了很大一部分褶皱带在内，例如柴达木和准噶尔盆地的北部。在后期的构造活动中，强烈的褶皱作用集中在大型的断陷中，形成了成排的褶皱带，并经常为逆断层所复杂化。具有坚固基底的坳陷部分则表现为另一种构造形式。在二者的交接处，有时由于坚硬基底的反作用，形成了显著的断裂—褶皱带，如库车断陷最南面的构造带。这里，新生作用和继承作用仍是交织地相互发生影响。

当一个地区从断陷阶段转化为坳陷阶段时，断陷的格局既为坳陷所继承，又为坳陷所改造。如果坳陷的发育达到较高程度，统一了各个断陷，那么断陷与坳陷之间的地垒部分可以被坳陷各个阶段的沉积所覆盖，它的继承性活动使它成为坳陷内的“同生高地”（Synchronous high），其上的沉积物在厚度、岩相及分选程度等方面可以与坳陷内同期沉积有所不同，常常提供了较有利的含油气条件。

达尔慕斯曾对大致相当于我们所称为“坳陷”与“断陷”的盆地（他称之为原生和次生动力盆地）进行了应力布局的机械的与数学的分析。我们认为他的意见基本上是正确的。不过应该指出，在所谓次生动力盆地或槽地中，须要区分出大型的、作为独立单元的断陷与规模不大的、从属于区域隆起的断陷。前一类断陷的边缘断裂常常继承古老的深大断裂，影响及于地壳深处，从磁场变化的性质可以判断这一点；形成后一类断陷的断裂，虽然有些地方可以利用老的大断裂而“复活”，但一般是新生的，影响较浅，偶尔成为中酸性火山岩的喷发通道。因此，后一类断陷中的应力体系，有如达尔慕斯所说，作用于断陷长轴的法线上的是张应力。前一类断陷的性质，则有如威克斯所论述的活动带主断层，它们在后期的活动性较高阶段，可从正断层转变为上冲断层。由于同一原因，后一类断陷内的后期压应力体系促成了成排的褶皱形成。当小型断陷体系后期转化为统一的坳陷体系时，应力布局自然亦有变化，在断陷长轴法线方向上的张应力此时转化为指向坳陷中心的压应力；其后果之一是使断陷一侧的张断裂局部转变为冲断裂，靠近断裂的断陷沉积同时亦可能产生一些新的变形。这一情况对断陷内的油气集聚发生一定的影响，断层遮挡等新的圈闭条件得以于此时形成。在我国某些含油气地区已知有这种例子，今后还可能发现更多的类似情况。

大型坳陷的发育大都有多旋回性。每一旋回代表一个新的沉降堆集过程。从一个旋回到另一个旋回，不仅是沉积条件的更新复始，应力布局亦有一定的改变。随着应力布局的改变，构造格局亦有相应的调整。继承作用和新生作用又以不同的结合关系对局部构造的形成发育发生影响。不少的实例表明：有些在下旋回沉积层中存在的构造到了上旋回的层次中已“变平”而消失；有些构造在上旋回中发育很好而在下旋中则并不存在；某些构造是从下旋回到上旋回继续成长的继承构造；另些构造则是在上旋回层沉积后才形成的新生构造，但同一构造作用使得下旋回的沉积亦发生同样的变形。上面说过，每一沉积旋回的各个阶段对生储油条件有一定的联系，如果我们承认油气的形成和运移在沉积以后很快就发生这一看法，那么构造形成的时期与每一旋回内的油气的可能储集条件将有非常密切的关系。一个在某一沉积旋回以后很久才形成的构造对于这一沉积旋回的油气来说肯定地不会是有利的圈闭。因此出现上部旋回有油气的构造在下旋回中可能是空构造等情况。如何结合沉积旋回利用岩相、厚度等方法来分析局部构造的形成时期是富有实际意义的工作，在某些盆地内已有成功的例子。

以上我们初步探讨了盆地基底的构造型式及其在盆地形成发展过程中被改造的一些情况。非常有兴趣的是：黄汲清和姜春发不久前提出“准地台构造运动”可分为“以振荡运动为主的”和“以褶皱断裂为主的多旋回运动”。前者包括大型坳陷与大型隆起，但“大型隆起实际可归属下述的褶皱断裂型”。我们认为：隆起和坳陷应该是同一体制下的彼此对应的两个方面；在隆起中表现的褶皱断裂形式必然在坳陷中，或者严格地说在坳陷的基底部分中，有相应的显示，并影响及于盖层。所不同者只是表现的方式对于直观来说有直接与间接的差别，以及某些地质作用（如沉积作用与岩浆活动作用）在互补的关系上有程度方面的差异而已，黄、姜举出了“以褶皱断裂为主的多旋回运动”的六种类型，即“天山型、闽浙型、八面山型、燕山型、山东型及它们的混合型”。试与我们以上所说的盆地基底活动的几种形式相比较，不难看出：（1）天山型包括了大幅度的隆起及其内部或边缘的大型断陷（吐鲁番、乌鲁木齐、库车、酒泉等），同时也应该包括与隆起相应的坳陷，如准噶尔、塔里木。坳陷可与边缘断陷相结合，如准噶尔；或者某些在山间盆地基底上的断陷最后统一为坳陷，如柴达木。（2）闽浙型的运动看来有较复杂的过程，并包括较广大的地区。可以说，它是“南华加里东地台”上的普遍的运动型式。继晚三叠世的较小规模断陷与坳陷之后，晚侏罗世起东部浙闽地区成为坳陷，除大量火山岩系外还有不少沉积岩堆集，西部赣湘地区则相应地隆起。晚白垩世以后，整个地区在隆起的背景上产生了许多断陷（半地堑或箕状的“红色盆地”）。（3）八面山型的运动，不仅影响了隆起地区，且使坳陷内的沉积层具有性质相似的褶皱断裂。也就是说，它是以扬子准地台[1]为基础的隆起和坳陷所共有的褶皱断裂形式。（4）同样，山东型的断陷不仅影响隆起地区，而且是坳陷基底的基本构造形式。（5）燕山型这一名称值得商榷，因为燕山褶皱带本身是华北阿尔卑斯地台上的一个具有较高活动性的特殊地带，它在运动型式方面的代表性有一定的局限性。华北阿尔卑斯地台的主要运动型式是宽广平缓的隆起和坳陷的结合。隆起上有一些断裂式地堑发育，如山西隆起上的汾河地堑及太行山的断裂，它们的形成时期一般较晚。坳陷可以鄂尔多斯和沁水盆地为代表，阿拉善亦可以包括在内，此外在隆起范围内还有一些构造比较简单、平缓的小坳陷。太行山东麓平原下的坳陷一部分也属此，但逐渐有向山东型过渡的性质。在活动性较大的地带出现一些比较复杂的构造型态，例如在隆起区的燕山与贺兰山，在坳陷区的六盐山带。（6）此外还有一种为黄、姜分类所未提到的类型，在蒙古人民共和国东部及我国西北、东北境内发育。它们的特点是华力西褶皱带的复背斜与复向斜的继承性活动，形成了叠置在复向斜之上的大型坳陷。坳陷早期常有断裂活动与火山岩喷发相伴，后期则成为稳定的沉积地带。属于这一类的坳陷有蒙古人民共和国的尼尔

[1] 这里我们把准地台的意义局限为：在阿尔卑斯地台阶段以前的基本上属地台性质而在地层厚度及建造性质上又和典型的地台（正地台）有一定差别的地区单元。

格、乔巴山，东戈壁与准巴音等坳陷，原苏联的泽雅—布利雅与我国的某几个盆地亦属此种性质。

蒲勃诺夫曾提出变格运动不同于造山运动和造陆运动的几个特点是：（1）伸展度是中等的，即比造山运动的影响面宽，比造陆运动的影响面窄；（2）改变构造关系的；（3）既是间歇的，又是持续的；（4）具有有条件的可逆性；（5）非自发的，即变格运动单元的布局在位置与方向上和基底的结构有一定联系；及（6）运动的根源来自地壳深处。以此来衡量我们以上所说的运动性质，可以说每一个特点都是符合的。不过蒲勃诺夫企图以这一运动来包括地槽最早阶段的“褶皱胚胎”（falten–embryonen），亦即 E. 阿尔刚（Argand）地槽发育方案中的早期地背斜，同时又包括地槽褶皱最晚期的弯曲隆起，亦即 L. 吕格尔（Rüger，1927）所说的 Akrogenese。这一办法看来是十分勉强的，因为这样做不但割断了地槽发育的整个历史与体系，而且事实上并不是所有褶皱山系的最后上升都具有上述变格运动的特点。天山是变格运动的产物，但它是一个特殊的例子，而且天山的“变格”并不发生在华力西褶皱回返上升的时候，而是发生在晚得多的时期。另外，蒲勃诺夫举出了变格“穹起”（Aufwölbung）的七个例子，其中被认为最复杂的顿涅茨山，据许多人的意见，具有地槽或准地槽的性质，不宜列入这一范畴；被认为最简单的东欧长垣，也是被许多人认为是属于造陆运动的例子。除此以外，其余的五个中欧例子都兼具振荡运动及断裂、褶皱运动的性质。蒲勃诺夫并没有规定这种变格运动的历史意义，但从发生背景及其与基底构造的关系看，它只能发生在地质历史的后期。蒲勃诺夫所举的五个例子都属于年轻地台，可是这种“根源来自深处”的运动显然不会置改造中的老地台于不顾。因此，我们认为这一名词可在引申的意义下用来表示阿尔卑斯地台阶段的运动体制。此外，蒲勃诺夫和黄、姜一样，都只注意到隆起地区；既然隆起与坳陷是同一事物的对应的方面，那么，同样的运动将对坳陷起相应的作用也是必然的事情。

包括所有这些类型的变格运动，既是振荡运动，又是褶皱断裂运动。运动的结果，改变了阿尔卑斯旋回以前的各种构造关系，所以是新生的；但它们的性质又在相当大的程度上受到原来构造单元不同性质的制约，所以是有继承性的。就其与同时并存，相互对应的阿尔卑斯地槽的关系来说，这些运动所作用的范围是一个统一的地台，它是旧地台的扩展和延续；就运动的新的方式、新的质态来说，它和旧地台很不相同，是一个必须划分出来的新的发展阶段。所有这些运动类型都形成了断陷、坳陷及其接合与转化，为含油气盆地的发育创造了条件，而所有这些有关的含油气盆地的沉积—构造发展过程也只有通过对这些运动类型的分析研究才能具体地了解。

新生作用与继承作用的相互关系是十分复杂的，因此要在世界范围内划分出这种阿尔卑斯地台运动的基本类型并说明它们与含油气盆地的关系将是一件艰巨的工作。但不难看出，以上所已提到的几种发生在中国的类型同样在世界其他各地可以见到。所谓天山型的运动在广大的亚洲中部普遍出现，可以扩大称为中亚型。东蒙型的运动在西西伯利亚的华力西地台范围内，以类似的性质和更大的规模发育。其余山东、闽浙、八面山及华北型的运动，彼此之间看来有更密切的联系，在进一步了解其关系以前，不妨暂时统称之为中国型；在东西伯利亚、西欧、南美所见到的阿尔卑斯地台运动，虽各有特点，但在不少方面具有上述类型的色彩。例如，巴西和阿根廷的许多盆地，一部分是在古生代地台（或冒地槽）基础上发育的褶皱十分轻微而断裂发育的盆地，虽然沉积物包括了从石炭二叠系以来的几个旋回，但从剖面上分析，这里显然存在着两类盆地相迭置的情况。在古生代沉积之上的后期盆地，有些是从三叠纪开始的，另一些则迟至侏罗纪或白垩纪才形成。另一部分盆地则是从白垩纪起才显著发育的地堑或半地堑型断陷；两者之间存在着一定的结合关系。欧洲的几个主要盆地，虽然都在华力西褶皱基础上发育，性质亦各有不同，但按其继承与改变基底结构的关系来说，仍可看出其间存在的联系。例如巴黎盆地早期是槽地与盆地的结合，平缓的褶皱被认为是反映了基底的构造，但整个盆地则是“不协调”的。这些情况有些像是在盆地发育的晚期和早期结合了鄂尔多斯型和东蒙型的运动。德国西北部盆地的断陷与坳陷先后结合的情况及与中国某种类型的相似之处，已在上文中述及，当然，由于基底性质的不同，它们还可以有一定程度的差别。此外，东欧的波兰盆地（前苏台德洼地），虽然不是含油气盆地，但从它的发展历史来看，也可以有助于对变格运动的了解。据 B.C. 彼特伦柯（Летренко，1959）的研究，这一盆地的基底，西南部为中、下古生界及前寒武纪褶皱带（苏台德山系），东北侧为前寒武纪地块，中间夹有中、上石炭统的地堑。这一处境很像我们的准噶尔，可是苏台德没有发生天山型的变格运动，因此盆地内从二叠纪红砂岩到中生界厚达 5000m 以上的沉积形成了另一种形式——短轴背斜型的褶皱；它们有不同于基底的构造格局，可是最突出的“长垣”则出现在前寒武纪地块的边缘部位，仍表示了一定的继承作用。

非洲的大规模裂谷体系和大型的盆地，是阿尔卑斯地台运动的另一种重要类型。关于他们的大地构造性质已有许多探讨，而有关含油气性的资料，近年来也不断增加。这些大型盆地有的从晚古生代即已形成，如刚果盆地；有些则发生较晚，如卡拉哈利盆地在晚白垩世后形成，乍得盆地则更晚些（乌姆布格罗夫）。与此相应，断裂系统的发生亦属于不同时期。E. 克伦凯尔（Klenkel）指出，东部断裂系统形成最早，可能与卡鲁期的破裂相联系，中部系统在渐新世开始，西部系统更晚。因此，断陷与坳陷在时间上的结合关系仍是十分明显的。

上述几种类型中，天山型或中亚型曾被不少学者认为是地质历史发展后期地球内部物质运动的产物；非洲型同样如此，克伦凯尔并提出了“岩浆冲裂（magmersis）+［上升—破裂］”的方式来代替 H. 克罗斯（Cloos）的著名的公式：“上升→破裂→火山活动”；西西伯利亚坳陷曾被别洛乌索夫称为“未成熟的海洋”（Неудавщийоя океан），认为它的形成是“玄武岩化”的结果。与这些类型密切相关的“中国型”阿尔卑斯地台运动，看来也必然有深远的内在原因，值得进一步探索。于此不能不联系到另外两种与地壳结构变化有关的大型坳陷，即与特提斯褶皱带共存的“地中海型”（里海、黑海、墨西哥湾）及位于太平洋岛弧的“边缘海型”（鄂霍茨克、日本海、我国的东海；南海的大部分处于这两种类型的结合位置，可能有更多的特点）。这两种类型的“盆地”，尽管巴基洛夫等人不认为是含油气地域的基本单元。可是无疑的是世界上最有希望的含油气地区。它们应该属于地槽体制还是属于地台体制，固然仍是一个未能确定的问题，但就其在阿尔卑斯阶段形成（从侏罗、白垩纪或更早一些的时期开始）这一点来说，必须在成因上和上述中亚、非洲、西西伯利亚和中国型的构造运动一起予以考虑。

综合上述，我们初步提出如下的看法：在地质发展历史的阿尔卑斯阶段，地球上出现了对应的地槽和地台体制。作用于地台部分的构造运动导源于随地球历史发展而产生的深部物质运动。它们表现为若干不同的类型，但总的性质是改变这一阶段以前的地壳构造关系，产生新的构造格局，同时又以不同的程度继承了以前存在的构造单元的某些特点。各种类型的运动都产生了一些新的统一的坳陷和断陷，二者具有空间和时间上的结合与转化关系。在这些关系中常常出现一些有利于油气生成、运移和聚集的沉积—构造条件，从而使它们成为与地槽或古地台盆地性质不同的含油气盆地。这类盆地在中国十分发育，通过对它们的分析研究，不仅可不断阐明它们本身的油气分布规律，从而有利于含油气远景评价与预测工作，而且还可以从各个特殊事例及其相互联结的关系中寻求一定的准则，为属于同一运动体制的其他盆地的油气勘查提供借鉴。

三、几点初步意见

总的说来，我们的基本概念是：

（1）地质历史是向前发展的，每一发展阶段的地壳是一个新的统一，组成此“统一”的对立成分在各个阶段是不相同的。盆地是“对立成分”中的一个单元；它们的性质不仅因属于对立双方之一而有所不同，如地槽盆地与地台盆地，并且由于所属发展阶段的差别而有更大的不同，如阿尔卑斯盆地与前阿尔卑斯盆地。考虑到每一地质发展历史阶段的运动体制决定于愈来愈深的地球内部物质运动，所以阶段性的差别是更具有本质意义的。

（2）新阶段的运动体制统一作用于旧阶段的不同单元，以其新生作用形成盆地，而不同的旧单元在适应新的运动体制时又各有其不同的继承性的反应，因此在分析盆地的类型和进行含油气地域区划时，必须同时考虑这两方面的相互作用。

（3）在实践的意义上，正确地划分盆地类型，并对属于同一基本类型的盆地进行具体的分析比较，将有利于阐明这种盆地内的油气分布规律和预测新油气田的工作。不同类型的盆地必然有不同的规律，地槽或老地台型盆地的成功经验未必能适用于阿尔卑斯地台型的盆地，如何从本质上认识它们的差别是十分重要的事情。

回顾百余年来石油地质发展的历史，不难看出，最早被发现开拓的是与地槽、特别是阿尔卑斯地槽运动体制有关的含油盆地。门捷列夫（1877）和德劳内（1913）所最早提出的油气田分布规律就是指它们与褶皱带边缘部分的依存关系。美国的第一口成功钻井（1859）所建立的“石油工业摇篮”至少在当时也是和阿巴拉契亚地槽褶皱带相联系的。后来的重心逐渐转移到与老地台运动体制有关的古生代地台盆地，无论在美国或原苏联，“内地台盆地”都取得了辉煌的地位。近一二十年的发展，看来又转向了两种类型的盆地：其一是为阿尔卑斯地台运动体制所改造并在很大程度上为中新生界盆地所迭复的古地台盆地，例如北非的撒哈拉和近来已在下古生界中发现油田的东西伯利亚。另一类型则是阿尔卑斯地台盆地本身，原苏联的西西伯利亚和中国的某些盆地是最突出的例子；此外西欧和南美的这类盆地都有前的发展（西德、法国、巴西等）；非洲南部的这类盆地亦具备了一定远景，有如索柯洛夫所指出，“它们的含油远景可以评价很高，中华人民共和国石油普查的例子说明了这种关系”。后一类盆地的重要性更是方兴未艾，有如华西列夫和特雷平在“1961—1980 年原苏联石油和天然气产量增长的地质基础”一文中所指出：“1961—1980 年将努力提高中生代沉积的作用”。除了阿尔卑斯地台内部的盆地外，那些与浅海相联系的盆地，像墨西哥湾、滨里海及中国东部、南部海岸的盆地，它们的形成发展和阿尔卑斯运动体制有关，而它们在含油气性方面的广大远景更是无可置疑的。因此，我们在结束本文时，愿再一次提出：把阿尔卑斯地台盆地作为一个单独的类型来加以研究，无论对石油地质学的发展历史，或是对世界含油气地区的分布规律，都将起重要的作用。

参考文献

[1] Бакиров，А.А. Геотектонические предпосылки для поиков новых крупных нефтегазонозных областеи территории Среднеазнатских республик.сб.Совегская геология，1957，no.57.

[2] Бакиров，А.А. Классификация и геологическне закоиоиерности размещения крупиых нефтеrазоносных герриторин “областеи，провинции и поясов”. 3в кииге Вопросы теконики нефтегазоносных рбластеи.Гостоптехиздат，1962.

[3] Белоусов，В.В. Основые вопросы геотектоника.Нзд–во МГУ，1962.

[4] Бондарчук，В.Г. Тектоорбгиния，1946.

[5] Брод，Н.О. Об основных закономерностях в распространении скопления нефте и газ наземнои кара. Сборних трудов геологического факультета Московского униврестета.Изд–во МГУ，1961.

[6] Варинцоз В.И.，Кравценко К.И. Тектонигеские особенности нефтегазоносных ападины Китаи.вкниге Воцросы тектоники нефгеrазоносных облаcrеи.Гостолтехиздат，1962.

[7] Василеев В.Г.，Требии ф.А Геологические основы роста добычи нефти и газ в СССР в1961—1980 гг.Нефтяное Хозяиство，1963，no.6.

[8] Налнвкин В.Д.и др. волгло–Уралвская нефтеносная область.Тектоника.Тр.ВНИГРИ сер.новая выл.100 Гостоптехнздат，1956.

[9] Наливкин，В.Д. Текгоники мезо–каннозонскне отлохении запада Западно–Сибәрскои низменностеи. Вкннге Геологня нефтеность запзда Запано–Сибирскои низменности.Тр.ВНИГРИ вып.140 Гостоптехнздат，1959.

[10] Петренко，В.С.Оформировании Поморско–Кульвскои зоны поднятии.Советская геология，1959，no.2.

[11] ПоnoВ，В.И.О иепрерывностн тектоннческих двнхении.Тр.XVП сессеии Мехдунар геол.конгр.Т.2，1939.

[12] Ростовцев.Н.И.ред. Геологическое строение и перспективые нефтегазоносги Западно–Сибнрскон низменностп.Тр.ВСЕГЕН Госгеолтехиздат，1958.

[13] Соколов，В. А. Типы нефтегазоности бассеинов Африки.Ново.нефти и газ тех，1961，no.5.

[14] Успенская，Н.Ю. Некоторы закономерности нефтегазонакопления на платформах.Гостопте–хнздат，1952.

[15] Успенская, Н.Ю. Обшие принципы тектоннческого раионнрования нефтеягзонакопления тер–риторин.в книге Вопросы ТеКТОНика нефгегазоносных областеи.Гостоптехиздат, 1962.
[16] Хаин, В.И. Геотектонические основые поисков нефте.Азнефиздат, 1954.
[17] Bentz, A. Relation between oilfields and sedimentary troughs in northwest German basin.Habitat of Oil, 1958.
[18] Bubnoff, S.von. Grundprobleme der Geologie, 1959.
[19] Dallmus, K.F. Mechanics of basin evolution and its relation to the habitat of oil in the basin.Habitat of Oil, 1958.
[20] Galley, J.E. Oil and geology in the Permian basin of Texas and New Mexico.Habitat of Oil, 1958.
[21] Khain, V.E. Main type of tectonic structure.their principal features and probable origin.Report 21session Nordon. Internat.geol.cong.Part. ⅩⅤⅢ, 1960.
[22] Kraus, E.C. Die Entwiecklungsgeschichte der Kontinente und Ozeane, 1959.
[23] Krenkel, E. Geolgie und Bodenschatzc Afrikas.2Aufl, 1957.
[24] Link, W.K.The sedimentary framework of Brazil.5th World petroleum Congress.proceedings, Section 1, 1959.
[25] Moody, J.D.&Hill, M.J.Wrench–fault tectonics.Bull.Geol.Soc.Amer, 1956, vol.67, no.9.
[26] Rogue, P.Criado., de Ferraris, C., Mingramm, A., Rolleris, E., Simonats, I., &T.Suero.The sedimentary basins of Argentina.5th World Petroleum Congress, Proceedings, Section 1, 1959.
[27] Russel, W.L. Principal of Petroleum geology.2nd.ed, 1960.
[28] de Sitter, L.U. Structure Geology.McGraw–Hill Co, 1956.
[29] Umbgroue, J.H.F. The pulse of the earth.Martinus Niihoff, Hauge, 1947.
[30] Weeks, L.G. Factors of sedimentary basin development that control oil occurance, Bull, . Amer, . Assoc. Petrol.Geol, 1952, vol.36, no.11.
[31] Weeks, L.G. Habitat of oil and some factors that control it.Habitat of Oil, 1958.
[32] 黄汲清, 姜春发．从多旋回构造运动观点初步探讨地壳发展规律．地质学报, 1962, 42(2).
[33] 钱祥麟．现代大地构造研究法及其在发展中的若干问题．地质学报, 1962, 42(4).

（1963 年 5 月完稿）

关于我国陆相中新生界含油气盆地若干基本地质问题的初步设想*（摘录）

一、大量的陆相盆地在晚三叠世以来先后形成的现象绝不是偶然的。如果考虑到同时期的海相盆地，这种现象更是具有全球性。毛主席在《矛盾论》中反复指出："不但要研究每一个大系统的物质运动形式的特殊的矛盾性及其所规定的本质，而且要研究每一个物质运动形式在其发展长途中的每一个过程的特殊的矛盾及其本质。一切运动形式的每一个实在的非臆造的发展过程内，都是不同质的"。"……事物发展的长过程中的各个发展的阶段，情形又往往互相区别"，"……因此，过程就显出阶段性来。如果人们不去注意事物发展过程中的阶段性，人们就不能适当地处理事物的矛盾"。

在地球这个"大系统"的物质运动形式的发展长途中，不同质的发展阶段的区分是必然的，也是明显的。1965 年我曾把每个阶段的物质运动形式的总体概括称为"运动体制"，指出"运动体制的变化是形成含油气盆地的首要条件"，而"地壳的运动体制是随着地质历史的向前发展而改变的，因此按运动体制来划分盆地类型自然也就包含了历史阶段或时代的意义"。在此认识基础上，当时提出了把属于三叠纪末期以后（在某些地方可从二叠纪末算起）的新阶段、新体制下的盆地单独划分出来（当时称为"阿尔卑斯阶段的盆地"），以与在此以前的古生界含油气盆地相区别。在做这样的划分时，我曾一再指出："如果考虑到海洋盆地的世界性发育情况"，也就是"全世界的绝大部分海洋盆地都是在中生代及其以后时期形成的"这一事实，那么，这类盆地同海洋发展的关系"就更清楚了"。

当时，所谓"板块构造"或"新全球构造"的学说尚未形成。在以后的十多年、特别是自 1968 年以来，这一学说的迅速发展，使上述的按阶段、按体制来划分盆地的观点有了更多的依据。例如，Khain（1972）把岩石圈的演化分为四个阶段，他把从古生代末或中生代初开始的第四阶段称为"后新地旋回"（Epineogäikum），其"主要特征是冈瓦纳和劳亚超级大陆的破裂及大西洋、印度洋、南大洋和北冰洋的形成。太平洋的存在也只是从这时起才能被证明"。这一阶段完全相当于我们早先划分的"阿尔卑斯阶段"。1973 年 Nosc 在论述"各个时代含油气省的特征"时，提出"在中生代产生了一种形成盆地的全新的机制"，完全符合于我们在 1965 年所表达的按运动体制划分盆地类型的观点。

因此，我国自晚三叠世以来出现的以陆相沉积为主的盆地，同世界上相同时代的其他海相或陆相盆地一样，都是地球演化进入新阶段后在新的运动体制下的产物。在 1965 年的论文中曾指出："考虑到每一地质发展历史阶段的运动体制决定于愈来愈深的地球内部物质运动"，所以这些盆地的形成"看来也必然有深远的内在原因，值得进一步探索"。此

* 原载《石油实验地质》专辑，1978。

后，十多年来新聚积起来的有关地球深部运动和有关其他星体的“地质”现象的资料，使我们有可能对此做较深入的探讨。

众所周知，地球是分为若干层圈或层次的。这些层次并不是从地球一开始存在时就已形成了的，而是在地球发展历史长途中通过物质运动而逐步产生的。气圈、水圈是这样产生的，岩石圈、软流圈……又何尝不是这样。所以地球物质分异的层次性同地球历史发展的阶段性之间是相互联系着的。气圈、水圈都服从它自身的规律，自不待言，刚性的岩石圈和非刚性的软流圈显然也各有其自身的规律。按 Wesson（1974）的意见，下地幔是非对流性的，遵循所谓陆姆尼次型的定律（Lomnitz-type law）。但在它的上面有一个以弹黏性定律为主的不规则的对流区。这些不同的层次形成一串演化的历史，每一个层次都永远在发生、消灭和相互转化着。因而产生新的层次并形成新的历史。沿着相互转化着的层次的界面可能是地球的物质运动集中开展并推动着地球历史演化的主要场所。换句话说，地球历史演化的新阶段产生了地球层次的新关系，从而发生地球物质运动的新体制。总之，阶段、层次、体制这三者之间应该存在着符合于辩证自然观的联系。

在地球形成的早期，还没有完全摆脱流体状态的阶段中，地壳地幔还没有明显分异的层次，它的运动体制可能像太阳和木星那样做流体的旋钮，随着同时在进行的逐步固结，产生了目前在古老地盾上可以辨识的上升的片麻岩卵丘（gneissose ovals）和沉降的绿岩区这样的矛盾对立物。这时还没有线性的构造带，不过在固结的过程中可能因地球自转的原因而发生一系列的“剪性萌断裂”。

经过了漫长的时间，地壳与地幔的层次分异趋于完成，大陆地壳得以形成，出现了双层结构，这时由于地壳与地幔界面上的物质运动可能在这一新阶段中引导了新的运动体制，主要受控于断裂的线性构造迹象在晚元古代至古生代处于优势地位，形成地槽与克拉通的矛盾对立。Khain 认为这一阶段的“地槽网带包括四个经向带（即西及东太平洋带，共同组成环太平洋带，大西洋带及乌拉尔—莫桑比克带）和三个纬向带（即北冰洋带，地中海带和南大洋带）。古克拉通分别处在这种网格眼中”。这一点同“月球、水星、火星等表面反射光像图所显示的线状构造及环形山与火山的排列也大多为经向与纬向两种方位”这些情况有所类似。可以设想，在这个阶段中，导源于壳、幔两个层次的相互作用的运动体制，曾使得地壳一再拉开与愈合，同时地幔物质得以反复上侵和受挤。这样一些作用是现今古生代地槽褶皱带中存在着超基性岩、蓝闪石片岩等特征岩石类型的原因，也是某些中外学者认为板块运动体制可以用来解释古生代褶皱带形成的依据。但是详细研究这些岩石类型的产出条件与分布规模，可以看出他们同新的“潜没带”中的同类产物是有所不同的。同板块敛合边缘相联系的“褶皱山系”与古生代或更老的地槽褶皱山系之间存在的差别，也是有目共睹的。因此，Bally（1975）认为这里存在着两种可能性：一种是古生代期间的大洋板块潜没作用比后来的时期更为强烈，消灭了所有曾经存在过的洋壳；另一种是当时并未出现过像中生代以来的那种实质性的大洋区。按运动发展的“循序渐进”的规律来看，后一种可能性看来更接近于实际（尽管 Bally 本人倾向于前一种）。

当地球演化进入从二叠纪末—三叠纪末开始的新的历史阶段，即我们以前所说的“阿尔卑斯”阶段时，物质运动的源地转移到了包括部分上地幔（MacDonald，1972，曾称这一部分上地幔为 Peridosphere）在内的岩石圈与其下面的软流圈这两个层次之间，产生了不同于以往阶段的新的运动体制，或即所谓“板块构造”体制，超级大陆终于破裂，大洋开始形成。包括我国的以陆相沉积为主的中新生界盆地在内的大量含油气盆地，就是在这一新阶段中，由新的层次关系所支配的新运动体制下形成的新生事物的一个组成部分。它们在全球范围内具有共性，但又由于所处位置的不同而各有其个性。

二、自从“板块构造”学说盛行以来，应用这一学说来划分含油气盆地的类型或解释这些盆地的形成机制等有关论文大量涌现。如早一些的 Halbouty（1970）等和近年来的 Bally（1975）等，立论各有侧重，观点不无歧异，但共同的特点是所讨论的都是同板块的背离、敛合与转换边缘相接近或直接、间接相联系的盆地，例如与大西洋中脊的扩张相联系的大西洋两岸盆地或与太平洋板块两侧俯冲潜没带有关的盆地。对于离板块边缘较远的所谓“内板块”（intraplate）或“内克拉通”（intracratonic）盆地，也就是位于大陆较内部的中新生界盆地则或是避而不谈，或是言而从略。例如 Poulet 等（1975）强调指出：“内部盆地的原始成因极难确定”，对这一问题的“任何解答都将是板块构造对石油勘探的重要贡献”。Bally（1975）的新分类中虽然专列了“中国型盆地”（Chinese-Type Basins）一类，但承认对这类盆地“所知极少”。Fischer（1975）曾对盆地的起源和成长按全球构造的观点做了较详细的分析，但对这种“内部盆地”的成因仍做不出定论。

问题的关键在于板块论这一诞育于大洋地质与大洋地球物理摇篮里的新生事物，强调了热驱动的水平运动。但它对“大陆地质”的影响究竟有多大？多深？多远？还是不甚了解的。虽然可以用水平运动产生的张力来说明裂谷、地堑和在拉张作用下大西洋型被动性大陆边缘上盆地的形成；或者用水平作用的挤压和俯冲来解释板块敛合边缘之上或其附近的所谓与“压性巨缝合线”（C-megasuture，Bally，1975）有关的盆地；但对离边缘较远，显示长期在重力作用下作垂直沉降的大陆内部盆地，便认识不足。事实上，水平运动和垂直运动，重力作用与热力作用之间是存在着辩证的相互联系、相互制约的关系的。在地球可以分为层次这一前提下，顺重力或逆重力的活动将破坏层次间的热平衡，改变层次上下的地温梯度，从而产生膨胀或收缩的热效应。反之，某一层次、某一部分物质的膨胀或收缩又可引起其本身及相邻层次作顺重力或逆重力的沉降或隆起。同样，某个隆起的下部层次可因挤压而作垂直运动，上部层次则可因拉张而发生水平或近乎水平的运动。这些关系可以帮助我们说明大陆内部盆地的成盆过程。

板块学说本身还存在着不少未能解决的问题，例如地幔能否发生对流以作为驱动板块的动力等。这些不属于我们讨论的范畴。只是从可以观察到的地质和地球物理现象，我们不能不承认沿着太平洋西岸的岛弧带，太平洋与欧亚大陆之间存在着挤压。同样，印度板块的向北推挤终于与欧亚板块相碰撞，也是大多数地质学者所承认的事实。Molnar 和 Tapponier（1975）甚至认为“亚洲大部分大型构造是印度和欧亚大陆碰撞的产物”。处于这种两面受挤的状态下，中国大陆的岩石圈将产生何种反应？

关于这一问题，可以有两种不同的答案。一种答案是板块构造的经典性看法，即强调“最容易实现的活动是岩石圈在软流圈顶上的水平滑动”（Lepichon 等，1973）。近来 Molnar 等据地球资源技术卫星照片的分析，认为在“龙门山逆断层”和“山西地堑系”以西，“在中国中部出现一些东西向左旋走向滑动大断层。……沿这些大的走向滑动断层向东的总位移量至少有 500km，或者可达 1000km”。但是，更往东部，这种向东的水平滑动同来自太平洋的挤压又将发生什么关系呢？对此，Molnar 等未做进一步说明。

另一种答案是我们要在这里提出的：即中国大陆的岩石圈在挤压作用下发生过垂直的隆起。地球物理学者 Drake（1975）指出：“岩石圈有足够的刚性以积累应变，……并能够以每年数厘米的速率接受形变，这些形变可以在地质时期内长时间持续进行”。一些地质学者（如 Peive，1961；Khain，1972）也认为在岩石圈内同时存在着挤压地带和拉伸地带。所以，包括部分上地幔在内的大陆岩石圈在某些地方因受挤压而形成一定幅度的隆起的可能性，并不能由于岩石圈与软流圈之间“最容易”发生相对的水平移位而被排除在外。很有兴趣的是：即使是强调水平运动的板块论者，在许多情况下也不得不运用某种机制来说明不可否认的垂直运动。Drake（1975）指出，“板块构造模式不能说明这些运动（按：指垂直运动与沉积盆地）和它们在位置上的持久性及同水平运动的可能关系，但这一点不应被当作反对这一模式的借口，应该把它看作是进一步研究这些问题的实质与原因的鞭策”。这方面的例子如 Kinsman（1975）在探讨拉张大陆边缘上的裂谷盆地时曾运用“地幔柱”（Mantle Plume）的观点来解释垂直运动。他设想的地幔柱直径为 100～200km，在它之上发生的大陆地壳早期隆起直径可达 500～1000km，高度达到海平面上 2～3km，在隆起上产生裂谷，在裂陷与沉降作用之后，隆起在大陆边缘上表现为直径 250～500km 的半圆或半椭圆形沉积盆地，沉积中心与早期的隆起顶部相符合。这里，他把地幔柱的发生看作是隆起的原因，但是对地幔柱何时、何地和为什么“冲击”岩石圈的底面却未做说明。我们认为刚性的岩石圈，无论是受到来自下面的“冲击”，或是受到来自两侧的挤压，都可以积累应变，发生隆起，而隆起的顶部很自然地会由于拉张而发生断陷。但是按照 Artemier 等（1971）关于贝加尔裂谷的估计，一个宽 200km、高 3～4km 的隆起所能产生的地壳水平拉张量，只有约 200m 之数，远远小于我们所见到的“断陷”的规模。所以单单是上述的岩石圈隆起作用还不足以形成“断陷”，应该考虑另一个因素，即：当岩石圈隆起时，莫霍面的位置随之上升，由于地温梯度的改变和因隆起被剥蚀而减少了负荷压力等作用，原来在莫霍面下的上地幔岩石（poridoophoro）发生了相的转化，密度降低，体积胀大，从而加强了隆起的幅度，使上层地壳的拉张量大有增加，为较大规模的“断陷”的形成提供了条件。

有一个可供参考的实例（图 1）：Ansorge 等（1970）在莱茵地堑所进行地震折射工作证明在地堑区之下的较大范围内，介乎 P 波速为 6.7～6.8km/s 的地壳与 P 波速为 8.0～8.2km/s 的地幔之间有一个 P 波速为 7.5～7.7km/s（推算密度为 3.1）的枕状体。Ellies（1976）和 Müller 等（1975）把它叫作“地幔枕（或垫）”（pillow 或 cushion）。这是一个位于地堑之下，向上隆起增厚，并向两侧减薄的低速、低密度的“壳幔混合体”，它的特点相似于哥登堡低速层或与软流圈作用相当，它们是地幔物质部分熔融或相转变的结果，它是产生断陷的原因，它的存在也是断陷正在发育的证据。

在断陷阶段，发生在岩石圈厚度与结构变化显著地方的那些断裂，往往可切穿到深处并波及上地幔，这已为大量地质和地球物理资料所证实。我们可以把这类断裂看成为承上继下的运动体，断裂向下延伸可以和已经鼓起来的“地幔枕”相遇，甚至包括了上地幔在内，在断裂开启作用下，很容易出现一个相对的低压区，在抽汲作用诱导下，层次间的积聚应力的突然释放，大大加强了上地幔对地壳的“冲击”作用，不仅仅扩大了“地幔枕”的体积，并使“地幔枕”的一部分，朝着“地幔柱”方向转变，这样的隆起幅度，将极大地影响着断陷的规模，是今后应该重视研究的一个重要因素。

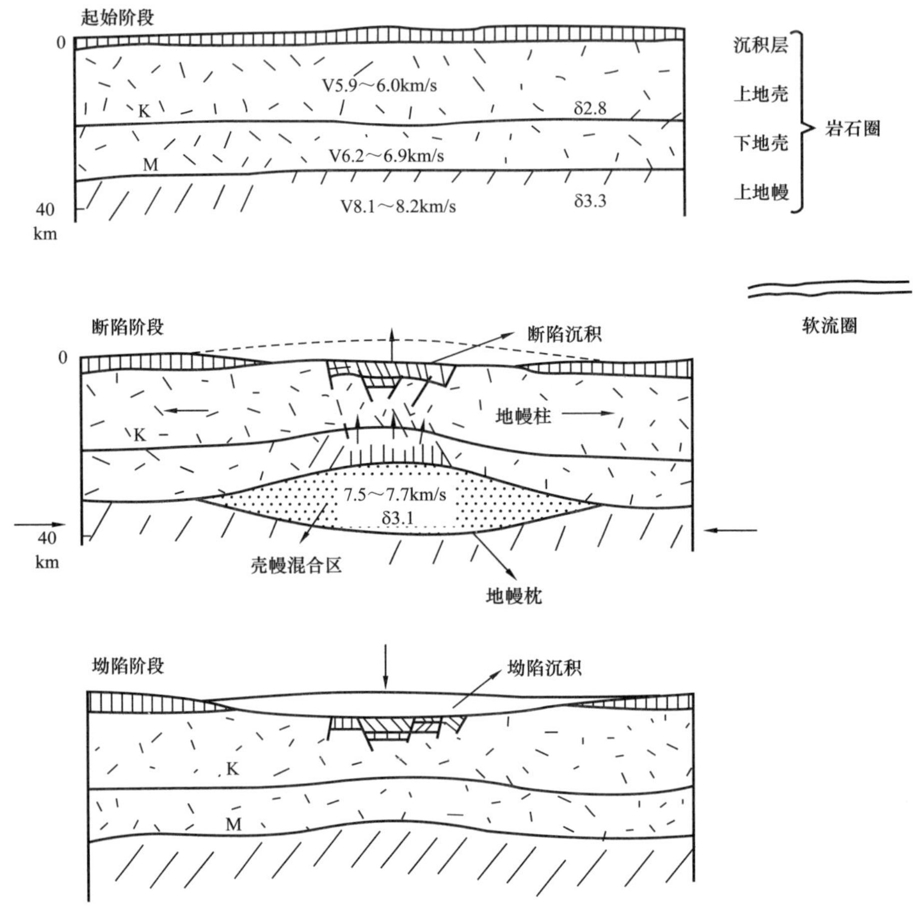

图 1　岩石圈隆起与断陷、坳陷形成的设想模式（数据参用齐格勒，1975）

这种产生地幔枕或地幔柱的热效应是可逆的，随着热能的外泄，断陷的中止，转化了的地幔岩石又被部分回收，这时地壳已经减薄，莫霍面和岩石圈底面的位置已经上升，区域性的补偿作用使得在比断陷体系更大的范围内形成“坳陷”，堆集了巨厚的沉积。“坳陷”底面的下凹与莫霍面的上凸构成了“倒影”（或“镜像”）的关系。

根据莱茵断陷的资料和北海的地震测深剖面，Ziegler（1975）提出了一个北海盆地从晚三叠世以来的断陷转化为第三纪的坳陷的设想模式。当然，Ellies 和 Ziegler 等人的设想都是从与大西洋的扩张相联系的岩石圈的拉张出发的，地幔枕、隆起和断陷是拉张的后果。我们所考虑的则是中国大陆岩石圈所处地位的不同，岩石圈的受压隆起和断裂的成生、发展是产生地幔枕或地幔柱及发生断陷并转化为坳陷的原因。属于同一发展阶段的同一运动体制在不同条件下有不同的表现应该是符合客观实际的。中国大陆中新生界盆地的发育特征之所以不同于拉张的大西洋边缘盆地，也不同于太平洋彼岸的一些盆地，是有其特殊的背景和原因的。

早在1965年的论文中，我曾提出了断陷与坳陷的这种重要关系，并认为“从断陷转化为坳陷的过程，对中国东部的盆地来说，是一个普遍的过程”。

在同一论文中曾举出中国西部的一些盆地来说明另一种形式，即“断陷”—“坳陷”相结合的型式。西部不同于东部的主要特点是：

（1）西部的岩石圈结构是由比较坚硬的中间地块（如塔里木）和古老软弱带（如天山）交替组成的，比东部（地台）更富于不均一性。在挤压作用下，剪切性的断裂易于利用二者交接的地方（也即所谓“山前”部位）发生，造成断陷与坳陷相结合的现象。

（2）西藏高原下的巨厚地壳在渐新世后已经形成。有如Molnar等（1975）指出，“尽管西藏高原地壳的现代变形不大，但要维持其地形高度的均衡也需要几百巴的应力差，它可把这种数量的水平挤压力由喜马拉雅传递到更北的区域”。因此，沉积在这些与坳陷相结合的断陷中的中新生代地层后来受到强烈的挤压，与东部盆地显然不同。

我们还应该看到沿断裂的岩浆分异，使得中性乃至酸性火成岩可以在这里侵入或喷发。在东部较靠近太平洋板块边缘岩浆活动“前锋”的地方，尤其是当日本海尚未扩张形成之前，这种岩浆活动可有很大的规模，造成喷发岩与侵入岩广泛发育的地带，与之相邻的坳陷在后期发育中可超覆一部分这种地带。

在岩浆活动特别强烈，也即受板块活动边缘影响更大的地方，地壳下部的熔融部分可以循岩石圈隆起上的断裂大量喷发到地面成为特殊类型的火山岩坳陷，我曾把浙闽火山岩区看作是这样性质的“特殊”盆地。由于接近板块下插边缘，得到熔融物质的补充，地壳厚度增大，在均衡作用下，它后期从坳陷转化为隆起，在这种隆起的上部，又因拉张而先后产生时代不同（从晚白垩世至第三纪）的小断陷，如闽、浙、赣、粤的一些“小盆地”。

坳陷的两侧必然伴随着隆起，在隆起上又可发生一些较小的断陷，一些位于大坳陷周围在隆起背景上的“卫星盆地”，包括我以前说过的在沉积物时代上可称为“迟到早退”的盆地，属于这一类，它们和大盆地（坳陷）有成因上的联系。

我国还没有进行过系统的地壳测深工作，但近年来地震研究工作者通过各种途径对我国莫霍面的深度作了不同程度的探索。就所见到的不完整资料来看，在东部几个大型盆地的下面，莫霍面的深度都小于周围地区一至数公里，盆底的下凹与莫霍面的上凸之间的“倒影”关系相当明显。这一点足以初步证明上述盆地的形成、发展、断陷与坳陷的转化，是同地壳深部运动有密切关系的设想。今后对岩石圈厚度的更多资料必将进一步丰富和提高我们对我国中新生界含油气盆地的认识。

总之，在考虑全球范围内新阶段、新层次和新运动体制下中新生界含油气盆地的同一性的同时，还应进一步探讨中国大陆岩石圈在新运动体制下所处的特定环境，从而更多地了解我国中新生界盆地的特殊性。

三、就地球的层次来看，岩石圈的下面是软流圈，它服从自身的规律。它的温度接近或超过岩石学上的固线（solidus），可以有部分熔融的现象。它的密度、黏度及震波传播的速度都比在它上面的岩石圈低。因此，它和岩石圈之间存在着一种重力不稳定（gravity instability）或“倒置”状态。这种状态使得岩石圈的隆起到了一定程度便不再能获得软流圈的支持，而不得不中止。但是挤压的应力仍然在作用，经过一段苏息调整，岩石圈又得以再次发生隆起。于是断陷、坳陷、再断陷、再坳陷的过程能以“多旋回”的方式进行。至于在以拉张为主导的情况下，如上述北海的例子，则在一旦转化为坳陷以后，继续拉张只能产生像同生断层这一类的结果（如在断陷基础上发育的西非沿大西洋的一些盆地），而不可能形成同样的多旋回。

这种多旋回性是黄汲清等的“地壳多旋回发展”的最后一个阶段的表现。由于地球的发展进入了新阶段（印支旋回以后），运动有了新体制，所以旋回性的表现也就不同于在此以前的“多旋回构造运动”。每一次断陷过程与坳陷过程之间是一次运动的转折点，但不一定表现为普遍而明显的角度不整合。每一断陷或坳陷过程的经历都可以有时间上和空间上的差别。构造上的旋回性总是和沉积上的韵律性相伴生，因此无论在断陷或在坳陷过程中都可以有生、储、盖油层发育，而各个盆地或同一盆地的各个部分之间，又因构造运动的不平衡性和沉积、沉降中心的迁移性而有所不同，从而造成了我国以陆相为主的中新生界盆地“多旋回、多层系、多相组成油”的特色。

江苏是多旋回成油的很好的例子。在印支运动以后，下侏罗统的象山组充填了一些山间坳陷，继之为一个断陷阶段，在断陷中发育了下部为中性火山岩，上部夹有沉积岩的时代属中、晚侏罗世至早白垩世的火山—沉积杂岩组。至晚白垩世又进入了一个坳陷期，沉积了浦口组和赤山组，这些沉积在大部分出露地区均为红层，但已有少数钻井初步证明它们在坳陷中心部分是暗色沉积。这一坳陷期可能延续到早第三纪，但更可能的是在第三纪初有过一次断陷，改变了坳陷的格局并使地层发生挠动。早第三纪的坳陷发展到渐新世（阜宁组）后，又有一次断陷（吴堡运动），产生了凸起（潜山）与凹陷的分隔局面，然后又由局限于深凹中的戴南组发展为广泛超覆的三垛组，再进入坳陷期，并持续经过上新世直至今天。已经查明处于坳陷后期的阜宁组、处于断陷初期的戴南组及处于坳陷初期的三垛组中都有油气田。最早的断陷末期的葛村组中见到过油，较早期坳陷中的泰州组乃至更早的暗色的浦口组也都是找油的有希望对象。

华北的情况有些类似，晚白垩世时可能处于断陷阶段。代表坳陷阶段的沙河街组是主要产油层系。沙河街组以后有过一个断陷活动，对某些基岩（潜山）油藏的形成起了作用。属于新的坳陷阶段的东营组又是一个产油的层系。

其他例子不再列举。应该说明，属于更广义的多旋回成油的“叠置盆地”，例如在中生代油田之下还有古生代油田的陕甘宁（鄂尔多斯）盆地，以及另一些有希望在盆地基底较老地层中找出油气的地区属于另一范畴，在此不加详述。我们要强调的是：我国中新生界含油气盆地发育的多旋回性是新阶段、新层次、新体制下的新产物。不仅上述断—坳交替的发育方式具有深在的根源，而且在处于挤压状态的岩石圈同软流圈之间的矛盾对立下，对断陷、坳陷的发生、转化起直接影响的莫霍面上的“地幔枕”（或“地幔柱”）的形成、消失或扩张、收缩必然是反复间歇地进行着的。因此，即使在每一个坳陷期或每一个断陷期中，仍包括了若干次沉浮起伏的螺旋式演进，明显地表现为沉积物在粒度、颜色、氧化还原条件等方面的韵律性，为多层系、多相组含油创造了条件。

地幔隆起的幅度由于这种原因而不断在变化，反映在沉积物中便显示了沉积速度的快慢、沉积厚度的大小以及相对于沉积来说的水体的深浅。同时，岩石圈相对于软流圈在移动着，地幔隆起的位置或相应的断陷与坳陷的位置也在改变着，Faure（1972）研究西非马里等盆地的结果，认为盆地在以0.1～10cm/a的速度作波浪式的转移，由于岩石圈所处的拉张与挤压的不同背景，我国的盆地应该相对稳定得多，但各个盆地各时期的沉降和沉积中心发生转移的情况仍然存在着。这种转移自然会反映在各种沉积相在空间位置上的组合和在时间上的移动改变，特别如三角洲的进退、湖盆的扩敛、河流的改道与改向等，有利于岩性油藏的形成。

有如我在1975年所曾指出："地球内部的物质运动形式，包括分异、运移、转化（相变）……反映于同样包括了分异、运移、相变……的地球表面物质运动形式中"，对于我国以陆相为主的盆地的多旋回、多层系、多相组含油气特性，应该联系于深部的物质运动，从整体来认识，从具体做分析。

陆相生油岩系中的有机质怎样演化成为油气？这是一个专门的课题，不拟在此讨论，但不论在陆相或海相沉积中，这一演化必须要有一定的物理化学条件，特别是对中新生代沉积来说，早侏罗世以后的岩石产出了世界巨型油田中80%～85%的油气，而巨型油气田的油气量又占全世界总量的70%～75%，换句话说，早侏罗世以后的沉积物内产出了全世界总油气量的一大半。Holmgren（1975）在把这种情况称为"后早侏罗世的油气繁荣"的同时，认为："最深在的原因是在海西（晚二叠与晚三叠世）运动同时或以后的地球热流量与能量平衡的重大改变。"他所说的海西运动对我国来说主要是指晚三叠世的印支运动，至于为什么这场运动引起了"地球热流量与能量平衡的重大改变"，按我们在上文所阐述的观点，印支运动以后地球发展历史进入了新的阶段，新的运动体制导源于新的层次分化，岩石圈隆起的产生，"地幔枕"的形成与回收及其与盆地的断陷—坳陷转化的关系，无不涉及地球深处的物质运动，而这种运动的重要形式之一是地球内部热的生成和变化。来自地幔物质运动的热流量（包括放射性衰变能，动能和弹性能的释放）在盆地发生发展过程中作用于盆地，使盆地内沉积物中的有机质向有利于生成油气的方向转变，热场的不均一性也会引起热应力对油气的驱动和转移聚集，因此是不是可以这么说，石油的生成本质上更多地属于热化学反应。基于以上认识，我们认为在盆地的多旋回发育过程中，早期的断陷或坳陷及在它们之下的更老地层中的生油层系内的生油母质可以一再地沉降到深处，"地幔枕"的反复出现和收敛，使来自地幔物质运动的热，多次作用于这些可以生油的物质，这种情况，有助于说明"多次成油论"，这种理论如能成立，对开拓盆地深部找寻油气的领域无疑会有不少的益处。

这个问题之所以值得注意，是因为如何进一步在中新生代盆地之下的埋藏地区和在这些盆地间的出露地区寻找古生界油气藏的任务已经展示在我们面前，而阐明这种新、老构造和热动力学关系之间的相互联系，行将成为开展这一工作的重要前提。

十多年前就曾说过："对含油气盆地的研究不仅是对已知事实的归纳，更重要的是通过分析，进行预测，指导实践工作。"多年来的实践证明，我国以陆相沉积为主的中新生界盆地已为我国提供了丰富的油气资源。虽然我们的油气探寻工作已经向古生代（包括印支运动前的三叠纪）沉积地区和海洋盆地等新领域迈进，但已知的中新生代盆地仍有找到新油气田的很大潜力。考虑到所谓世界性的“后早侏罗世石油气繁荣”，更不可轻视这些盆地的作用。如何对这类盆地做具体分析，透过现象，看到本质，形成理论，指导实践，已成为我们当前的重要任务。近年来深部地质研究和实验模拟、定量参数演算等新技术的迅速发展，当可为我们提供一些途径，对含油气盆地的形成发展及其控制油气生成运移和聚集的演变过程，进行理论探索，从而建立模式，指出方向，以有助于油气普查勘探的实践。

这一发言稿在整理成文过程中，承陈焕疆同志校阅原稿，提出了许多有益意见，使内容得以有所充实，谨致谢意。

（本文为朱夏同志 1977 年 11 月在国家地质总局石油普查勘探技术座谈会和江苏石油普查勘探指挥部地质会议上的发言稿，经整理于 1977 年 12 月 6 日完稿）

中国东部板块内部盆地形成机制的初步探讨*

本文试图本着作者以前提出的“在历史分析的基础上进行力学分析”的原则对中国东部中新生代盆地的形成机制与发展历史作一轮廓性的说明。按照作者关于两个世代、两种体制的盆地的论点，这些盆地都是在中新生代期间发生在中国板块内部的盆地。在全球性板块运动的体制与中国板块的具体活动之间，在太平洋板块与特提斯—印度板块对中国板块的相互作用之间，在中国板块的整体与分体活动之间，在深部结构与块体活动的动力学机制与运动学方式之间，都存在着密切的联系，应该做统一的考虑，才能对不同时期，不同方向，不同应力布局的盆地的内在联系做出总体的分析。遗憾的是，由于深部地质资料的贫乏和一些具体地层时代的不够确切，关于这些联系的许多方面的解释，在本文中只能作粗略而大胆的尝试。今后在取得更多资料的情况下，这些问题将有可能借助于实验模拟而获得较好的解决。作者希望这一工作将成为新兴的石油实验地质学的一个组成部分，故借本文篇幅做初步探讨，请读者指教。

一、中国板块的两条“锋线”

有如板块构造学说的某些奠基者所主张的板块的活动是从2亿多年前的联合古陆解体开始的。这一运动体制的转化时期在全世界并不是划一的，但都以华力西旋回的或迟或早的某一幕运动为标志。乌姆格罗夫在四十年代提出，“大多数盆地与槽地形成于某一华力西幕之后。在阿尔卑斯期的某些幕以后，同样而且特别强烈地形成盆地”。这一论点，值得重新予以评价。新的运动体制从开始到激化也有一个过渡时期。按中国的情况，黄汲清把华力西旋回以后的时期称为“滨太平洋和特提斯喜马拉雅构造域的形成和发展阶段”，而认为印支运动代表这两个构造域“开始强烈活动”，如果我们不是把构造域局限地看作是地域性的区划，而赋予它以运动体制的涵意，那么，这一观点也就指示着从二叠纪（可能某些地方还包括部分石炭纪）到早中三叠世代表了一个体制过渡时期。

经过华力西旋回，中亚、蒙古等地槽系封闭，西伯利亚地台与中朝、塔里木等地台连成一体。原来由古中国地台解体而形成的昆仑、祁连、秦岭等地槽亦都基本上褶皱封闭。大部分中国大陆成了欧亚板块的一部分——中国板块。这一板块的东面，陈炳蔚等认为，“在晚华力西阶段（早二叠世晚期或晚二叠世早期），于古东南亚大陆的东部和南部边缘，形成了一条环形的优地槽褶皱系。如自日本的内日本华力西优地槽向西至琉球，经我国台湾到菲律宾，再转向西南至北加里曼丹等优地槽褶皱带为古东南亚大陆装饰了一条美丽壮观的镶边”。这一“镶边”统一了中国东部中朝地台、扬子地台、南华地台、海南地台等的东部边缘，成为从此以后与东面的太平洋板块对立斗争的“锋线”。在中国板块的西南

* 原载《石油实验地质》，1979年，第1辑。

侧，李春昱指出，“华力西运动之后，秦祁昆已基本上结束了它的地槽历史”。在青海湖附近，西秦岭及巴颜喀拉山脉一带，三叠纪初期的地槽属于华力西运动的尾声。在它的南面，特提斯地槽主要在华力西褶皱基底上拉张，沿三江至喀喇昆仑山在地槽内出现有中生代蛇绿岩带，表示有新生的洋壳存在。这里的中生代运动是在“特提斯海洋壳与亚洲（中国）大陆陆壳的相互作用”下展开的（黄汲清等），到白垩纪以后又受到印度板块的影响，这是另一条“锋线”。

当沿着这两条“锋线”开展印支和燕山期的强烈板块活动以前，中国板块内部在二叠纪—三叠纪这一段过渡期间内主要表现为分区实现沉积—构造的统一性。例如，鄂尔多斯地区（当时还没有形成盆地）东西两侧的不同石炭系沉积区为二叠纪石盒子组所统一。四川（同样尚未形成盆地）东部和西部从二叠纪海侵起趋于一致。在中国西北和东北的古生代地槽区内，这一阶段可能相当于原苏联学者所讨论的中亚“年青地台”的二叠纪—三叠纪“过渡层”。（叶列门柯等认为它们在某些较稳定地区为泥质与碳酸盐岩沉积，在另些较活动地区则为有火山岩成分的“造山型”沉积，前者属褶皱轻微的坳陷，后者为断陷）。它们与油气的关系是值得注意的，本文暂不予以讨论。由于中国板块是由不同的旧构造单元组合而成的，所以这种统一只是相对的，而这些旧单元的界限在后来的板块内部活动中仍发生着重要影响。例如银川—昆明这一条近南北方向的“中国东西之间的古地质界线”，对板块内部中生代盆地的形成有显著影响。中朝地台与北部地槽区之间的界线、扬子地台与中朝地台间的界线、起源于古中国地台解体并控制了西部地槽多旋回发育的北西西与北东东断裂，以及东部地台间因南北向挤压而发生的北北东向剪切，在后期的板块内部构造中都成为一定的控制因素。一些壳断裂还可以发展为超壳断裂，除压、张、升、降的活动外还有大规模的平移推覆。这些问题将在下文中分别涉及。

二、中国板块内部早期盆地（中生代）形成的两种机制

虽然属于同一运动体制，中国东部的板块内部盆地在中生代和在新生代的形成发育机制是有差别的（西部的盆地暂不在本文中论述）。这种差别大致以白垩纪末—第三纪初的晚燕山运动为转折点。正如黄汲清所说：“中国东部的构造应力场在晚燕山及其以后与印支、早燕山阶段是完全不同的。”至于为什么有这样的不同，作者认为除了太平洋板块的运动以外，还应该考虑白垩纪的全球性升降活动和自白垩纪末以来“西线”（特提斯—印度板块）的活动对东部所产生的影响。

据凡尔的分析（1977），显生宙海平面全球性升降的一级周期中，最大的下降发生在二叠纪—三叠纪，而以中三叠世末达到最低点，所以把印支运动作为太平洋与特提斯板块对中国板块“开始强烈活动”的标志并不是偶然的。早燕山运动是印支运动的继续加强和发展。在这一段期间内，东面的日本印支、燕山构造带和西面的松潘甘孜、三江及唐古拉褶皱带分别相继形成。在两者之间的中国板块内部，普遍发育了印支—早燕山的复杂地台盖层褶皱、压性及压剪性断裂系统及中酸性为主的岩浆活动。就我们所关心的中生代盆地来说，主要出现了两种形成机制下的两种盆地，作者在1965年曾分别称之为“断陷—坳

陷结合型”与“断陷—坳陷转化型”盆地。前者以四川、鄂尔多斯为代表，后者是松辽和已被后来的新生代盆地所迭加改造的华北和苏北—南黄海深部的中生代盆地及一些小型的侏罗—白垩纪断陷。

1. 断陷—坳陷结合型盆地

四川和鄂尔多斯盆地有着颇不相同的个性，但无可否认，它们的共性是更为基本的。第一，它们都是在古中国东西两大块体的交界地带发育的，反映了当太平洋与特提斯洋壳从两边对中国板块施加压力时，沿西部厚壳槽区与东部薄壳台区的古地质界限所产生的变动。往北越出了这一古界限的位置，就没有类似的盆地发育。第二，它们都经历了二叠纪—三叠纪的过渡时期，从晚三叠世、亦即太平洋与特提斯构造域“开始强烈活动”之际开始形成盆地，在早燕山期继续发育，而在白垩纪后期转入整体隆起。第三，它们都是在西部槽区的向东推挤和“东侧屏障山脉的升起”（李四光）的结合下成为西侧在逆推断层前有较狭窄的断陷，而东侧则为宽阔斜坡的大型不对称箕状盆地。第四，逆推断层前的断陷中，在晚三叠世，早侏罗世到早白垩世都沉积了厚度最大的较粗碎屑物。它们的位置逐步向东推进，而同时期的沉积中心（如反映为厚度小得多的湖盆沉积等）则在盆地的更东部分依次转移其位置。说明除了西部上升槽区的挤压影响外，整个盆地的沉降作用还受着深部物质运动的控制。就现今的情况看，两个盆地的整体都和莫霍面的深度成倒影关系，但莫霍面隆起的位置都和盆地的轴线（在四川为成都平原，在鄂尔多斯为天环向斜）不相一致甚至偏离很远。这种情况似可表示来自西部挤压的断陷作用与源出深部物质运动的盆地坳陷作用曾结合地发生影响。

对于这些现象可以提出如下的设想：华力西运动以后，沿中朝地台与扬子地台的西部边缘，在西面的经过褶皱回返，地壳加厚的槽区与东面的稳定台区之间，莫霍面的深度有一定差别（当然其程度远不如现在的情况）。印支至早燕山运动期间，与中国板块两侧的推挤相适应，西部的厚壳槽区向东推掩，在上部产生向西倾斜的逆断层，而在深部则由于台区的向西推挤受到槽区厚地壳的抵抗力，岩石圈一开始就有弯曲，当垂直面中的剪应力达到剪切强度值时，就产生一个剪切—拉张型的重力断层。按此方式，岩石圈的下部被剪切成为几乎垂直的碎块。上地幔物质通过这些剪切—拉张面向地壳深部注入或浸染（费歇尔，1975），使下地壳物质的温度增高。在总的挤压应力场下，这里不可能发生拉张性的深断裂，地温的增高只能促成下地壳受热物质的塑性流动。由于西部是较冷的厚地壳，塑性流动受到限制，相对地有更多的物质向东作塑性流动（正如某些原苏联学者对贝加尔裂谷所做的解释：异常地幔区受阻于西伯利亚地块而只能在另一方向向萨彦—贝加尔褶皱带作塑性扩张）。其结果是莫霍面向西倾斜而其转折的位置不断移动，隆起的高点不对称地向东偏移（图 1）。各时期盆地坳陷与沉积中心位置的变动可能与这种偏移有关。一度升高的古地温梯度可能曾对早期（如四川盆地晚三叠世以前）的油气演化有过重要影响。盆地下塑性物质的不对称外流（底流）使周围地区的地壳加厚，相应上升。在总的东西相对的挤压作用和向西流动受到阻碍的情况下，东侧“屏障山脉”的升起（武陵与太行）更为显著。就四川盆地来说，扬子地台型的晚古生代至中生代盖层在这样的上升背景下，经白垩纪末—第三纪的板内平移活动（见下）的启导，发生了从武陵隆起向盆地以重力滑动为主要因素的盖层褶皱（川东平行褶皱带），并使印支期以来的构造面貌受到改造，油气发生再分配。鄂尔多斯的情况不同，中朝地台的基底和盖层性质不适于同样的形变，相反地，到了更晚一些时期，由于下文所述的原因，才在山西高原隆起的背景上出现了补偿性的裂谷体系。同样，扬子地台的复杂结构的基底，在中生代的多期挤压和扭动作用下在盆地内先后产生不同时期、不同程度、不同系统、不同形态的许多褶皱，而相对地完整坚硬的中朝地台基底则限制了鄂尔多斯盆地内中生代褶皱的发育。所以鄂尔多斯与四川盆地虽有相似的形成机制，却表现为不同的油气产出条件。

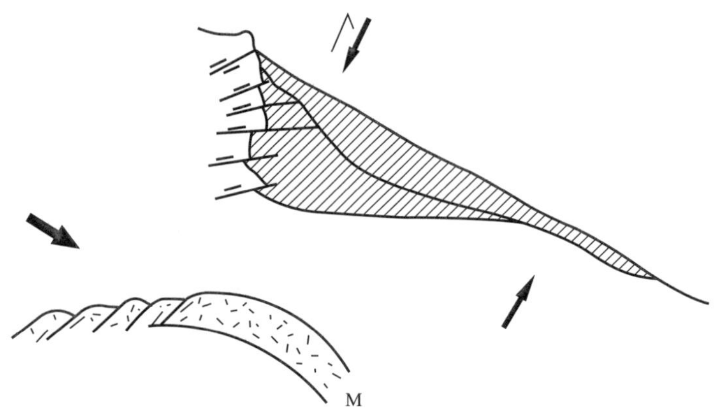

图 1　断陷—坳陷结合型盆地形成机制示意图

2. 断陷—坳陷转化型盆地

关于这类盆地的形成发展机制，作者于 1977 年曾试作探讨，后来陈发景等也提出了类似的观点。这里只补充说明几点：

（1）在印支—早燕山运动期间，这里的应力格局包含有两个方面的内容。一方面是：自古生代以来的南北挤压仍未终止，而太平洋板块向北北西方向的活动已登上了舞台，从而使以郯庐系断裂的左旋活动为标志的南北直扭造成了晚三叠世以前地台盖层的褶皱断裂，并在早燕山运动中继续影响到晚三叠世—早中侏罗世的沉积。按穆迪与希尔（1954）的扭断裂机制，这种次一级褶皱的方向按离扭断裂的远近从北北东、北东转向近东西向，正如江苏—南黄海区一系列隆起与凹陷所显示的方向，这些褶皱及其伴生的压性断裂（推覆），在扬子地台范围内比在华北地台内更为发育，使得苏北坳陷下的“潜山”内幕具有复杂的结构。另一组北西向的张性断裂则在华北地台基底中更为显著（在扬子地台范围内仍有其形迹），它的活动使得不同断块内晚元古代至古生代地层的剥蚀保存程度有所不同，从而影响到华北地台不同块段中古潜山的性质与分布。另一方面是：太平洋板块的活动促使中国板块东部的岩石圈隆起。与鄂尔多斯、四川地区相比，华北、苏北的晚三叠世，早中侏罗世沉积在厚度和分布范围上都小得多，表明岩石圈在当时是东隆西降的。在隆起背景上，这时可能已发生断陷，但不如晚侏罗世那么广泛。晚侏罗世火山断陷的形成，据卢华复等在宁芜地区的研究，仍是在北北东的左行平移和南东至南东东的挤压应力场交替作用下的产物。

（2）但是，历史发展的趋势是：从古生代继承下来的南北挤压日趋消减，北北东向的左旋平移从白垩纪末以来在中国板块向东滑动扩张的影响下停止活动或逆转为右旋平移，而在新全球构造运动体制下的太平洋板块对中国板块的作用则方兴未艾。整个机制可概括为：在太平洋板块挤压影响下，中国板块东部岩石圈隆起，受到剥蚀，并发生断裂（晚三叠世—早中侏罗世）→因板块俯冲引起壳内岩浆房的形成和沿断裂的中酸性岩浆外溢（晚侏罗世—早白垩世）→岩石圈隆起、剥蚀、壳内岩浆的外溢使上地幔的压力减轻，发生相的转化［例如由榴辉岩（橄榄岩）到辉长岩］，形成地幔垫，继而出现与之成倒影关系的坳陷（白垩纪）→太平洋板块的继续活动，以及西部锋线以“滑线场”的方式对东部施加的影响使东部岩石圈进一步隆起，并发生北北东与北东向的拉张断陷，其发生时代顺拉张的方向依次变新。在此过程中，地幔垫再次发展，断裂下延切割到地幔垫，上地幔物质沿某些断裂以地幔柱形式上升（早第三纪）→与地幔垫的范围相应并与之成倒影关系的新的坳陷的形成，地幔垫的两个高点之间，可能由于地壳物质的塑性流动而产生坳陷间的隆起，如山东。坳陷发育的同时有基性岩浆的流溢，如三垛、盐城组下部及第四纪的玄武岩（晚第三纪—第四纪）。在这一机制中，岩石圈的受压、上隆、断裂激发了地幔垫的形成，而地幔垫的发育又使得岩石圈更加隆起，断裂更加深入，最终转化为坳陷。这是中国东部所处的接近于太平洋板块的“锋线”这一构造位置所决定的（图 2）。

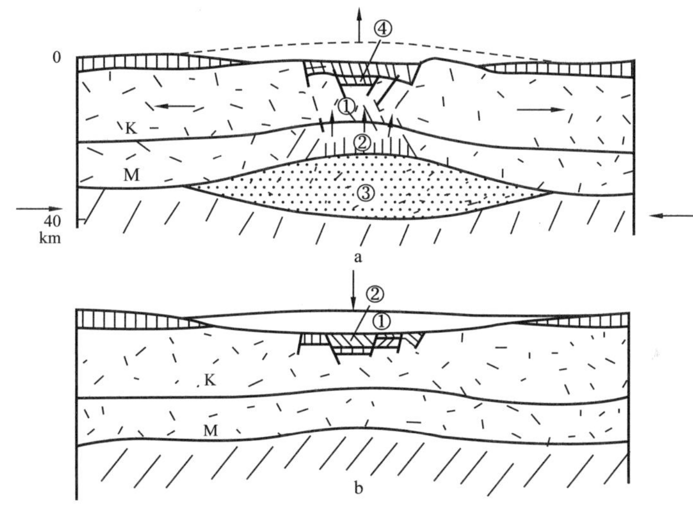

图 2　断陷—坳陷转化型盆地形成机制示意图

a—断陷阶段：① 地幔柱；② 壳幔混合区；③ 地幔垫；④ 断陷沉积

b—坳陷阶段：① 坳陷沉积；② 断陷沉积

（3）松辽是按上述机制发展的单旋回盆地［三叠纪—早中侏罗世隆起—晚侏罗（早白垩）世断陷—白垩纪坳陷—第三纪隆起］，华北与苏北则是复旋回的，从白垩纪末，早第三纪以来有不同于松辽的新发展。有如下节所将说明。白垩纪时期本身是一个重要的转折点。

（4）如上所述，这一断陷—坳陷转化机制的发展可以分为若干步骤，断陷的发生或断陷转化为坳陷的时期，在时间上有某种渐进的规律。这是因为随着岩石圈的隆起、断裂的发生、强化与延拓、地幔垫或地幔柱发生的起始，激化与“回收”等都有一个构造演化的过程，包括一个时间的函数。这些过程自然也就联系到各个断陷或坳陷中生储油岩系在旋回的同一性与同时性之间的复杂关系。例如华北苏北第三系下面的白垩纪坳陷，如果曾经发育的话，在时代上未必与松辽完全相同。苏北各个断陷中的泰州组、阜宁组、三垛组与华北各个断陷中的孔店组、沙河街组、东营组在时代上、发育机制上与成油条件上如何对比联系，都值得进一步探讨。

上述断陷—坳陷结合型与断陷—坳陷转化型盆地，就其形成机制来说，虽然同在板块内部，同样是受两侧相邻板块的相互影响而发育，但由于所处的位置不同而有明显的差别。转化型盆地是在接近东部锋线，在太平洋板块推挤作用下中国板块岩石圈“下压上张”情况下的产物。在时间上，盆地的发生与结束均较晚。结合型盆地则更多地受西部锋线的影响，在厚壳槽区与薄壳台区相互推挤下“上压下张”的结果，盆地的发生与结束均为时较早。不同的机制取决于岩石圈在板块内所处的构造位置与盆地基底的不同性质，受不同机制的作用（如同属中朝地台基底的华北与鄂尔多斯），或类似的机制作用于不同的基底（如鄂尔多斯与四川、松辽与华北）又可以有不同的结果。盆地内建造的类型、性质，改造的形态、程度，无不受这些共性与个性的控制。这就为我们具体分析各个盆地或盆地各个部分的油气条件提供了一条连贯的而又同中存异的线索。

三、中国板块内部后期盆地（第三纪）发育的双重背景

黄汲清等认为三叠纪以来中国东部大地构造发展中“有两个重要的转折时期，其一为侏罗纪末到白垩纪初的早燕山运动，这是中生代晚期大兴安岭—太行山—武陵山以东的中国东部挤压作用达到高潮并转向引张作用的开始，之后产生了松辽、江汉、苏北等坳陷。其二为白垩纪末到第三纪初的晚燕山运动。之后，喜马拉雅期旋回开始，中国东部的引张作用得到了进一步的发展，形成华北、下辽河、渤海及中国大陆架上的若干盆地，同时，江汉、苏北等继续发展”。

关于第一个转折时期，黄汲清等说：“由于资料缺乏，现在还不太了解它与太平洋板块运动的具体内在联系。”作者认为，除了太平洋板块的活动外，这里还应该探索这一转折与白垩纪时期的全球性深部物质运动的联系。普莱等在分析几个不同板块内部盆地的沉降幅度后认为，“沉降与造陆活动表现为同时的全球性现象”。并指出100Ma前的赛诺曼阶与75Ma前的晚白垩世是两个全球性沉降的最高值。凡尔的研究也指出白垩纪是全球性海平面下降的重要时期。肯特发现“几乎所有的大西洋型大陆架”都在中白垩世（阿普特—阿尔布阶，即115～100Ma之间）的“非常有限的时间内”出现一次“最显著的变革”，即从断陷转化为坳陷。所以在板块活动的局部背景上还应考虑这种全球性背景。全球性的升降活动反映了内部物质运动的调节。对中国盆地的形成发展来说，表现为太行—武陵两侧在三叠纪—侏罗纪时是东升西降，而到了白垩纪则调节成为西升东降。在其东侧，侏罗纪末—白垩纪初的转折，与其说是“从挤压高潮转向引张”，毋宁说是从断陷转向坳陷。晚侏罗世的断陷是在与挤压直扭作用相同时的隆起背景上的拉张，而在白垩纪坳陷的同时仍包含了挤压与扭动的因素（在坳陷以外的地区，如燕山地区，从印支—燕山四幕亦均表现为南北向挤压和反扭的应力）。从印支运动以来，中国板块东部的应力场基本上是一致的，直到白垩纪末才有根本性改变，不过由于白垩纪时期的全球性升降调节，才

使得有些断陷转化为坳陷（如松辽），另一些坳陷则转为上升（如鄂尔多斯）。

关于第二个转折时期，黄汲清等认为“华北等坳陷的大规模发展恰与大约在始新—渐新世时太平洋板块运动方向由北北西转向北西西的大转变时期（40Ma 开始）相吻合，这绝不是偶然的”。华北等坳陷是从白垩纪末（或至少从古新世）起以北北东与北东方向拉张箕状断陷的方式开始发展的。在此以前，即至少从印支运动以来，在以郯庐型南北反扭标志的应力场控制下，作用于北北东与北东构造线上的是压或压扭应力。为什么到了这一时期竟转变为大规模的引张呢？除非是郯庐的南北反扭到这时停止活动或甚至转变为顺扭，才能使这种引张有可能实现。仅仅是太平洋板块运动方向由北北西转向北西西，看来不足以造成这一扭动的停止或逆转，何况在时间上太平洋运动方向的这一改变（始新—渐新世）比上述拉张作用的开始（白垩纪末或古新世）还晚了数十个百万年之久！各个断陷的水平拉张分量很大（仅在从北京到济南的 360km 的剖面上，裂谷的累计宽度达到剖面长度的 16%），至少一部分分量是向太平洋方向拉张的，说明中国板块在这一时期曾向太平洋扩张。是什么动力使得中国板块在白垩纪末第三纪初得以转为向东推进呢？作者认为，应该从中国板块在两条锋线交互作用下的运动方式来考虑。

尽管对西藏和喜马拉雅的重要地质问题，诸如雅鲁藏布江“缝合线”的性质等，还存在不同的看法，但印度板块从白垩纪晚期至第三纪早期向亚洲板块靠拢以至碰撞这一总的趋向，大多数地质工作者的意见基本上是一致的。例如，张之孟认为“晚白垩世时，南亚次大陆与欧亚大陆开始有较多的地方接触，……始新世初期（55Ma）……发生碰撞”。秦德瑜等指出：“印度板块从白垩纪开始与欧亚板块敛聚，并在晚白垩世末（80Ma）和始新世晚期（40Ma）先后两次俯冲”。帕克哈姆等也认为：“印度次大陆同欧亚板块的直接接触首次发生在具有复理式沉积层的白垩纪晚期至始新世早期。”但是，在这种作用下，为什么“在早第三纪的大部分时间和白垩纪时，在构造上亚洲是稳定的地台”，而到了“约在渐新世时”，才“开始了构成今日地形景观的大规模垂直运动”（莫尔纳等，1975）呢？也就是说，在从白垩纪末到渐新世（或甚至中新世初）这一段时间内，两个大陆板块敛聚所引起的地壳短缩并没有表现为大规模的地壳加厚和垂直运动，而是以另外的方式来解决的。一种可能的方式是塔朋尼埃提出的“滑线场”理论，即通过大规模走向滑动断层来实现地壳的短缩。“由于欧亚大陆的岩石圈比沿太平洋边缘的消减带更加阻抗倒向运动，所以印度板块与欧亚板块的稳定部分之间的区域，与这些板块相比，向东比向西更容易移动”，哪里是“欧亚板块的稳定部分”呢？作者意见不同于莫尔纳等，认为应该是指蒙古中部弧形大断裂以北，包括西伯利亚地块及围绕着它的早期（兴凯）褶皱的萨彦—额尔古纳地槽区，也就是在古中国地台开始解体之际已经褶皱上升的部分。这是亚洲板块的核心，比在它南面的经历过古中国地台的解体，直到晚华力西—印支运动才联合成为“中国板块”的槽台镶合体来，在构造上更为完整而稳定（图 3）。后一槽台镶合体是不稳定的，它的一些历史遗留下来的重要断裂线，在白垩纪末至早第三纪由于受印度板块的进侵和在太平洋板块向东“后退”作用的诱导下，例如，沿着内蒙地轴、秦岭—淮阳、金沙江—红河等大断裂，发生过相对平移滑动，它们之间的块体内还有着旋扭的关系。从而使沿北东与北北东向发生引张，结合前文所述的地幔垫的活动机制，使得东部（华北—苏北南黄海）在中生代褶皱断裂的基础上，发生了许多白垩纪末到早第三纪的北东或北北东引张性箕状断陷。

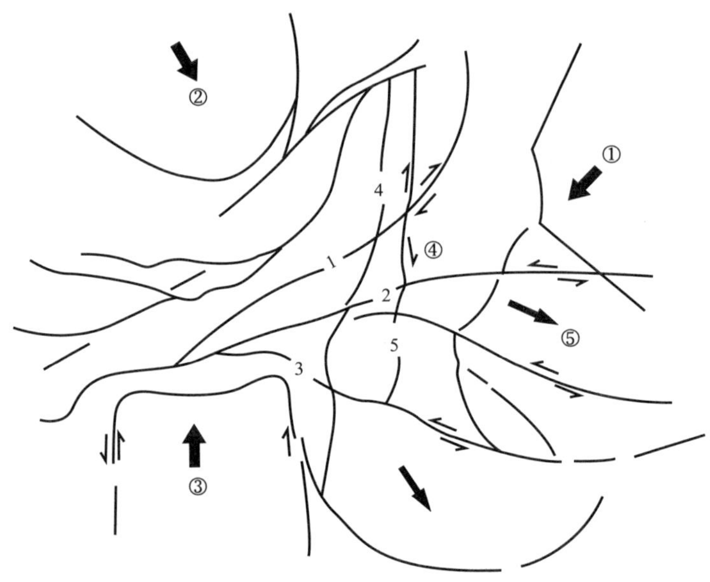

图 3　中国东部白垩—第三纪板块运动方式示意图

①—太平洋板块；②—安哥拉（亚洲板块的核心）；③—印度板块；④—中国板块；⑤—菲律宾海板块

1—阴山—内蒙地轴断裂；2—祁连—淮阳断裂；3—金沙江—红河断裂；4—太行—武陵断裂；5—郯—庐断裂

郯庐断裂系越过渤海延至下辽河，一般认为可与依兰—伊通地堑系相联系。但后者宽度小，且为一系列高角度正断层组成。更重要的是这里常有“对冲式”地堑（包括早第三纪），晚白垩世末有过强烈挤压作用。说明这里在晚白垩世到早第三纪的应力场与华北的箕状拉张断陷不同。下第三系在东北大部分地区很少分布，也是与旋扭作用产生的隆起有关。

在秦岭—淮阳断裂东端以东，北北东向断裂往南延展分散成若干切割较浅的断裂，在白垩纪末第三纪初仍有拉张作用，产生了苏、浙、皖、赣的一些北东至北东东向小盆地，有些和北东隆起带的次级裂陷相联合。由于深部机制的不同，这些盆地中的沉积厚度、岩相和油气条件显然不如华北、苏北的同时期断陷。在西面，一部分北东向箕状断陷延伸到秦岭淮阳断裂带内，但规模较大的则是因秦岭淮阳断裂带的旋扭滑动引起的拉张作用产生了近东西和北西西向盆地，如周口、信阳、西峡、淅川等。由于与滑移相伴随的升降活动，这些断陷主要为红色碎屑岩充填，成油条件较差。它们在时代上可与渭河地堑甚至祁连山前坳陷相联系。这两类盆地是在两组不同的滑移活动的控制下分别造成的，所以情况不同。当二者形成联合盆地时，如南阳、泌阳，却有有利的生储油岩相条件，对此，陈发景曾做了论述。从江汉到洞庭的北西西向晚白垩世—早第三纪盆地应该也是在这种旋扭拉张作用下造成的。这种旋扭活动的压应力在重力滑动的协调下在晚白垩世—早第三纪时还产生了川东表层平行褶皱带，已见前述。

由印度板块的敛聚碰撞，引起中国板块分体东移，在东部促使上述几类不同盆地或断陷形成发展的情况，在时间上大致延续到了早第三纪末或晚第三纪初。晚第三纪以来，太平洋西部岛弧的构造格局有了新的发展。上田等认为“形成东日本岛弧（伊豆—马里亚纳弧—东北日本弧—千岛弧）的迁移是在晚第三纪初期开始的”，“菲律宾海在晚第三纪初开始才具有明显的边缘海特征”，西日本岛弧中的各种现象，虽然是“在早第三纪以前形成的构造骨架的强烈影响下”，但无疑受到晚第三纪的重大改变，例如中新世后期的火山活动。日本海的成因，虽然还有不同的假说，但愈来愈多的人认为“日本列岛和亚洲大陆曾经是联结在一起的，由于伴随岛弧运动逐渐由下上升的物质的作用，就与大陆脱离开来”。“由下上升而来的物质，并不是通过巨大而单一的裂缝上升的”，而是具有许多微扩展中心，这种作用，按松田和上田的意见，从中生代晚期即已开始，但是大量物质的上升与边缘海洋壳的产生，则是与上述岛弧活动相联系，即直到晚第三纪时期才实现。“随着边缘海的成长，岛弧就逐渐离开大陆，而且呈弧形向大洋扩展”。这种机制和历史发展实质上同华北盆地自白垩纪末以来从断陷向坳陷发展并有地幔物质上升的情况是一致的，不过更加成熟到了有洋壳形成的程度。

西太平洋岛弧与边缘海在晚第三纪的这种新的发展，对中国板块在白垩纪末至早第三纪时受印度板块的影响而发生的分体向东滑移的活动起了“煞车”作用，甚至在边缘海扩张强烈的地方，向西的推压可使这种滑动开了“倒车”，即出现了滑移的反向过程，例如山西隆起在中生代末至早第三纪时受沿内蒙地轴发生了北东向的褶皱和断裂，形成包括侏罗系在内的向斜构造盆地，而到了晚第三纪时，则由于滑移的反向，扭动所产生的区域拉伸作用，使北北东向断裂呈剪切拉开，陷落成为一系列中新世以来的新期地堑。沿这些大断裂的滑移活动目前可以从卫星照片上得到解释，但这只能说明它们的晚期活动。正如郯庐断裂在地史发展过程中曾发生过滑移的反向过程那样，一系列白垩纪末到早第三纪盆地沿秦岭—淮阳断裂的分布可以作为这些断裂的平移活动在历史上也曾经有过反复的证明。

中国板块东部锋线在晚第三纪的这种新的发展，反过来不能不影响到西部。印度板块在晚第三纪继续向欧亚板块推压，这时青藏岩石圈的短缩已不再可能像在白垩纪末到早第三纪时期那样以大规模平移滑动的方式来解决。短缩了的岩石圈中能量集聚，使地壳下部或上地幔可能存在熔融或半熔融的物质，随着岩石圈的上隆还可能发生地幔物质的热底辟上涌，分异，玄武岩层加厚。使得青藏高原在晚第三纪以来抬升成了“世界屋脊”，与之相应的在其外缘的晚第三纪至第四纪沉积厚逾万米。青藏高原晚第三纪花岗岩的大规模存在，第四纪火山活动和广泛的热水分布及各种地球物理异常都说明在它下方存在着岩石圈异常现象，这些异常现象的产生看来是同太平洋西岸晚第三纪以来的活动遥相呼应和互有联系的。

参考文献

［1］朱夏．我国陆相中新生界含油气盆地的大地构造特征及有关问题 // 大地构造问题．北京：科学出版社，1965.

［2］朱夏．关于我国陆相中新生界含油气盆地若干基本地质问题的初步设想 // 石油地质实验专辑．石油地质中心实验室，1978.

[3] 黄汲清，等．中国大地构造基本轮廓．地质学报，1977（2）．
[4] Fischer.Alfred G.，Origin and growth of basins.in Alfred G.Fischer and Sheldon Judson（ed.）：Petroleum and global tectonics，1975.
[5] Moody，J.D.and M.J.Hill. Wrench fault tectonics.Bull.Geol.Soc.Amer.，1956，vol.67，no.9.
[6] Poulet，M et al. Tectonique globale et evolution structurale des bassins sedimentaires，Proceedings，9th World Petroleum Congress，1975.
[7] Tepponier.P.and P.Molnar. Slip Line Fields–Large Scale Continential Tectonics Z Nature，1976，vol.264.
[8] 上田诚也，等．岛弧．北京：地质出版社，1979.

（1978 年 6 月完稿）

中新生代油气盆地*

十五年前，为了迎接中国地质学会构造地质专业会议，作者曾从我国的情况出发，讨论了有关中新生代油气盆地的若干大地构造问题。值此构造专业会议再度召开之日，特将近年来国外有关油气盆地的类型划分与形成机制的研究现状略做介绍，并结合我国的具体情况，对有关中新生代油气盆地的若干主要问题试作探讨。

一、研究现状简介

对于某一地区油气远景的评价，特别是对未发现油气资源量的估算，一般应用地质类比法。类比的基本单元是含油气盆地。因此“盆地的分类是估算资源的基础”（威克斯，1975）。国外从七十年代以来，有关油气盆地类型与形成机制的探讨，已有不少论著。这里仅能对一些主要论点略做介绍。限于篇幅，凡在附图中可以说明的均不再作文字叙述。

1. 关于盆地类型的划分

（1）哈尔鲍蒂与克莱米等在1970年共同提出了盆地的分类，后来克莱米（1974，1975）对大油气田分布与盆地类型的关系作了较完整的阐述[6]，并专门讨论了几种类型盆地的地热梯度与热流对油气形成的影响[7]。各型盆地的特征及其在地壳各个部位的位置见图1、图2。图上的八种类型是盆地的“基本原型”，“许多现今的盆地具有两个或两个以上基本原型的特色”，“随着时间的推移，盆地的发育可以在构造上发生变化”[7]。

（2）波特与麦克罗森的盆地分类（1973，1975）是以对加拿大盆地的分析为基础的，但原作者认为可在世界范围内应用。它的特点是把盆地类型同地史发展阶段（地层的“巨系列”）联系起来，如克拉通中心型盆地及克拉通边缘型盆地出现于整个显生宙，裂陷型盆地在上古生界—三叠系中才出现，不稳定海岸边缘型及稳定海岸边缘型等盆地开始出现于侏罗纪—白垩纪，而在第三纪更为重要[11]。

（3）普莱等的分类（1975）[12]，见图3：

Ⅰ. 与背离带（稳定大陆边缘）相伴随的沉积盆地：在发展阶段上可分：初期（莱茵裂谷）、中期（红海）、后期（大西洋型大陆边缘）。

Ⅱ. 与敛合带相伴随的沉积盆地：

（1）敛合带位于洋壳板块与陆壳板块之间（安第斯型）：沿海盆地—山间盆地—克拉通边缘盆地。

（2）敛合带位于洋壳之上（岛弧型）：内部盆地—边缘盆地（或弧后盆地）。

Ⅲ. 位于板块内部陆壳上的沉积盆地。

* 原载《构造地质学的进展》，1982，科学出版社。

Ⅰ 克拉通内部盆地：平坦单旋
回碟状盆地，古生代地台相

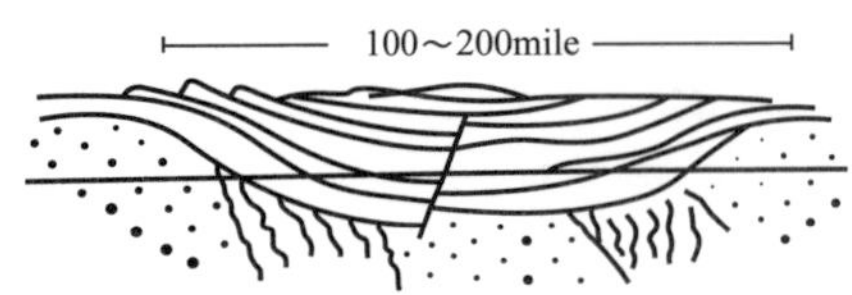

1个盆地，1个大油田

Ⅱ 陆内复合盆地：古生代地台沉积之上
为第二旋回中生代造山碎屑岩

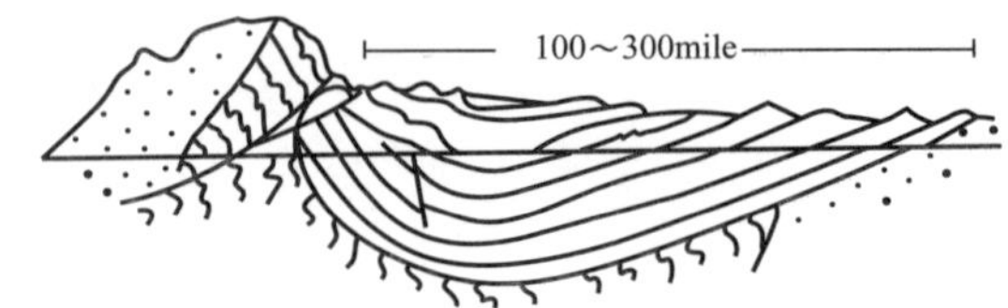

23个盆地，85个大油田，占世界储量25%

Ⅲ 地堑或裂谷式盆地：
小至中等规模的线性下断盆地

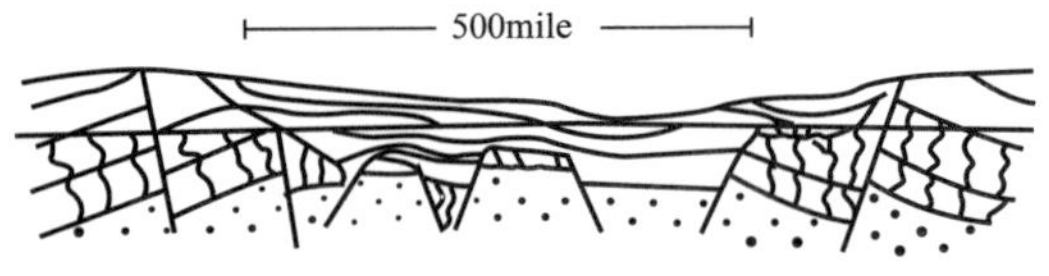

9个盆地，37个大油田，占世界储量10%

Ⅳ 陆外盆地：沿着小洋盆分布或
下倾为小洋盆的大至中型盆
A.延伸至滨外陆地　B.前渊　C.敞开，淹没在海水中

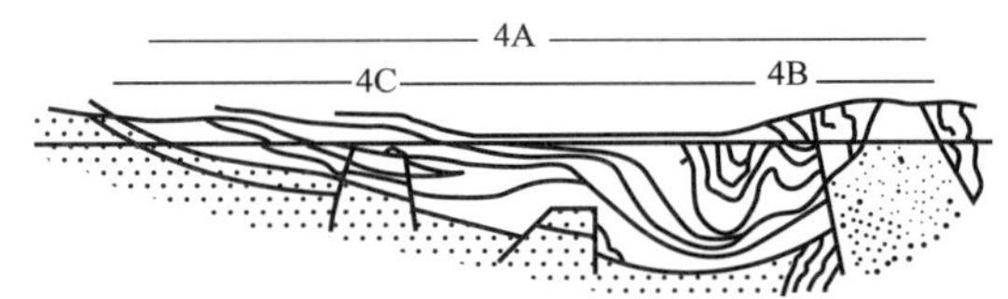

9个盆地，86个大油田，占世界储量50%

Ⅴ 稳定的海岸盆地或拉开盆地：
线性的海岸盆地，平行的及与
转换断层活动有关的，中生代和第三纪

0　50　100mile

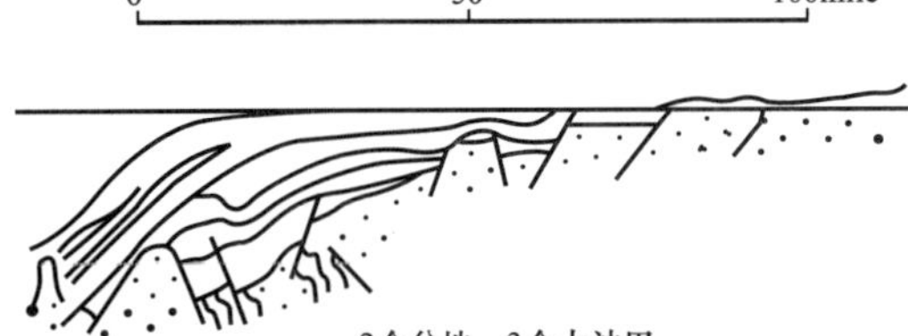

2个盆地，3个大油田

Ⅵ-Ⅶ 山间盆地（横向和走向）
小型的第二旋回的第三纪碎屑岩盆地

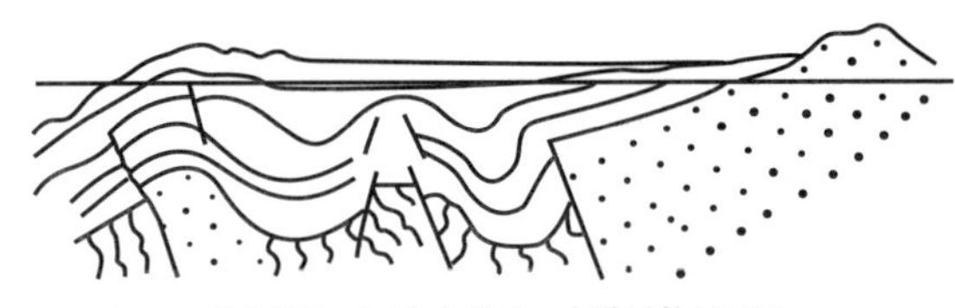

12个盆地，35个大油田，占世界储量10%

Ⅷ 三角洲：海岸地区的晚第三纪
至现代鸟足三角洲

0　50　100mile

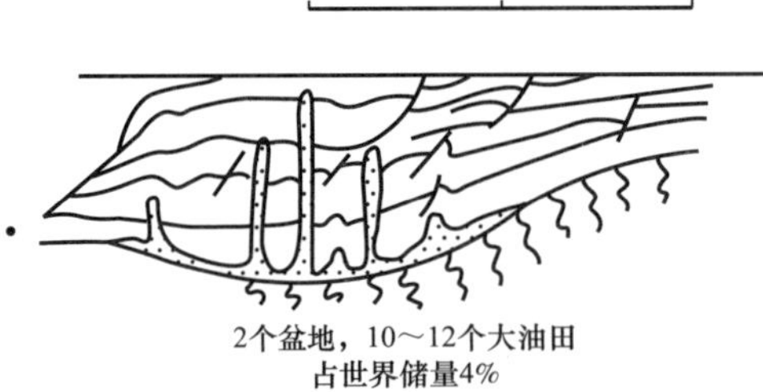

2个盆地，10～12个大油田
占世界储量4%

图1　油气盆地的类型（据克莱米）

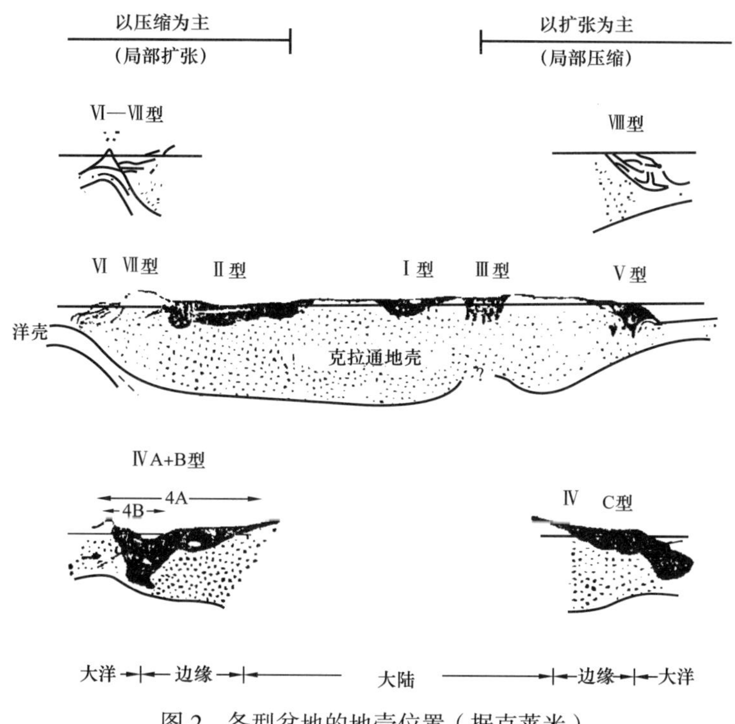

图 2　各型盆地的地壳位置（据克莱米）

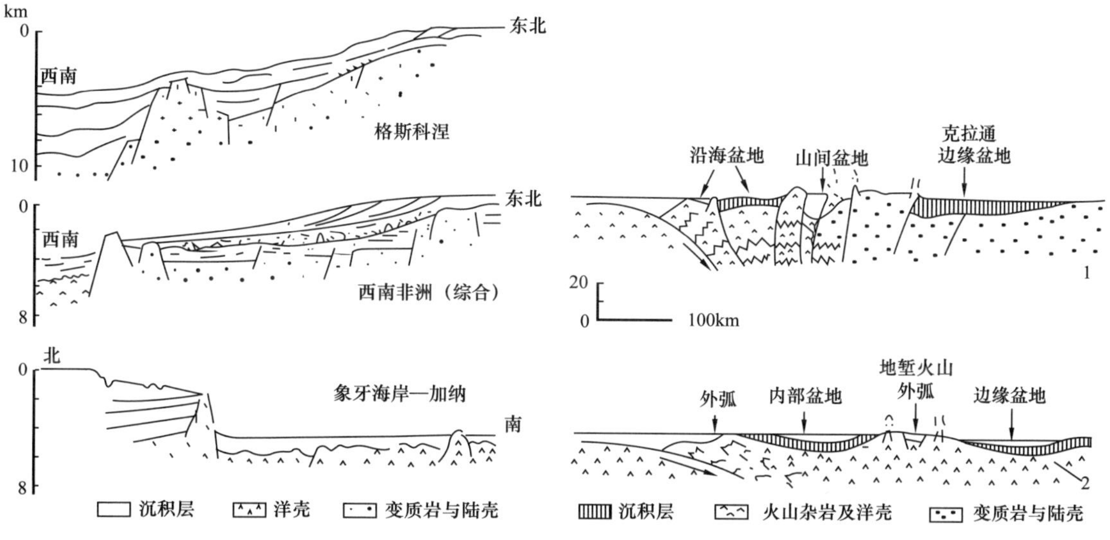

A与稳定边缘有关的盆地

B造山带有关的盆地
1.安第斯型 2.岛弧型

图 3　盆地类型（据普莱）

（4）巴莱的盆地分类（1975）[1]：

A. 位于刚性岩石圈内的盆地：

1）与大洋张性断开的形成有关的：

（a）裂陷地堑；（b）大西洋型被动边缘盆地。

2）位于前中生代已固结的 C（压性）巨缝合带之上的（a）克垃通盆地。

B. 与 C 巨缝合带的形成相伴随的，在刚性岩石圈上的“缝合带边”盆地：

1）在邻接 B（毕乌夫）潜没边缘的洋壳上的深海沟；

2）在邻接 A（阿尔卑斯）潜没（按：应为俯冲或推掩）边缘的陆壳上的前渊与下伏地台沉积；

3）与 C 巨缝合带有关，无伴生的 A 推掩边缘而具有远侧块断的中国型盆地。

C. 位于 C 巨缝合带之上和之内的“缝合带上”盆地：

1）与 B 潜没相伴随的：

（a）位于 B 潜没带的非火山贴边与火山内弧之间的前弧盆地；

（b）位于 B 潜没凹侧的环太平洋内部弧盆；

（ⅰ）在大陆与过渡地壳之上的后渊盆地；

（ⅱ）在大洋地壳之上的边缘盆地。

2）与 A 推掩相伴随并位于其凹侧的潘农型盆地；

3）与交切的裂陷转换体系相伴随的加利福尼亚型盆地。

（5）涅斯捷洛夫的盆地分类（1975）

Ⅰ. 地台型：

1）古老地台盆地，前寒武纪褶皱基底。占大油气田探明地质储量的 54.8%（包括波斯湾）；

2）后古生代地台盆地：占大油气田储量的 15.3%。

Ⅱ. 山前坳陷型：

1）晚古生代褶皱系统的山前坳陷；

2）中生代褶皱系统的山前坳陷；

3）新生代褶皱系统的山前坳陷；

三者共占大油气田储量的 17.6%。

Ⅲ. 山间坳陷：新生界。占大油气田储量的 12.3%。

2. 关于盆地形成发展的机制

（1）费歇尔（1975）把大洋盆地称为原生盆地，而把原生海洋盆地或大陆地台经过改造而形成的盆地称为次生盆地。大陆岩石圈的改造方式如图 4 所示[3]：

A 为正常状况，上部为岩石圈，下部为软流圈。B–1 因热效应而暂时形成的鼓起，经过侵蚀（B–2），当温度恢复正常时，下陷成为盆地（B–3）。C 表示由于裂开而引起岩石圈减薄形成盆地，当发展到 D 阶段时，大陆岩石圈完全破裂，产生新的洋盆。E 表示由于深部岩浆房的外溢而形成表面盆地。F 表示因岩石圈下部的相变而形成盆地。G 说明岩石圈受到致密物质的注入而沉降成盆。H 是与潜没带相伴随的情况，1 表示海沟，因板块下沉与软流圈反应之间的滞缓因素而维持非均衡状态；2 是由于软流圈发生不均一性和岩浆上升而引起的凹陷。I 表示地幔分异，岩浆侵入岩石圈而造成表面起伏。J 表明不论何种成因的盆地都可由于水、沉积物、火山物质等的负载而加强沉降。

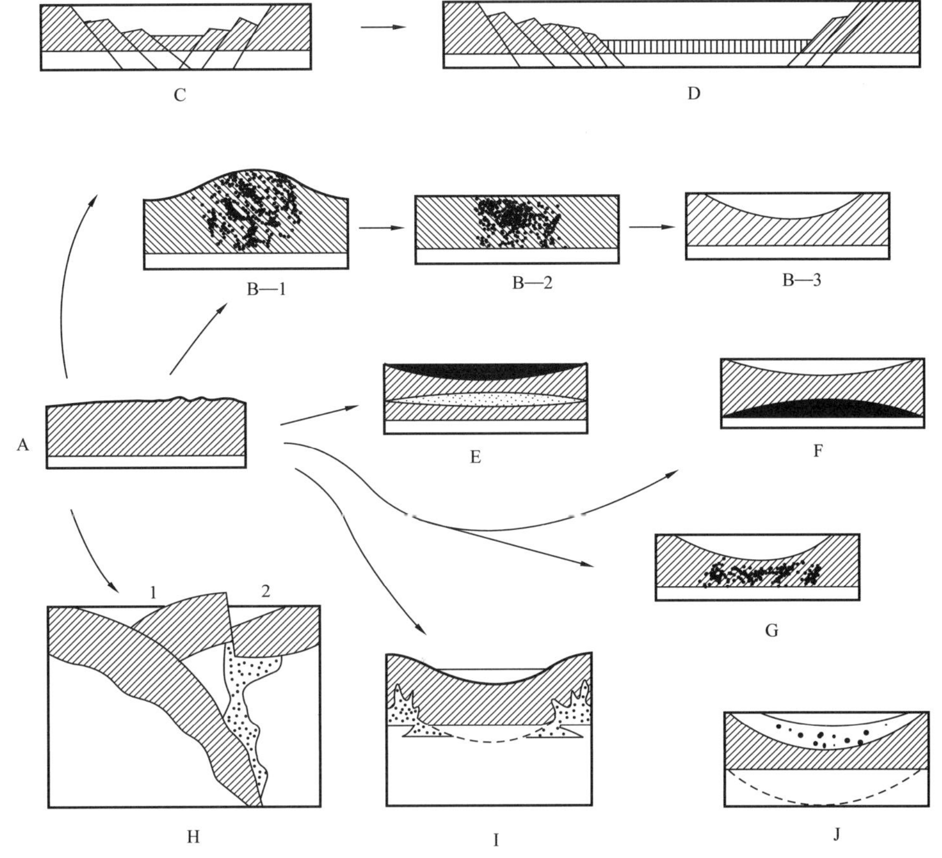

图 4　费歇尔的盆地形成机制示意图

1—动力沉降；2—软流圈混杂

（2）波特（1976）对盆地沉降机制的假说做了如下概括[2]

1）以重力作用为基础的假说：① 华尔考特（1972）：岩石圈由于沉积负荷而弯曲、沉降（外大陆架）；② 柯赖特（1968）：负载触发辉长岩—榴辉岩的相转化以引起沉降（北海）；③ 华莰与雷昂（1976）：认为大西洋型边缘的沉降部分由于沉积负载，部分由于其他“驱动力”——包括斯利普（1971）的热收缩，波特（1971）的地壳物质重力外流，法尔维（1974）的深地壳变质。

2）以热作用为基础的假说：① 岩石圈的热膨胀，继以侵蚀和后来的冷却，可引起大陆边缘（斯利普，1971）或克拉通内（斯利普与斯奈尔，1976）的沉降；② 相当大量的致密基性或超基性岩侵入下地壳，使密度增大引起沉降（别洛乌索夫，1960；舍尼丹，1969）；③ 热作用引起下地壳的粒变岩相或榴辉岩相变质，造成大陆边缘的沉降（法尔维，1974）；④ 哈克思贝等（1976）用从准稳定的辉长岩到稳定的榴辉岩的相转化来解释克拉通盆地（密执安）的形成。

3）以应力作用为基础的假说：① 威宁梅涅滋（1950）：地壳拉张的正断层造成裂谷沉降；② 波特（1964）：不完全的均衡平衡在上升山岭附近产生楔状沉降的盆地；③ 波特（1971）：差异负载所引起的应力体系使地壳向大陆边缘蠕散而变薄，引起大陆架沉降；

④ 阿尔捷米耶夫与阿尔秋什科夫（1971），波特（1976）：地壳拉伸影响脆性的上地壳与塑性下地壳，产生地堑；⑤ 里特尔与斯帝尔（1976）：与转换断层相伴随的局部沉降。

费歇尔与波特都认为这些因素都是有一定限制条件的，并且是相互联系的，“一个次要的因素可能触发另一个主要的因素”[3]。

二、问题探讨

1. 中新生代盆地的油气富集

哈尔鲍蒂（1970）对集中了全世界油气含量近1/4的大油气田作了统计，指出“第三纪岩石中的油气储量占24%，中生界的占63%，古生界的占13%”。上文的一些附图也说明了这种情况（由于统计的大油气田数量不同，故比值有所差别）。这是按油气储层的年代来统计的。如果考虑到有些古生界储层中的油气实际来自中或新生代沉积，以及另一些大油气田的生、储油层虽属古生界，而油气生聚过程实际发生在中新生代，那么这一中新生代油气繁荣景象就更加明显了。除了液态和气态烃外，世界上还有大量的油砂岩（如晚始新世—中新世的奥利纳戈油砂岩带含油几乎相当于428个大油气田的可采储量），它们的时代绝大部分（80%）属于早白垩世至晚始新世—中新世[5]。

造成这种富集的原因，除了中新生代油气田可能比古生代较少受到破坏以外，更重要的应该是它们本身的某些新的建设性的因素。也就是说，在地球发展历史的中新生代阶段出现了与当时的地圈运动体制与热历史相联系的新的有利于有机质聚集与演化成为油气的条件。

作者曾经指出（1965）：“运动体制的变化是形成含油气盆地的重要条件，而地壳的运动体制是随着地质历史的向前发展而改变的”。并主张把属于三叠纪末期以后（在世界上另些地方可从二叠纪算起）的新阶段，新体制下的盆地单独划分出来，称为“阿尔卑斯阶段或后海西（印支）盆地”，以与在此以前的古生代含油气盆地相区别❶。这一新阶段的盆地是和海洋盆地的形成相联系的。随着板块构造学说的兴起，诺思（1972）指出：“世界产油盆地显示出明显的地质差异，直接与其时代有关”，“在中生代产生了一种形成盆地的全新的机制”。波特与麦克罗森认为某些类型的盆地是在中生代以后才出现的。穆迪（1975）说得更明确：“如果我们用‘后海西全球构造’来代替‘新全球构造’，也即赋予‘新’字以一定地质时代的涵义，就可以看出一种很突出的关系，即世界上大油田及整个世界的大部分石油都储存在后三叠纪的岩石中”，而“组成新全球构造的各种构造事件占有了地质时代的最后180Ma，亦即三叠纪以后的时期，这一点是获得了普遍承

❶ 七十年代以来世界上发现了一些新的大油气田，按其中56个的产层时代划分，第三纪的占储量的16%，中生代的占48%，古生代的占36%。古生代所占比重增加的原因是由于中东大量二叠纪天然气的发现，但正如肯特（1969）所指出：“根据动物群和传统观念，二叠系是上古生界的一部分，但就构造、盆地发育和含油气远景来说，它在欧洲和北非的地史上应与三叠系划在一起。中东和北非的地史发展相近似，所以这一情况仍然表示新阶段盆地的重要性。

认的”❶[3]。最早提出按不同类型地壳来划分油气盆地类型的哈尔鲍蒂等也承认“有这样的可能性，即许多克拉通盆地可能与中生代以前的大陆增生有关，而较年青的中间型盆地则可能与中生代以后的海底扩展有关”。同时，穆迪强调了“紧随着海西造山运动的高地热”的重要性，认为它促进了当时的油气生聚[8]。霍姆格伦认为中新生代的油气繁荣的“最深刻的内在原因是在海西（晚二叠世与晚三叠世）运动同时或以后的地球热流量与能量平衡的重大改变”[5]。这种热历史显然是同地圈的运动体制密切相关的。因此，以地圈运动体制的变化来解释中新生代的油气繁荣看来是有足够依据的。

这样说，并不意味着忽视古生界的油气盆地。古生界同样有大油气田。但是应该考虑古生代盆地是在不同的运动体制下形成的，它们的类型和形成机制及热历史等均不同于中新生代盆地，还受到了中新生代运动体制的建设性的与破坏性的改造，所以油气的生运聚保自有其特色。对此，作者将在下文中加以申述。

2. 中新生代的克拉通或内地台盆地

上述各家分类中，除了涅斯捷洛夫继承了以地槽学说为基础的观点，而忽视了后海西以来新的构造运动体制对形成中新生代盆地的重要作用以外，其他各家都是以洋底扩张和板块运动为出发点的。很明显，他们的论述都详于同板块的背离与敛合边缘相联系的大陆边缘中新生代盆地，而略于远离这种边缘的板块内或克拉通（地台）内中新生代盆地，甚至对之感到棘手。巴莱承认“这些盆地在板块构造模式内的地位是不清楚的”[1]；普莱感叹说：“内克拉通盆地成了把全球构造应用于石油勘探的最不利的场所”[12]。我国的大部分中新生代盆地（陆上的与部分海上的）均属于内克拉通盆地，因此有必要对它们的形成发展机制多加探讨。

除了拉张形成地堑而外，各家都偏重于以热作用（热鼓起与冷却，相变，软流圈的分异与注入等），特别是上地幔的隆起与地幔柱的冲击，来解释垂直运动和克拉通盆地的形成。但是，除了拉张及对垂直运动关系间接的平移运动外，岩石圈在某些地方是否存在着其他的应变方式？上地幔的隆起或地幔柱的活动是自发的主导的垂直运动呢，还是受控制于别的水平运动并为它所激发呢？波特承认：“某些以热作用为基础的假说不能说明狭窄的地堑，而某些以应力作用（注：实际是指拉张作用）为基础的假说又不能解释宽广的沉陷”[2]。怎样摆脱这种局限性来解释既包括狭窄断陷，又发展为宽广坳陷像我国东部那样的一些盆地呢？

从克莱米的图上（图1）可见位置在敛合大陆边缘与拉张大陆边缘之间的克拉通地壳，总的说来是处于受挤压的状态下的。现代地震学研究证明大陆内部普遍存在着水平挤压应力，应该认为这是从板块运动开始以来就已存在的状况。巴莱所划分的B类与C类盆地的界限很难划清，他还赞成把中新生代的受基底控制的块断区包括在“压性缝合带边的范围内”，并认为在中亚和中国那样A——推掩不发育的地方，“代替它的是古生代基底的块断形式和与之相伴随的褶皱”[1]，也就是说，挤压作用的影响扩展到了这些地区的前

❶ 有人认为板块构造的开始可以追溯到最老的可以辨认的蓝片岩和蛇绿岩套形成的时期（约5亿年前），甚至还可远推到前寒武纪，作者对此曾提出疑问。看来多数的事实还是支持迪茨和霍尔屯（1970）的看法，即板块构造的活动应该从2亿多年前开始的联合古陆的解体算起。“大陆漂移是一种只发生在晚近地质时代内部的独特事件”。

中生代基础。普莱分析了欧、美、北非、阿拉伯的一些板块内部中新生代陆壳盆地在地质时期的沉降幅度及其变化规律，认为它们同大西洋开张角速度变化的大小并不一致，甚至相反[12]，暗示着与大西洋的拉开相同时，克拉通内存在着相对的挤压隆起。帕克哈姆与哈尔维（1971）曾指出印度板块与欧亚板块（在太平洋板块的参与下）的“相互作用在亚洲很大的一部分造成了宽阔的地壳褶皱”，这种作用应该可以追溯到原来在印度与欧亚板块之间的古地中海洋壳向欧亚板块敛合的期间，也即印支运动或更早一些。总之，大陆岩石圈，特别是在印度与太平洋板块之间的中国大陆岩石圈，受到挤压作用的影响是不可忽视的。

据此，作者曾对我国东部中新生代油气盆地的形成发展机制提出过如下方案：挤压与岩石圈隆起→侵蚀 + 岩石圈的断裂、变薄并激发地幔垫的形成→进一步断陷→地幔上隆及与之成倒影关系的大面积坳陷。这一发展具体表现为：印支运动后的区域性隆起、剥蚀及部分填充（晚三叠世—早中侏罗世）→晚侏罗世断陷及酸性火山岩喷发→白垩纪坳陷（与火山岩喷发的补偿作用相联系）→老第三纪大规模断陷及基—超基性岩浆活动→新第三纪坳陷。这里的断陷是在大面积隆起的背景上发生的，所以不是形成单一的地堑，而是产生一系列的半地堑和半地垒。岩石圈的变薄是通过沿上陡（在弹性岩石圈内）下缓（在塑性岩石圈内）的断面扭转而完成的，所以形成箕状的断陷，并大致与地幔垫的轴线成对称分布（图 5）。作者曾认为，这种“从断陷转化为坳陷的过程对中国东部盆地来说，是一个普遍的过程”❶。严格说来，中生代和新生代盆地又有一定差别，侏罗纪断陷是在 NNE 的平移和 SE 至 SEE 的挤压应力场交替作用下产生的，白垩纪坳陷还受到侧向的挤压，第三纪断陷则以拉张为主，而在后期坳陷发生时，又因太平洋板块活动方向的改变，受到来自 NEE 的挤压，并通过已有的断裂体系发生反向的平移扭动。因此，各时期的构造圈闭类型也有所不同。

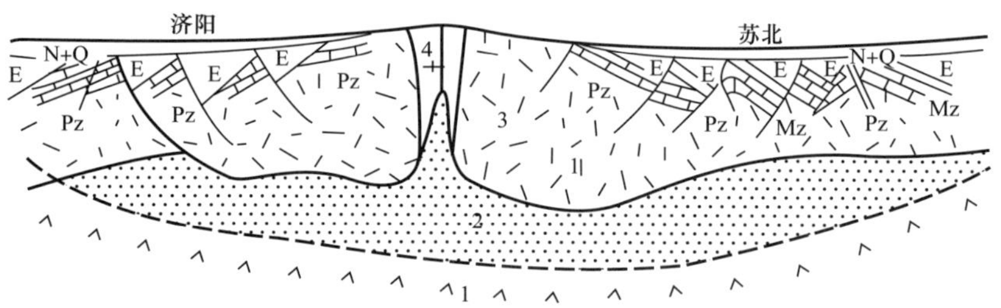

图 5　中国东部油气盆地形成机制示意

1—上地幔；2—地幔垫；3—地壳；4—郯庐断裂带

这种机制能否适用于其他克拉通内部中新生代盆地［如西西伯利亚、图兰、斯库特台块从“中间阶段”（二叠纪—三叠纪）的断陷转化为“盖层阶段”（从侏罗纪，部分从晚三叠世开始）的坳陷——这里也有上地幔的隆起，因此别洛乌索夫曾把西西伯利亚坳陷称

❶ 中国西部的盆地（如四川）受与古地中海敛合边缘的 A——推掩带的影响，一侧在逆推体的下盘多次下降，整体呈不对称状，近似巴莱的 B（2）型，作者曾称之为“断陷与坳陷的结合”。至于塔里木盆地的西南部，作者认为，可能与和它邻接的中亚台块相类似，在古生代褶皱基础上，经历二叠纪—三叠纪的过渡断陷阶段，发展为侏罗纪以来的坳陷。第三纪时由于包括昆仑在内的大规模隆起，在坳陷上面又迭加了一个“山前断陷”。

为“不成熟的海洋”]，还有待验证。但作者认为，除了费歇尔和波特等所归纳的以外，岩石圈的挤压作用与克拉通盆地的形成关系值得进一步予以考虑，从流变学的观点（缪雷尔，1976），也应该认为岩石圈（特别是上部弹性岩石圈）不仅能拉得开，而且是可以压得弯的。

3. 古生代的克拉通盆地

如果说五十年代的油气盆地分类受地槽学说的限制而未能充分认识中新生代盆地的特点，那么七十年代的分类似乎又走向了另一个极端，即企图用板块构造的体制来说明所有的盆地。其结果是对古生代盆地未能做出很好的说明。波特与麦克罗森指出了各不同地史阶段油气盆地类型的差别，并认识到“整个显生宙是一个大的旋回，从低位置的稳定大陆开始，……以高峙的大陆结束”，[如按凡尔（1977）的分析，显生宙海平面世界性升降的一级周期中，最大的下降发生在二叠纪—三叠纪] 但由于接受了大陆漂移的“普遍原则”，不能不设想“可能沿大陆边缘曾经形成过的其他类型的早期古生代盆地……已被摧毁”[11]。因而仍难以解释古生代与后来盆地的一些重大差别，如诺思所说的“克拉通凹陷和环绕礁块的构成盆地是典型的古生界盆地，在第三纪是没有的，……第三系产油地区的典型山间盆地在古生代也是没有的”等。

最近纳里夫金（1976）对俄罗斯地台盆地的分析，似可补充上述各家对古生代盆地类型划分的不足[10]。他指出：（1）广大的沉积盆地主要沿与活动地槽邻接的地台边缘分布，地槽位置的变化引起坳陷地台边缘的变化。（2）坳拉谷（Aulacogen）代表一种完全不同类型的盆地，它是广泛隆起伴以深侵蚀的产物，看来与裂谷构造相类似；但其沉积开始的时期同主要地层界线常有一段差距。（3）宽广平阔的盆地（台向斜）往往是坳拉谷的再生（第聂伯—顿河、莫斯科、拉曼—伯绍拉）。（4）有时候在地台中部隆起地区有大而平缓的盆地，但只有次要的意义。“在大多数情况下，这些主要构造是同莫霍不连续面相联系的，它们的根子进入了地幔，最普通的是倒影关系”，但也有非倒影关系的。而且“主要的沉积盆地在很长的地质时期内没有改变位置，它们的年纪可达到地球年龄的4%～10%”，因此“原因是全球性的”，不能把它们看作是历时一般比较短暂的弧后盆地或是岩石圈当漂移经过地幔热点时的产物。纳里夫金结论说：“在俄罗斯地台上占主要地位的是同地槽和在体制上相似于地槽的坳拉谷相伴生的沉积盆地。这种构造优势说明东欧地台的构造体制主要决定于裂陷作用（而不是潜没作用）”[10]。

纳里夫金触及了一个根本问题，即古生代地槽的发育是由于陆壳的开张（裂陷）与闭合，还是由于洋壳的扩张与潜没？巴莱提出过这样的问题：要么“（a）（古生代的）潜没作用如此强烈，以致大部分洋壳在古生代巨旋回中已被消灭干净”，要么（b）“古生代地槽并没有实际存在的大洋区”[1]。按照从量变到质变的法则，或“根本矛盾在长过程中的各个发展阶段上采取了逐渐激化的形式”，后一抉择似乎更为可取。试以在地质发展历史上处于古生代地槽发育与中新生代洋底扩张两个阶段之间的古地中海为例。板块论者认为从二叠纪起“在非洲与欧亚洲之间曾一度有一个大的洋区（宽2000哩）”，而马克斯韦尔（1970）总结了他自己和活动于地中海区的欧洲地质学者们的工作，认为“这里有过大陆地壳的漂移，也有过蛇绿岩物质块状贯入”，但“没有理由推断在非洲与欧亚之间曾有过大洋规模的侧向移位”。如果说全球性运动体制的转换应该既有历史性的连续一面，又有阶段性的差异一面，“一切差异都经过中间阶段融合，一切对立都经过中间环节而相互过渡”，那么，在此以前的古生代地槽发展中的“洋底扩张”看来只会有更小的规模。卓宁萨因（1973）曾讨论过中亚造山带（包括我国华北地台与塔里木地块以北地区）的古生代洋盆，认为“复原的洋盆类似于现代的边缘海和内陆海”。这类现代洋盆由于不存在扩张脊和线状磁异常对称，所以洋壳形成的机制被认为不同于真正的大洋。它们边缘的岩浆作用也无须用毕乌夫带来解释。洋壳的潜没，据伊萨克斯等的意见，“大部分受岩石圈冷板块的控制”，即新生的洋壳离洋中脊愈远，冷却愈甚，密度愈大，因而“在张力下下沉，并把表面（大洋）岩石圈拖在它的后面”。扩张的规模愈大，这种作用也愈大。反之，小范围的扩张就产生不了强烈的潜没。规模直接联系于机制。所以，古生代的每一地槽层序虽然有下部的蛇绿岩套和上部的复理石—杂砂岩系列并有一些钙碱性火山岩，但它整体所反映的可能只是“手风琴式”的地壳在小范围内的开张与闭合，如阿尔刚与史滔布在五十多年前说过的，而不是板块论者所说的“传送带式”的大规模洋底扩张与远距离板块敛合。要阐明与这种体制相联系的各种类型古生代盆地的形成机制显然不能局限于单纯的“均变论”观点、无条件地应用板块运动的模式，而要考虑这一模式在“由海及陆”“由今溯古”的历程中有无“应地适时”的改变。例如从“手风琴”到“传送带”的拉张规模的扩大是否同埃盖特的地球膨大说或范弗朗登主张的重力递减说（1976）有关，而这种膨大或递减又以二叠纪—三叠纪为转折点。

卓宁萨因认为，“在优地槽中导致海底扩展并形成洋盆”的“同时”，“二块邻接的岩石圈板块相互分离开来并遭到形变，导致地壳岩层的弯曲。在下弯最强烈的地方，就会出现陆源地槽型凹槽”，这种地区可能相当于纳里夫金的第（1）类盆地。由于洋盆的下陷，大陆向洋盆作整体的重力滑动［参照黑尔斯（1969）的假说］，在大陆内发生了没有深入到地幔的拉裂（时期比地槽拉开略晚一些），产生纳里夫金的第（2）类盆地。这种拉裂可以促使塑性岩石圈外流和上地幔相应隆起以形成后期的台向斜［第（3）类盆地］。大陆岩石圈下局部温度体制的变化，激发相的转换，有如哈克斯贝等（1976）对密执安盆地的解释[4]，造成一些平坦的内部盆地［第（4）类］。克莱米与波特等划分的几种克拉通盆地是否可以作如此解释？当然这仅仅是概念性的模式，要把古生代盆地的形成机制同当时的岩石圈结构和热历史联系起来，比对中新生代盆地的分析显然会有更大的困难。但正是这些机制使得古生代盆地中油气的储集、圈闭类型与演化、运移方式不同于中新生代盆地（即便同样是碳酸盐岩发育的部分），并可为在不同地区，不同类型的古生代盆地中寻找油气提供理论依据。

如果地圈运动体制确实是按照从台—槽向板块运动转化的方式推进的，那么，古地中海边缘从晚古生代到中新生代的沉积盆地，既有在拉张洋壳边缘的古生代克拉通边缘盆地的性质，又有与拉张和敛合板块边缘相联系的特色，油气的聚集自有其特殊的有利条件。这也许是中东与墨西哥湾成为世界上两大“油池”的历史的与动力的背景。

4. 中新生代与古生代油气盆地的叠加关系

十五年前，作者曾认为除了“那些与浅海相联系的盆地……在含油气性方面的广大远景”外，新的发展“看来转向了两种类型的盆地：其一是为阿尔卑斯地台运动体制所改造并在很大程度上为中新生界盆地所叠覆的古地台盆地，……另一类型则是阿尔卑斯地台盆地本身”。这些年来世界上大油气的发现情况证实了这一推断。克莱米的统计也表明在古生代为中新生代沉积所覆盖的“内陆复合盆地”中寻找大油气田的概率大大超过单式的古生代克拉通盆地。

当一个中新生代盆地叠加在一个古生代盆地之上时，这里不仅有沉积的叠加，也还有运动的叠加。由此可以产生许多新的油气关系，丰富了各自的内容。其中包括：

（1）新油古储，如普鲁霍德湾、任丘；（2）古油新储，或古圈闭中的油气因受新的构造作用而进行调整，如四川的部分气田古（印支）构造的保存与破坏；（3）古油新生，如哈西梅萨乌德；（4）古油气的进一步演化，如格鲁宁根；（5）基底古生代盆地块体的升降或平移活动对新生代生储沉积岩相和厚度的控制；（6）基底古生代盆地块体的升降或平移活动对新生代构造，如披盖构造，同生断裂与牵引，扭动构造等的控制。

对于中国东部的油气盆地，作者认为：这种叠加关系以印支运动为转折，而在构造迹象上则以郯庐断裂为标志。郯庐断裂是当时欧亚板块与太平洋板块相互作用的不平衡应力场的产物。与这一左旋平移相伴随的是一系列大致与之平行的平移断裂和次一级的 NE—NEE 压性带与 NW—NWW 张性断裂。这种构造格局对上古生界的剥蚀程度（如冀中的不同块段）、中生界的覆盖情况（如白垩系在下扬子地台上的较大分布规模与可能有利成油条件），特别是第三纪潜山的格局（如 NNE 向的平行或雁行排列，由 NNE 至 NE 的转折，NW—NWW 向的切截等）与性质起了很大的控制作用。在郯庐东侧的下扬子地台上，由于有古生界至三叠系的巨厚盖层，向北推挤的 NE—NEE 褶断带发育，但另二者的迹象仍很清楚。在郯庐西侧，华北地台基底有较高刚性，NNE 与 NW 断裂更为明显，但 NE—NEE 向褶皱与断裂仍有迹象可寻，包括一些由西北向东南方向推覆的逆断层。这种作用方向相反的断裂后来为第三纪的断裂所利用，造成郯庐两侧第三纪箕状凹陷分别为南断北超与北断南超的不对称性。下扬子地台的潜山经历了印支褶断，且常为中生代覆盖，与西侧华北地台的以断块单斜为主并受更深侵蚀的潜山有所不同，除古地貌因素外，应更多考虑其内幕构造对新油古储的圈闭作用。郯庐东侧的古生界是克拉通边缘盆地，亦与西侧的克拉通内部盆地不同，要考虑古油古储在不同情况下的有利储集相带与运移条件的差别。古生代油气的后期生成，特别是华北地台晚古生代煤系在巨厚中新生代覆盖下有无后期成气的可能性，值得注意。至于印支运动以来的古构造地貌变化对第三纪沉积岩相、厚度与不同圈闭条件的控制则更是普遍而重要的因素。值得特别指出的是这些断裂在中新生代的长期活动中，曾交替地出现过水平与垂直运动的方式。原来的平移断层可被利用成为箕状断陷的陡侧，曾经垂直升降的断裂在应力场改变时（例如太平洋板块活动方向的改变）又可发生水平移动。平移断裂组的收敛或错开引起相应的张性（正）与压性（逆）活动。两组交切平移剪切之间所夹的断块相对于断层另一侧的垂向起伏，可使两侧的沉积厚度与岩相发生变化。所有这些，都曾使得东部油气盆地中的构造与地层型圈闭具备多种复杂的条件。

在我国西部，同样有规模巨大的既有平移扭动又有垂直升降的以 NEE 与 NWW 方向为主的断裂，它们的发展历史及其与西部叠加盆地的关系，将在另文中论述。

关于这种叠加关系，作者曾指出：“新阶段的运动体制统一作用于旧阶段的不同单元，以其新生作用形成盆地，而不同的旧单元在适应新的运动体制时又各自有其不同的继承性的反应，因此，……必须同时考虑这两方面的相互作用”。普莱等曾以法国中央高原和撒哈拉地台的中生代盆地为例，指出“压应力的区域性方向决定于板块的几何性与运动方式，而构造的形式与圈闭的类型则局部地取决于古构造相对于这一方向的布局”[12]。同样说明了新老构造运动之间的继承与新生作用的相互关系。

我国的油气盆地中有很大一部分是属于这种中新生代与古生代盆地的叠加类型，因此对这种叠加关系的探讨，或可有助于油气勘探中新领域的开拓。

结　　语

在本文的第一部分中作者简略介绍了近年来有关油气盆地类型与形成机制的研究现状，在第二部分中，除了补充介绍一些其他论点以外，并结合我国具体地质条件，对中新生代油气盆地及有关问题略做探讨。总之是要研究盆地形成发展的深部根源，全球联系、历史过程，应力配置。这些问题对于在我国寻找更多的油气资源来说，无疑是重要的，但作者的论点则未必是正确的。姑作引玉之砖，以求同道指教。

参考文献

[1] Bally，A.W.，Ageodynamic scenario for hydrocarbon occurrences.Proceedings of 9th World Petroleum Congress，1975.

[2] Bott.M.H.P.，Mechanisms of basin subsidence-An introductory review.in M.H.P.Bott（ed.）：Sedimentary Basins of Continental Margins and Cratons，1976.

[3] Fischer.Altred G.，Origin and growth of basins.in Alfred G.Fischer and Sheldon Judscn（ed.）Petroleum and Global Tectonics，1975.

[4] Haxby.W.F.，Turcotte，D.L.and J.M.Bird，Thermal and mechanical evolution of the Michigan Basin.in M.H.P.Bott（ed.）：Sedimentary Basina of Continental Margins and Cratons，1976.

[5] Holmgren，D.A.，Moody，J.D.and H.H.Emmerich.The structural settings for giant oil and gas fields. Proceedings of 9th World Petroleum Congress，1975.

[6] Klemme，D.，Basin classification in Geological Principles of World Oil Occurrence.Univ ovf Alberta，1974.

[7] Klemme，H.Douglas.Geothermal gradients，heat flow，and hydrocarbon recovery.in Alfred G.Fischer and Sheldon Judson（ed.）：Petroleum and Global Teetonics，1975.

[8] Moody.J.D.，Distribution and geological eharacteristics of giant oil fields.ibid，1975.

[9] Murrell.S.A.F.Rheology of the lithosphere-Experimental indication.in M.H.P.Bott（ed.）：Sedimentary Basins of Continental Margins and Cratons，1976.

[10] Nalivkin，V.D.，Dynamies of the development of the Russian Platform struetures.in M.H.P.Bott（ed.）：

Sedimentary Basins of Continenlal Margins and Cratons，1976.

[11] Porter，J.W.and R，G Mccrossan.Basin consanguinity in petroloum resources estimation in John D.Haum (ed.)：Methods of Estimating the Volume of Undiscovered oil and Gas Resources，1975.

[12] Michel Poulet.Lucien Montadert.Claude Sallet Gerard Grau.Tectonique Globale et Evolution Structurale des Bassins Sedimentaires.Proceednigs of 9th World Petroleum Congress，1975.

（1978 年 12 月完稿）

论中国油气盆地的构造演化*

朱　夏　陈焕疆

半个世纪以前，不少中外地质学者曾认为中国的油气资源缺乏潜力。他们的观点是从西方国家，尤其是从美国当时的实践得来的。当时中国的中、新生界盆地由于内容以陆相沉积为主而被估计过低，古生界盆地则因其构造型式大不相同于密执安、伊利诺斯等盆地也被认为是条件不利的。解放以来三十年间的努力使我们从这种过时想法的主观性和片面性中解放出来，并且已从这两个世代的盆地中成功地找到了油气田，其中有些是大型的。

在为估计油气资源而对中国的沉积盆地进行分析时，朱夏在一九六五年曾指出，它们同在不同地质演化阶段中使盆地得以形成的构造体制有着密切的关联。在中国，控制盆地发展的构造体制在印支（或晚海西）运动以前和以后是属于两个不同范畴的。同时曾试图把后印支大陆盆地的形成同大洋盆地的发展联系起来，并从世界性的规模来看待这两种构造体制的根本性改变。由于新全球构造理论在当时还处于孕育状态，所以只能用阿尔卑斯盆地和前阿尔卑斯盆地这两个名称来强调属于不同构造体制或不同时代的盆地之间的差别。哈尔鲍蒂等（1970）认为“有这样的可能性，即许多克拉通盆地可能与中生代以前的大陆增生有关，而较年青的中间型盆地则可能与中生代以后的海底扩张有关。”这一看法与上述观点颇相近似。这里所说的中国的阿尔卑斯盆地，按晚近的以板块构造为基础的盆地分类方案来说，就是那些中、新生代期间在欧亚板块的中国部分内部形成的内克拉通或内板块盆地。有如普莱等人所说，“内克拉通盆地天生是一个不利于把全球构造概念应用于石油勘探的场地”，所以无论是费歇尔或是波特所阐述的各种形成盆地的可能机制，尽管对接近于背离或敛合板块边缘的盆地是很有启发性的，而在这里都不能被有利地应用。巴利在他的方案中正确地区分出了“中国型盆地”这一类别并理解到“对此甚少所知”。事实上，他所列举的“典型生产盆地”中并没有包括中国东部产油最多的盆地。

以往曾经指出，中国东部盆地是通过断陷与坳陷的交替阶段而发育的。例如，松辽盆地是一个叠加在侏罗纪断陷之上的白垩纪坳陷。当松辽盆地停止继续坳陷并受到褶皱之际，早第三纪断陷在华北成了主要的现象，形成了一系列半地堑或我们一般所说的“箕状凹陷”；经过坳陷，它们又被埋藏在华北平原广泛发育的新第三纪—第四纪沉积物之下。黄海盆地及与之邻接的平原也有同样的历史。这是断陷与坳陷的多旋回转换，块断作用占有优势地位。单个的早第三纪半地堑是强烈地不对称的，而作为一群，则相对于郯庐主断裂各自向相反的方向加深。郯庐断裂以北北东方向延长数百公里，是一个曾从晚三叠世以

*　英文稿全文发表于第26届国际地质会议（1980年7月，巴黎）能源讨论会报告集及《Revue de l’Institut Francais du Petrole》，1980，vol.82，no.2. Paris。

来活动的左旋扭断层。大致与穆迪和希尔的方案相符，印支与早燕山运动期间在主扭断层的两侧曾发生了北东向的褶皱与压性断裂。到了白垩纪末或第三纪初，郯庐断裂的扭动发生逆转，在右移活动下，北东向的断裂因拉张而发展成为半地堑。这一扭动方向的逆转可能同当时印度板块开始与中国板块接触所引起的中国板块沿北西西、北东东和近东西向断裂发生大规模平移并向太平洋扩张有关（塔朋尼埃，1976）。在扩张的同时，中国板块东部岩石圈继续隆起、拉张和变薄。负荷压力的改变，通过相的转换，使深部有地幔垫形成。断裂的向下延拓，使地幔物质得以沿一些断裂上升，最后在广大地区内形成与地幔垫的起伏成倒影关系的坳陷。朱夏在 1978 年对这种断陷—坳陷转化机制所提出的概念模式❶同齐格勃等对北海盆地演化机制所持的看法有相似之处。不同的是把地幔垫看作是岩石圈隆起的后果而不是起因，而这种隆起本身又被认为是太平洋板块的潜没对中国板块所施加的压应力的后果。

中国西部盆地的性质颇不相同。昆仑、天山与祁连山前带的巨厚沉积系列都已被褶皱和推掩成为复杂的构造。显然这是新第三纪以来印度板块与欧亚板块碰撞使西藏高原强烈隆起的最后效应。新第三纪以前，西藏高原并没有发生过如此强烈的上升，当时因碰撞而造成的地壳短缩可能曾通过沿板块内部大断裂的大规模平移滑动而解决。一些早第三纪“山前坳陷”的形成可能同这种滑动机制相联系。在白垩纪末发生碰撞以前，类似于在中亚古生代地槽基础上发展形成“年青地台”的条件，可能曾经存在于准噶尔、塔里木那样的地方。所以这里可能产油的早第三纪、中生代以至晚古生代地层值得在今后进行探索。柴达木盆地的基底，可能是前古生代地台残块与地槽分枝的镶嵌体。沉积格局从晚三叠世到晚第三纪的改变受到了三面围绕盆地的昆仑山、祁连山和阿尔金山分别在不同时期中的相对上升幅度的比差的控制。盆地在第三纪时期的大规模拉张可能与昆仑山及阿尔金山断裂的平移活动相联系，而盆地内的褶皱则更多地反映了当盆地与西藏高原一同上升时所发生的基底差异块断活动。

在东部断陷盆地与西部褶皱盆地之间的是四川与鄂尔多斯盆地。它们都是沿着古生代中国西部槽区与东部台区的古老地质界线发育的；都以西侧有狭长陷落地带和东部为广阔斜坡而表现其不对称性；盆地的面貌都开始出现于晚三叠世而大致在晚白垩世后整体上升；由厚度最大的粗碎屑岩所代表的各时期的“沉降轴”都出现在西部槽区向东推掩带之前，并依次向东推进，而同时期的沉积中心则在盆地的内部，并随着时间而迁移其位置。两个盆地的整体都显示同莫霍面之间的倒影关系，但莫霍的隆起位置同盆地的最新沉降轴都偏离颇远。可以认为，西部槽区的推挤所引起的断陷作用与深部物质运移所引起的坳陷作用曾结合地对盆地的形成发生影响。莫霍面在挤压条件下的上拱使受热的下地壳物质向盆地外围作塑性流动，盆地周缘发生不均一的隆起。四川盆地东缘的隆起，在白垩纪末至第三纪初曾使盆地沉积在重力作用的帮助下，造成向盆地滑动的表层褶皱。鄂尔多斯则由于基底和盖层的性质与四川不同，只是在晚白垩世到新第三纪期间先后在北、南、东缘的隆起部位发生断陷地堑，因此，两个盆地虽有相似的形成机制，但在构造型式和油气产出

---

❶ 朱夏，1978，关于我国陆相中新生界含油气盆地若干基本地质问题的初步设想，《石油地质实验专辑》，石油地质中心实验室。

条件方面却有很大差别。

这些中新生代盆地的发育在总体上反映了印支运动以来，中国板块在两侧相邻板块以相反方向相互作用过程中的被动性。它们不同于拉张大陆边缘成压性巨缝合带（巴莱）内的盆地。而且由于在板块内所处位置的不同和基底性质与结构的差别，各类盆地的形成机制、发展历史（如四川—鄂尔多斯与松辽—华北之间）、沉积特征、构造形态（如四川与鄂尔多斯之间，松辽与华北之间）都各有特色，控制了不同的油气产出条件。

至于属于更早世代即自晚元古代至早三叠纪的盆地，应该考虑另一种构造体制。中国的大部分地槽，包括昆仑、祁连和秦岭看来都是古中国地台（黄汲清等）分裂的创痕。古地台解体与重新结合的手风琴式活动曾在从震旦纪到三叠纪期间反复发生，造成了地槽带的多旋回发育。在这些地槽带内的某些地方据报道有蛇绿岩、蓝片岩及混杂岩的存在，但是它们是否真正代表了古洋底及潜没作用的产物还很可怀疑。即使对于位于塔里木地块和华北地台北面的宽广得多的中亚地槽来说，卓宁萨因认为复原了的古洋盆只能同现今的边缘海或内陆海相比拟。这种海底，虽然可以是大洋性的，但毕竟不同于真正的大洋。因此，上述古生代超壳深沟地张开与闭合应该用另一种不同于洋底扩张和潜没作用的机制来解释。无疑地，这些超壳深沟在张开和闭合之际必然伴随有它们自身所固有的沉积与构造特色，其中也包括盆地形成的要素。对于巴莱提出的两种不同可能性，即或是大部分大洋地壳在古生代巨旋回中已被破坏和消失，或是古生代地槽的确未曾有过实质性的大洋区，按中国地质历史来判断，我们赞成后一种看法。很可能古生代的“手风琴”经历了过渡步骤（晚古生代至早三叠纪）而让位于中新生代的“传送带”。穆迪提出的“用‘后海西全球构造’来代替‘新全球构造’”的建议看来更为恰当。据此观点，可以按另一种不同的方案来划分中国的晚元古代—古生代（包括部分三叠纪）盆地，亦就是分为地台内部、地台边缘、坳拉谷（或裂陷）等型。在这些盆地中主宰油气产出的因素应该同那些曾经成功地应用于板块内部中新生代盆地的规律有所区别。

朱夏在十多年前提出的这种有关盆地形成机制的双重分类看来可在纳里夫金的最近论点中获得支持。他指出：“在俄罗斯地台上，同地槽和同有相似体制的坳拉谷相共生的沉积盆地占有优势地位。这类构造的优势意味着东欧地台的构造体制主要决定于断陷作用（而不是潜没作用）”，这一论点可适用于古中国地台。波特与马克罗森认识到在地质历史发展过程中，不同盆地形态是相继发生的，主要构造型式也是依次引进的，他们认为这种事实是同联合大陆分裂前和分裂后的主要构造事件相符合的。或者按我们的说法，也就是同两个世代地变化着的构造体制相一致的。当然，每个世代的盆地又可以按具体情况区分为若干具有不同特性的阶段。

两个世代、两种体制的盆地可以彼此并列，如美国的东部和西部。它们也可以彼此迭加，如落基山的一些盆地。尤其在中国，迭加几乎是普遍的规律，因此在两种体制或两个世代的盆地之间存在着复杂的沉积的与构造的关系，从而建设性地或破坏性地影响了油气的分配与再分配。举例说，华北半地堑中第三纪沉积所产生的油气聚集在曾经作为晚元古代—古生代盆地一部分的碳酸盐岩潜山中。四川某些古生代气田中的气被认为是当集中在这些地层中的碳氢化合物受到上覆中生代盆地沉积的负载而发生温度与压力变化时演化而

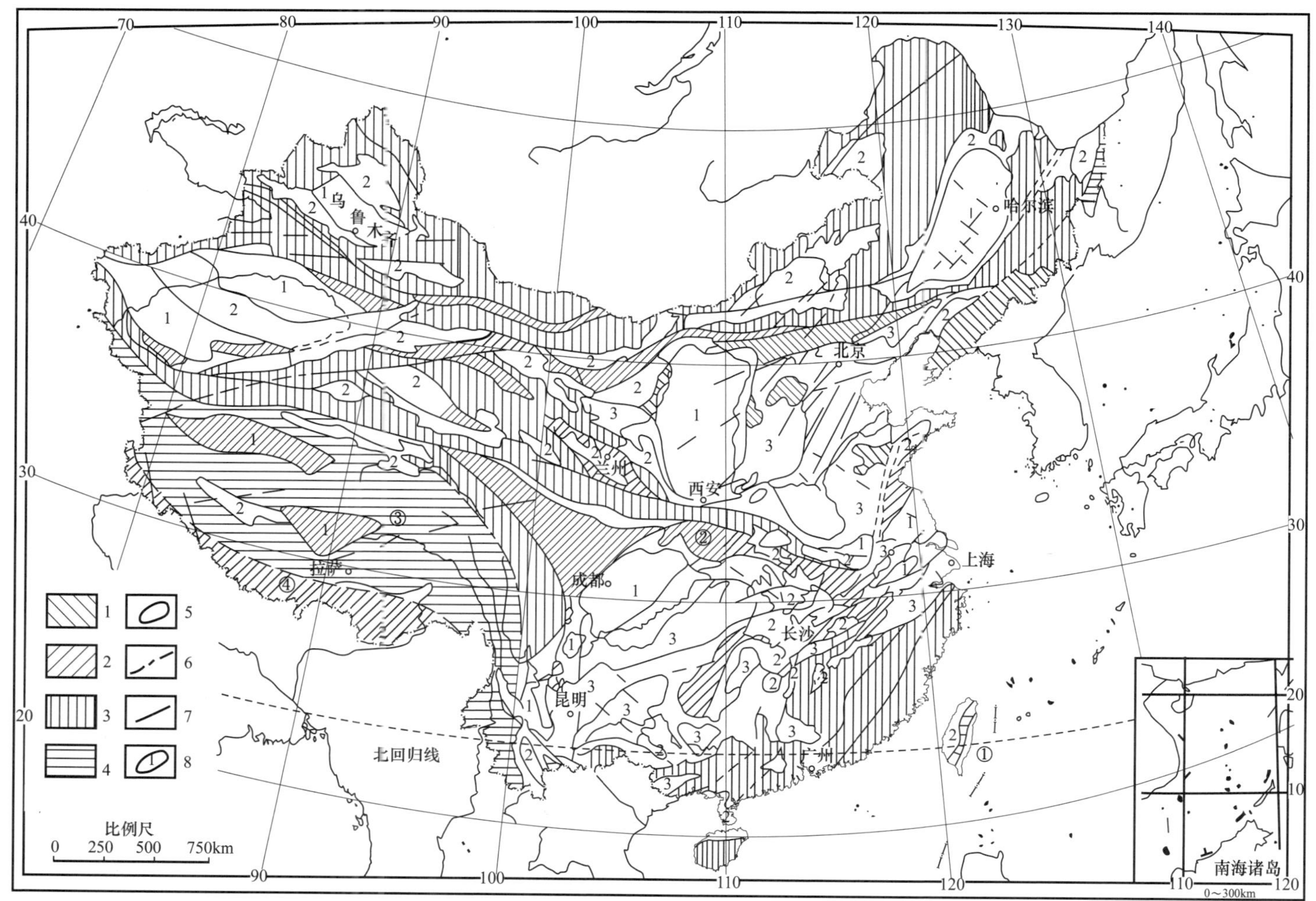

图 1　中国含油气盆地分布和远景略图

1—中条旋回基底；2—扬子旋回基底；3—古生代褶皱基底；4—中新生代褶皱基底；5—油气远景区；6—板块区划线；7—主要断裂或地质界线；8—盆地及其类型（1—两个世代的盆地叠加；2—中新生代盆地；3—古生代盆地）① 菲律宾海板块；② 中国板块；③ 青藏板块；④ 印度板块

来的。中国西北部的某些中生代地层，如酒西盆地的下白垩统，直到被足够的埋藏在较新沉积物之下时才得以生油。鄂尔多斯的一些油气显示隐约表明古生代的油贮可能通过沿不整合面的运移而调整到了中生代地层的圈闭中去。古生代盆地或其分体中的煤系很可能由于中或新生代盆地沉积的负载而演化为天然气。在中生代油田之下，确实曾找到过古生代油田，如在准噶尔盆地。也有希望在其他地方通过中新生代的上层构造而进入古生代沉积中的有利领域，显然在中国同样可以预期有一个“后海西期的油气繁荣”。

属于不同世代、不同体制的盆地的不同的沉积与构造习性足以为形成各自的油气圈闭（地层的及构造的）提供条件。但当它们彼此叠加时，它们之间的不规则分界面及其重新活动的反应可以一再促成新的古地貌与地层圈闭。华北盆地的晚元古代至古生代碳酸盐岩潜山曾经在第三纪沿再生的同生断层上升，因而与附近半地堑中的第三纪生油层有了较大的接触面并集聚了更多由此运移而来的油气。这种潜伏分界面的继承性活动反映为在某些隆起周围有具圈闭性能的生物块、生物层及各种砂体在较新地质时代中形成。当有海侵沉积时，这一情况更为明显。可以预期，通过对不同世代盆地的复杂叠加关系的研究，将能发现新的油气圈闭，其中的一些可能是“微妙隐晦”的圈闭。附图表示两个世代的盆地的分布和叠加关系，并对油气远景作了概略的预测。

参考文献

[1] 朱夏. 我国陆相中新生界含油气盆地的大地构造特征及有关问题 // 大地构造问题. 北京：科学出版社，1965.

[2] 黄汲清，等. 中国大地构造基本轮廓. 地质学报，1977（2）.

[3] Bally，A.W.，A Geodynamic scenario for hydrocarbon occurrences.Proceeding.9th World Petroleum Congress，1975.

[4] Boot.M.H.P.，Mechanisms of basin subsidencc–An introductory review.in M.H.P.Bott（ed.）：Sedimentary basin of continental margins and cratons，1976.

[5] Fischer，Alfred G.，Origin and growth of basins，in Alfred G.Fischer and Sheldon Judson（ed.）：Petroleum and global tectonics，1975.

[6] Halbonty.M.T.et al.World Giant oil and gas Fields.Geologic Factors Affecting their Formation.and Basin Classification.in M.T.Halbonty（ed.）：Geology of Giant Petroleum Fields，AAPG Memoir 14，1970.

[7] Moody，J.D.and M.J.Hill.Wrench fault tectonics，Bull.Geol.Soc.Amer.，1956，vol.67，no.9.

[8] Moody，J.D.Distributions and geological characterstics of giant oil fields，in Alfred G.Fischer and Sheldoi Judsou（ed.）：Petroleum and global tectonics，1975.

[9] Nalivkin.V.D.，Dynamics of the development of the Russian platform structures in M.H.P.Bott（ed.）：Sedimentary basims of centinental margins and cratons，1976.

[10] Porter，J.W.and R.G.Mccrossan.Basin consanguinity in petroleum resources estimetion in Jahn D.Xaun（ed.）：Methods of estimating the volume of undiscovered oil and gas rcsources，1975.

[11] Poulet.M.et al.Tectonique globale et evolution structurale des bassines sedimentaires.Proceedings.9th World

Petroleum Congress，1975.

[12] Tapponier，P.and P.Molnar.Slip Line Fields–Large Scale Continential Tectonics Nature，1976，vol.264.

[13] Ziegler，P.A.Geologic Evolution of North Sea.AAPG Bull，1975，vol.50，no.7.

[14] Zonenshain.Evolution of the Central Asiatic Geosyncline by Sea–floor spreading.Tectonophysics，1974，vol.19，no.3.

（1979 年 10 月完稿）

试论中国中新生代油气盆地的地球动力学背景*

一

法国地质学家 Perrodon（1980）在他的新著《石油地球动力学》一书中开宗明义地提出："没有盆地，也就没有石油"。任何石油和天然气藏的产出要受许多条件的制约，这些条件必须从产生它们的背景，即从一个盆地的整体来加以分析，而对这些条件起决定作用的盆地形成、发展、演化和改造等因素又必须从更深的背景，主要是从它们所处的地质历史阶段和地球动力学环境这一时间—空间的结合关系来进行研究。这种时间—空间结合关系也就是作者所一贯强调的"随着地质历史的向前发展而改变着的地壳运动体制"的反映。一定类型的盆地只有在一定的运动体制下才得以出现。作者在多年以前就提出要把"阿尔卑斯（或后海西）盆地"与"前阿尔卑斯盆地"分别对待，其理由即在于此（朱夏，1965）。

前阿尔卑斯盆地的类型要比阿尔卑斯盆地简单得多。作者曾主张把它分为三类，即：（1）地台（克拉通）内部盆地；（2）地台（克拉通）边缘盆地；（3）坳拉谷（aulacogenic）或裂陷盆地，并认为这里未曾有过可与阿尔卑斯盆地相比拟的、同拉张或敛合板块边缘相联系的盆地类型，而不是如有些人所设想的这类盆地曾经存在又被消灭❶。近年来以板块构造理论为基础的盆地分类中一般很少提到盆地世代的区分，但实质上还是承认这一差别的。例如 Bally（1975）提出了一个"地球动力学脚本"（geodynamic scenario），"脚本"总是要分"幕"的；Porter 与 McCrossan（1975）强调了盆地的"血缘关系"（consanguinity），"血缘"总是要分"代"的，所以实质上都在不同程度上包含有不同类型盆地属于先后不同时代的意思。Klemme（1980）在他的近作中也更加明确地表明他所划分的八类盆地的时代是依次越来越新的。下面引用 Perrodon（1980）的一段话也许可以更清楚地说明这种关系。他说："古生代的盆地有些位于克拉通本身的较软弱带上，成为克拉通盆地，有些位于它的边缘，特别是在后来成为褶皱山链的沉降槽的边上。这些克拉通内或克拉通边缘的盆地，以及某些最不稳定的克拉通内的陷落盆地，一般有最厚的沉积岩系，是找油有利的地方。中生代与新生代盆地见于更为复杂的构造条件下，有些出现于由已经褶皱、硬化的古生代地层所形成的克拉通之上或其周围，另一些随着现代大洋的开启而出现于其被动的或主动的边缘之上，还有一些断陷或地堑型的盆地则随着大洋的开启而在地壳的软弱带中形成"。从全世界油气带的分布看，正是这些在"更为复杂"的新的有利的地球动力学条件下形成的属于新的类型的盆地带来了"中新生代的油气繁荣"。突出的例子如白垩纪

* 原载《中国中新生代盆地构造和演化》，朱夏主编，1983，科学出版社。

❶ 朱夏，1978，关于我国陆相中新生界含油气盆地的若干基本地质问题的初步设想。

油气的特殊富集正是由于在当时的新的条件下有机物质的大量繁衍（海平面升高和全球性海侵）和在有些地方保存条件的特别有利（洋流的局限和缺氧环境的出现）。

中新生代的油气繁荣并不否定古生代盆地的油气远景。近年来的勘探工作正不断扩大古生代的找油领域。据报道，在西西伯利亚盆地下面的古生界中已有重大的发现，甚至认为其远景可能超过中生界。又如古生物学的新成就已使我们能把寻找油气的时代下限从6亿年拓延到9.5～10亿年（晚元古代），中国的震旦系和西伯利亚的里费系都已提供了重要线索。但是，更为重要的是作者曾一再强调的迭加作用，即古生代盆地受中、新生代的沉积的和构造的迭加而发生新的油气生、运、集、储。前者如北非，如果没有中生代的沉降，古生代的坳陷程度可能不足以使有机物质转化为油气。后者如北美西部从阿拉斯加到落基山的地带，如果没有中生代的构造活动，古生代的油气藏也可能难以形成。中国也不乏这种情况，已在另文述及（Zhu，Chen，1980）。作者在十多年前认为今后油气勘探的方向将转向两类盆地，其一是为中新生界盆地所叠覆的古地台盆地，另一则是阿尔卑斯地台盆地即中新生代盆地本身（朱夏，1965），看来已为实践所证实。所以对中新生代盆地的类型和形成机制、演化过程等的研究，同时也将更有助于对古生代盆地中油气聚集的探索。

二

从前阿尔卑斯盆地到阿尔卑斯盆地，运动体制的转化既受地质时代的约束，又不能单纯和严格地用时代的概念来对待。体制转化的标志应该是海西造山作用的完成、泛大陆（Pangaea）的解体、特别是中生洋（Mesogéan）的形成和发展。这些作用在全世界范围内并不具有严格的同时性，而是逐步发展的。通过海西褶皱，泛大陆得以完成。从复原了的当时的古地理和古地质图来看，海西活动带曾经环绕在泛大陆的周围，并从西到东，从北美到东亚（当时还没有大西洋的扩张）横贯了整个泛大陆。在油气盆地方面，它的影响是：（1）在活动地槽带以外形成了一些坳拉谷，早一点的如俄罗斯地台上的第聂伯—普里皮亚特，晚一点的有北美的德拉华和阿拉达科、中国的一些中、晚古生代断陷也可列入此类；（2）褶皱活动使地台受到改建，产生一些新的盆地，如北美地台上的一些后密西西比期盆地；（3）在褶皱带前缘发生新的盆地，如欧洲西北部“海西前缘”的“二叠纪盆地”，由于褶皱是非同期性的，所以盆地的形成也有先有后。中国地台上石炭二叠—三叠纪盆地的形成与此有关；（4）促使地台上一些构造的成长，有利于油气集聚，如北非的一些以寒武、奥陶和泥盆系为储层的构造油藏是在海西运动的影响下形成的（后来还受到中生代褶皱的影响）（Bois，Bouche，Pelet，1980）。总之，与海西活动带有关的盆地类型要比在此以前的地台（克拉通）盆地更复杂一些，但仍不同于后来的中新生代盆地，因为海西运动的体制仍然不同于后来的板块运动体制。

作者（1979）曾用反复拉开与闭合的“手风琴”方式来解释在“古中国地台”（黄汲清）上发育的海西褶皱带的历史。同时也注意到了关于中亚海西造山带的分析。那里的复原了的洋盆类似于现代的边缘海或内陆海，也就是说不同于真正的大洋盆。关于中欧和西欧的海西褶皱带，虽也有人用阿尔卑斯或喜马拉雅的模式来解释，但似乎有更多的人不同意这种模式。如 Walliser（1980）指出：“华力西地槽是在一个活动的、不均一的硅铝地壳上演化的。深海沉积和大洋火山岩均不发育。因此，在欧洲并没有一个华力西洋的显示”。Behr 和 Weber（1980）提出：“从整个沉积、岩浆、构造与变质历史考虑，欧洲的华力西带必须被解释为一个在硅铝底上（ensialic）的造山带”。Zwart 和 Dorusiepen（1980）认为：（欧洲华力西带内）大洋的存在还有待于证明。造山运动的原因是由于在不同地点与不同时间的扩张与收缩。但是规模有限，扩张的范围不超过裂谷的阶段，而且有薄的陆壳存在。这里所说的小范围的扩张与收缩同作者所说的手风琴式的拉张与闭合颇相近似。他们都用由 Ampferer 首先提出、后来又由 Schwinner 和 Kraus 加以发展的“底流”（Subfluenz）概念来说明海西褶皱的形成，按 Behr（1980）的解释，“底流”是“硅铝地壳对在大陆地壳下面进行的岩石圈地幔潜没❶的反应”。它可被看作是实现洋底扩张以前的板块运动的先声，或者说是从陆壳的手风琴式开合到大陆随洋底扩张而作“传送带”式运动的过渡。

同典型的板块构造模式相联系的盆地类型是从中生洋开启以来开始发育的，随着中生洋从墨西哥湾到东南亚的扩张，泛大陆逐步解体：古地中海与中东的开裂在二叠—三叠纪时期，大西洋中段的东西带形成及澳大利亚从南极洲的分离发生在侏罗纪，南大西洋从白垩纪开始裂开，印度与非洲在中生代末才离开南极洲，北大西洋的开裂更晚。随着这一新的运动体制的发展，同洋底扩张及被动大陆边缘相联系的盆地类型日趋发育。原来围绕着泛大陆的活动带也从大陆增生的性质转化为以洋壳俯冲为特色的大陆主动边缘，到第三纪更达到了高潮。

新的体制产生了新的盆地类型，其中主要的是：（1）中生洋边缘老克拉通继续沉降的盆地，如中东和北非。这种被动边缘的发育停留在它的早期，以碳酸盐岩的沉积为主，一些洋盆中的限制性洋流和缺氧环境特别有利于油气的保存。第三纪的碰撞运动更促进了圈闭的形成与油气的集聚。（2）靠近中生洋边缘的海西褶皱带上的沉降盆地，如墨西哥湾与委内瑞拉。这里除碳酸盐岩外还更多地发育了碎屑沉积，而且沉降基本上一直延续，受第三纪碰撞作用的影响较小。结合以上两点，作者（1979）曾概括地指出：“古地中海从二叠纪到中新生代的沉积盆地既有在拉张洋壳边缘上的古生代克拉通边缘盆地的性质，又有与（中新生代）拉张或敛合边缘相联系的特色，这也许是中东与墨西哥湾成为世界上两大“油池”的历史的与动力的背景”。（3）离中生洋边缘较远的、在古生代（主要是海西）褶皱山链上的沉降盆地，如西西伯利亚及中亚细亚和西欧。它们可能同随着运动体制的变化而引起的地幔物质与热体制的调整有关。如 Zwart 和 Dorusiepen（1980）曾认为可能是因为地幔柱的活动在古生代末从欧洲大陆移位到了大西洋或地中海之下才促成了洋底扩张。（4）发生在泛大陆东西两端的中生代活动带前渊的沉降盆地，如北美的落基山前，南美的安第斯山前，远东的维尔霍扬斯克。这可能同这些活动带由大陆增生的体制转入到敛合大陆边缘的体制，也即同 B（Benioff）—潜没（B-Subduction）相对应而有 A（Ampferer 或

❶ Subduction 一词，或译为“消亡”（消减），或译为“俯冲”。作者曾译为“潜没”（1971）。因为这里既有大洋地壳俯冲到大陆（或大洋、岛弧）地壳之下的运动方式，又有大洋地壳消亡在地幔之中的物质变化，不宜只强调一个方面。“潜没”则包括了既“潜下去”，又“没有了”的双重含意。

Alpine）—潜没（A-Subduction）的发展有关[1]（Bally，1975）。（5）同不断新产生的裂谷及其进一步发展的大陆被动边缘有关的盆地，尤其是在冈瓦纳古陆范围内如南大西洋从白垩纪开启以来在其两侧发生的盆地（如巴西、刚果、卡宾达等），到了晚近时期更在进一步发展的被动边缘上发生一些重要的三角洲盆地（如尼日利亚）。（6）敛合大陆边缘的盆地，主要是第三纪的，如太平洋东岸从阿拉斯加、加利福尼亚到秘鲁，太平洋西岸从缅甸、印尼、日本到萨哈林，中生洋带从维也纳、潘农到里海的山间盆地和包括磨拉石盆地、波河平原、罗马尼亚直到印度、孟加拉的碰撞前渊盆地。显然，所有这些类型（几乎包括Klemme分类的全部）都同上述古生代盆地有实质上的差别。

由此可见，盆地的类型是随着地质历史和地球动力学条件的演化而不断复杂化的。盆地的分类基本上应该依据这一原则。至于盆地形成发展的过程如断陷、坳陷，拉开、塌陷等则是从属于成因类别的次一级的运动方式，三角洲更不过是一种沉积方式。在属于同一类型的盆地之间可以而且应该按照这些方式来区分它们的成长历程和对油气控制的影响，但反之却不能单单以这些方式来作为区分盆地类型的标准。譬如说，一个裂陷盆地（Klemme的第Ⅲ类）可以是克拉通内的一个简单的地堑，或者是基本上影响及于大陆地壳的坳拉谷，或者是涉及大洋地壳的早期裂谷，或者是与进一步洋底扩张的被动大陆边缘有关的陷落，或者是受平移断裂影响的局部拉张，或者是在敛合边缘上的弧间陷落等。同样，一个坳陷盆地可以发生在稳定的古克拉通地台上，也可以发生在经过褶皱的新的山链上，也可以发生在新生的山间盆地中。如果笼统地用所谓“克拉通盆地”或者“裂陷盆地”来包括时代不同，构造背景不同、成因机制不同、运动体制不同的盆地，难免会引起混淆。所以作者认为，对阿尔卑斯和前阿尔卑斯盆地应该采用双重的分类方案（朱夏，1978）。

三

在上述由中生洋的开启而产生的盆地类型中，中国的中新生代盆地是独树一帜的。已有资料表明，表示中生洋开启的二叠纪—三叠纪洋壳遗迹可以从欧洲经克里米亚、高加索、伊朗一直追溯到西藏中部。但从这里起，近乎东西方向的中生洋扩张带的延展可能由于中国大陆的阻碍而不得不转向东南亚。在这个转折地带，中生洋的拉张边缘可能为挤压边缘所代替，或是通过当时存在于藏北等地的一些“微板块”的扭转而向残存于中国西部的晚古生代—三叠纪地槽施加压力，促使其封闭。黄汲清指出，这里“从二叠纪—晚三叠世时期，可能有过一次西面的大洋板块同东面的次大洋板块彼此靠拢和碰撞（属于印支造山运动）”（Huang，1978）。中国和越南的印支运动在世界上占有特别显著的地位很可能就是由于这一原因。

中国大陆的东面，从印支运动以来即受到了太平洋板块的影响。黄汲清等（1977）指出：“在滨太平洋构造域，印支运动的意义在于它是该区地质发展史上一个伟大的转折点。它打破了中国东部古生代（古亚洲）的构造格局，开始了滨太平洋构造域的发展”。Bois，

[1] Bally提出的A—潜没，实质上即是Ampferer关于底流的概念的应用。

Bouche 和 Pelet（1980）也认为“东南亚的印支活动带在晚二叠世完成了变形。它被一个侏罗—白垩系带所代替，影响及于整个欧亚大陆的南部和东部”。

上述这两个方面构成了作者（1979）所说的中国板块在东西双方的两条“锋线”（front）。还应该考虑到，自古生代以来，中国大陆所受到的来自北方的压力是一直存在着的。所以，从印支运动以来，中国地质的发展，包括各类盆地的形成，基本上是在这样一种三面挤压的条件下进行的。在这样的特定条件下，尽管中国中新生代盆地的形成发展同中生洋开启以来的全球板块运动体制密切相关，但却不能被包括在上文所说的几种类型中。它不同于中生洋边缘的沉降，而且由于山链的阻隔，除东西两侧的少数地区外，断绝了与海洋的联系，大规模地发育了陆相沉积。它也不同于海西褶皱带上的沉降，由于基底的高度不均一性而有复杂得多的格局。它产生了一些断陷，但并非真正的裂谷。它有一些山前的陷落，但不完全相同于褶皱山带的“前渊”。它的大陆边缘（不在本论文集讨论范围之内）即非典型的主动边缘，也不同于拉张被动边缘。所有这些特点都要求我们对中国中新生代盆地的类型、演化及其地球动力学背景作独特的考虑。

四

在三面受到挤压应力的总布局下，中国南部和北部的基底反应是不一致的。从台湾到三江褶皱带和从琉球弧到那里的距离相差颇大，基本上表明地壳缩短的程度在华南和华北不相等同，华南的基底性质也不同于华北，时代较新，硬化的程度较差。中生代以来，在东西两条“锋线”的相对压迫下，华南的反应不同于华北。由于较强烈的挤压，扬子地台基底向西以 A—潜没的方式俯冲到西部的褶皱带之下（印支期以来）。东面，扬子地台受到了“南华褶皱带”及其中、上古生界盖层以基底滑移（basement ramp）方式而实现的推掩，如表现为湘中中上古生界具有向西突出弧形（“祁阳弧”）和逆掩断层的褶皱[1]（印支期）。当时的雪峰基底尚未隆起。当它后来适应四川盆地的沉降而上升为“屏障山脉”后（朱夏，1979），在它以西的古、中生代盖层又在重力滑动的辅助下向西推掩，形成川东褶皱带（燕山晚期或更晚一些）。在“南华褶皱带”内部可能还有几次向西推掩，如在湘赣边境等地（印支—燕山期）。东南沿海（浙、闽、粤）的大片火山岩系曾向西推掩在南华褶皱带之上（燕山晚期），而台湾的新生界褶皱又最终向大陆方向推掩（喜马拉雅期）。这种层叠的推掩在褶皱、断裂的型式、形成时期和分带性及有关的岩浆活动等方面都有一定的迹象可寻，但由于缺乏深部资料，对它们的机制一直没有统一的看法（准地台、活化地台、地洼等）。从整体的地球动力学背景看，可以设想，这种大规模推掩是通过基底滑移的所谓“犁式”逆断层来实现的。这种断层在出露或接近地表部分倾角可以很陡，还可以分为若干分支，类似高角度断层，但在深部的倾角可以变得十分平缓，甚至接近水平。在这些面上的深部滑动往往会促进地壳的熔融，成为酸性岩浆的源地。东南沿海和湘赣地区大量花岗岩体（印支—燕山期）的发育，原因实在于此。川东的情况与此不同，所以作者一直用滑动面较浅和运动时期较晚的重力作用来加以解释（朱夏，1979）。

[1] 作者在 1978 年曾提出湘中可能具有未变质或浅变质的下古生界至上元古界基底的设想。

近年来通过深部地球物理工作已在多处证实有延及地壳深部（25km或更多一些）的冲断层，如在美国西部的风河流域（落基山前），南阿巴拉契亚山的蓝岭和山麓带之下，及阿尔卑斯山外来的基底地块之下。它们被认为是近年来大陆地质的“重要的”、甚至是“意外的”发现。Trümpy指出：“如果没有沿莫霍面（这里已经被证实了的）和在地壳内部本身拆离（decoupling，或译“脱开”）的设想是很难理解地中海的构造演化的”❶。看来，这种地壳内部本身的拆离（表现为地震低速层）往往不止一次，不仅限于地中海或上面所说的那些地方，它是阿尔卑斯运动或板块构造运动对当时已经存在的大陆岩石圈加以改造的重要方式之一，具有普遍的意义，特别是在岩石圈受到挤压的地方❷，就其引起大规模逆掩及其活动由深层逐渐同较高构造层位相联合等情况看，这种犁式逆断层同上述底流作用的机制有相似之处，但底流是由于岩石圈地幔的潜没，而这里则是地壳内部的拆离；底流的作用是同造山的，它的活动使造山带得以形成，而这种地壳内部的拆离则是后来的，它改造了已存在的造山带。

可以认为，“江南古陆”及其以北的浙苏地区也很可能曾以这种方式向北西推掩❸。在印支和燕山早期，这一运动方式曾助长了郯庐断裂的左移活动，而在燕山晚期当郯庐断裂转为右移（见下文）时，则起了阻挡作用，这可能是郯庐断裂未能向南延展的一个原因。郯庐以西，在印支和早燕山期间，包括淮阳地块在内的扬子准地台部分曾向北推掩，同向南平移的中朝准地台部分相对应，可能曾在淮阳地块以北发生强烈的俯冲，沿着这一地带，白垩纪末至第三纪时又发生了平移活动（见下文）。

由于深部地质资料的欠缺（仅有一些壳内低速层的零星记录），这样设想的机制还没有直接的证据。但是反过来看，像华南这样显著的中生代构造岩浆作用，很难用不涉及基底的地台盖层褶皱来解释。在强烈的挤压缩短下，基底不能不做出反应。过去由于“不能相信地壳在15km或更深一点的地方还能发生明显的破碎性变形”❶，所以设想受到了限制，现在已经有了可供借鉴的事实，也就可以提出更易于说明问题的假说了。

这些推掩体上，在上冲的同时或稍晚一点，不可避免地会发生一些调整性的断层，有的还可以下切较深，以致有玄武岩流溢。它们之间，或它们与犁式断层的主体或分支之间，会形成一些以半地堑状为主的小盆地。这两组断裂的相对活动方式，决定了这些小盆地内的沉积与构造格局。广泛分布于华南的许多中新生代盆地，包括较大一些的衡阳盆地等，看来属于这一成因。盆地内沉积开始时代和发育的程度可与推掩的发生和活动时期相联系，它们的位置同莫霍面的起伏没有一定关系。这些盆地的沉降程度不一，沉积物又往往是快速的山间堆积，所以除个别特殊有利的以外，油气远景较差。

不同的是四川盆地，它不是这种推掩体上的盆地，而是在两侧推掩下的沉降盆地。它

❶ Trümpy，R.，Geology，1976—1980，第二十六届国际地质学会大会讲话。

❷ 本文完稿后，见到许靖华教授1980年9月在江苏省石油地质大队讲话的记录稿，许教授也认为中国南部是褶皱带，并以阿尔卑斯模式来说明一些现象，指出在浙闽西部和雪峰以西各存在过一个洋壳消亡的推掩带。作者认为，这里的活动是在硅铝底上的大陆岩石圈内部拆离的结果，未曾涉及洋壳。构造作用和岩浆作用可能发生在较浅的位置。少量的超基性岩，即使存在的话，能否代表过去的洋壳是值得怀疑的。也可能像Contenscu所设想的只不过是沿某些断裂作线状分布的“漏出物”（leaky material）。

❸ 1976年作者曾以阿巴拉契亚的模式来解释苏南的构造。

两侧的构造发展，正如Behr和Weber（1980）所说："俯（仰）冲产生地壳的增厚，有时为均衡上隆所补偿"——这是东部雪峰上隆的情况；"进一步的变形在某些地方引起水平逆掩和推覆体的形成"——这是西部川西推覆带的情况。两者之间的盆地中部则相对稳定、构造简单。在另文中，作者（1979）曾以"断陷—坳陷结合"的方式［包括Behr所说的"硅铝地壳沿俯冲带下拉"（dragged down）的机制］来说明四川盆地的演化，这里不再赘述。

五

华北的基底性质不同于华南，在同样的或相对较弱的挤压作用下，它最初的反应不是华南那样的层叠推掩而是较大规模和较大波长的"波浪状"起伏（或称波褶unduration）。作者在1965年时就指出："……西面的鄂尔多斯从晚三叠世开始形成坳陷，当时太行山以东地区……还处于隆起状态。……侏罗—白垩纪时，鄂尔多斯继续坳陷，……而太行山以东地区则开始断陷，……第三纪的鄂尔多斯已趋于上升，东部地区却正转入坳陷"。作者还在另一篇文章[1]中指出：上述"隆起的顶部很自然地会由于拉张而发生断裂。但是，……单单岩石圈隆起作用还不足以形成断陷，应该考虑另一个因素，即：当岩石圈隆起时，莫霍面的位置随之上升，……原来在莫霍面下的上地幔发生相的转化，密度降低，体积胀大，从而加强了隆起的幅度，使上层地壳的拉张量大有增加"，并且认为（1979）：这种拉张量的增加和"岩石圈的变薄是通过上陡（在弹性岩石圈内）下缓（在塑性岩石圈内）的断面扭转而完成的"。这里说的"上陡下缓"的断裂也就是"犁式正断层"，可以同上述的犁式逆断层相互对应。这类断层的重要性，近年来已受到更多重视。如亚丁湾地区在开始洋底扩张以前曾经历过一个岩石圈减薄的阶段，有人认为它是通过犁式断层与深部延展性蠕散（ductile creep）加上岩脉群的注入而实现的。Bally也强调了犁式正断层在比斯开湾对地壳拉张的作用。所以不一定是地幔热体制的变化（如地幔柱的发育）产生地壳变薄和拉张（这是流行的设想），反而是地壳变薄拉张到一定程度才足以建立起一个洋脊热体制并从而发生洋底扩张的。就华北的具体情况说，在总的挤压方式下，犁式正断层和蠕散加上一些玄武岩浆活动的后果并没有使地壳变薄拉张到洋壳形成的程度，而是随着地幔垫的冷却与回收，在断陷的背景上转化为坳陷。松辽是单旋回的，同中酸性岩浆喷发相联系。华北是多旋回的转化，影响到玄武岩的侵入与喷发，由于这种转化涉及地幔垫的变化，所以不同于华南的情况，断陷、坳陷均沉降很深，沉积建造从红层、蒸发岩、类复理石与浊积岩到类磨拉石沉积，相似于一个裂谷式的沉积序列。

在隆起带的两侧，当岩石圈与软流圈（地幔垫）之间或者岩石圈之内发生向两侧的犁式正断层时，由于本身的开裂加上南北向平移断裂的同时作用，在上层被拉张块体中发生的反向高角度正断层将与犁式断层构成不对称的箕状断陷。它们在隆起两侧将以陡翼在外的对称方式依次向外扩展。这正是作者（1978）提出过的郯庐隆起两侧和南黄海中部隆起

[1] 朱夏，1978，关于我国陆相中新生界含油气盆地的若干基本地质问题的初步设想。

两侧早第三纪箕状断陷对称分布的情况。

最近 Ziegler（1980）在总结欧洲“后海西盆地”的形成方式时指出：“在断陷阶段，地壳因区域性拉张通过颈缩（necking）而变薄，脆性的上地壳通过犁式断层，下地壳则通过延展性流动而变薄。与硷性火山岩活动相伴随的断陷穹隆由于软流圈在壳—幔接触面上的侵位而上升，这很可能是对岩石圈在地壳强烈拉张时期的断裂的反应。因此可能产生从断陷到坳陷的逆转”。“相应于岩石圈的冷却和地壳的沉积负荷，不再活动的大陆断陷开始了区域性的沉降。沉降的多少受到了在断陷阶段中热异常的量和地壳拉张程度的控制”。对比之下，这些意见同作者（1978）若干年前对断陷—坳陷转化机制的论述十分接近。所不同者，Ziegler 没有进一步追究“区域性拉张和断裂”的起因，作者则根据华北的具体地质历史和地球动力学条件，认为在地壳的总的挤压作用下的大幅度隆起是所有这些活动的序幕。

六

除了在挤压作用下因基底活动而表现的不同褶皱断裂形式（基底波褶式滑移）对中国北部和南部中新生代盆地形成机制的影响外，还应考虑平移断裂在这种环境下的作用。

从原中国大陆的分裂直到通过印支运动完成中国大陆的统一结合，南北方向的应力始终在中国的地质历史发展中起着重要作用。在刚性较高的华北地台东部，近南北向的郯庐平移大断裂反映了南北向压应力在中生代的延续，它的早期的左移活动不仅产生了印支期的地台盖层褶皱，而且使得曾在区域性隆起背景上发生的侏罗—白垩纪断陷和坳陷终于受到了挤压和扭动。白垩纪末期以来，它的主要段落（华北）转为右移，又促进了北东—北东东向的早第三纪断陷得以在隆起两侧对应地拉张，并随拉张的深入而有硷性玄武岩在断陷中的侵入和喷发。这一机制作者已在另文（1978）中加以阐述。最近 Ziegler（1980）在讨论西北欧后海西盆地沉降格局时指出：“同断陷相伴随的平移断裂可以造成相对窄而深的盆地的褶皱或（和）快速沉降。它们可以同时有短暂的火山作用或深成的侵入”。这些看法同作者若干年前的论述如出一辙。

关于南北向的郯庐断裂在白垩纪末—第三纪初从左移转为右移的动向变化，作者（1979）曾认为是同当时的一些北西—北西西至近东西向平移断裂的活动相联系的。后一方面的古构造线曾经是原中国大陆从古生代直至印支运动期间分裂和结合的创痕。当白垩纪末至始新世初中生洋封闭和印度板块向北移动并与亚洲大陆靠拢时，在挤压作用下，正如 Molnar 等所说：在“印度板块与欧亚板块的稳定部分之间的区域，向东比向西更容易移动”。作者同意 Tapponier 和 Molnar 提出的这一机制，但曾指出（1979），发生这种滑动的时间要比他们所设想的更早一些（白垩纪晚期—第三纪早期），而所谓“欧亚板块的稳定部分”应该是指蒙古中部弧形大断裂以北的地区，所以受滑动影响控制的范围要比他们所说的更广阔一些。

由于这种活动，沿着阴山—内蒙地轴、秦岭—淮阳等断裂发生了相对平移滑动。这种块体之间的旋钮作用还使得郯庐断裂改变了其平移方向。总的结果是第三纪盆地在中间的华北地区发育的情况远非阴山、燕山以北和淮阳、秦岭以南地区所可比拟的。秦岭淮阳断裂带的右移活动还因升降、拉张的同时作用而产生了一些北西向的盆地，如周口、信阳等，它们同北东向半地堑的关系及其油气远景评价已见另文（1979）。到第三纪后期，因断裂转为左移（见下文），这些盆地又受到挤压，形成褶皱。西延至祁连山前，酒西盆地的历史也大致如此。

应该指出，同北北东向平移断裂在白垩纪末—第三纪初由左移转为右移一样，这些北西西向的平移断裂在白垩纪末—第三纪初曾表现为右移，而到了中新世以后则转为左转。目前卫星图片上所反映的一些左移活动现象，是晚期的产物。这一改变是同西太平洋的弧后扩张相联系的。中新世（或晚渐新世？）以来新生的弧后洋壳扩张，一方面使岛弧脱离大陆，另一方面也向大陆岩石圈施加压力，这一近东西向压力的结果是：（1）东海的新第三纪沉积发生褶皱和向西推掩的逆断层；（2）南黄海和苏北断陷中的下第三系因沿已有断层的扭动而发生小型褶皱和扭断裂；（3）郯庐裂谷作为一个活动带应力集中，受到挤压而改变面貌，形成了比较强烈的褶皱和逆掩断层与推覆；（4）原来右移的北西西向平移断裂转为左移；（5）在左移活动的拉张下出现了山西的新第三纪地堑系，最后青藏岩石圈的短缩已不再能通过平移活动来解决，不得不急剧抬升，成为“世界屋脊”（朱夏，1979），这些作用，至今仍在继续。

七

关于中国西部的几个盆地，作者认为准噶尔盆地的地球动力学背景在更大程度上可与中亚相联系。二叠纪—三叠纪时，即在与中亚的“过渡层”相当的阶段中，它已在海西褶皱带不均一沉降背景下形成了盆地，但也开始同中生洋的海侵分隔，发育了陆相沉积，侏罗纪以来由于天山的上升，形成了有山前断陷发育的不对称盆地。这种基本形式一直延续到第三纪。新第三纪时，由于印度板块的碰撞影响，山前带的升降与褶皱、断裂活动更为强烈。塔里木盆地看来是一个后期统一的大盆地。它的西南部曾受到中生洋的海侵，形成在海西褶皱基底上的沉降带断陷，但第三纪以来强烈的升降与平移断裂，以及褶皱活动与巨厚的磨拉石型沉积已在很大程度上改变了这一面貌。塔里木的中部与东部是古生代的地台，在海西运动期间可能曾隆起分裂，引起在硅铝地壳下的地幔上升，侏罗纪以来才逐渐从分隔的断陷转化为坳陷，到第三纪完成统一。柴达木盆地的基底更为复杂和活动，整个中生代都随着周围山链的不平衡升降活动而处于断陷阶段，第三纪才整体沉降。垂直升降、水平挤压和平移扭动活动都比较显著而强烈。

总之，这些西部盆地一方面与中生洋开启以来的古生代褶皱系内的不均衡沉降相联系，另一方面又受中生洋封闭以后大陆板块移动和碰撞的强烈影响，它们的地球动力学条件既不同于华南的基底滑移，也不同于华北的波褶拉张。但总的来说，仍处在大陆地壳受挤压的背景中。

八

总结中国中新生代盆地的形成机制和地球动力学条件，作者提出以下几点不成熟的意见：

（1）中国的中新生代盆地是在中生洋开启、全球板块构造体制建立以来先后形成的。但由于中国所处的特殊位置，它们既非拉张大陆边缘的盆地，也不是敛合边缘的盆地，又不同于大陆内部的裂谷和稳定的克拉通盆地。

（2）在西面受中生洋扩张边缘的挤压，东面受太平洋板块的俯冲作用和北面受古生代造山带的阻挡这样的特定地球动力学条件下，这些盆地基本上是在大陆地壳受挤压的状况下发生的，但表现的方式是多种多样的。

（3）中国南部的地壳压缩是以西部的 A—潜没带（川西）和东部的几个基底滑移（包括华南的广大地区）实现的。在二者之间的是四川盆地。其余的盆地都是在推掩体上盘通过断裂发生的，盆地的范围较小，影响的深度一般也较小。

（4）中国北部的地壳压缩首先是通过岩石圈的大型起伏，凹下的部分是早期的沉降盆地（如三叠纪—侏罗纪的鄂尔多斯），凸起的部分接着发生断陷和向两侧的拉张，产生对应的箕状断陷。随着地幔垫的发生和回收，转化为大规模的坳陷，侏罗纪—白垩纪和早第三纪—晚第三纪是两个明显的旋回。这种活动涉及的岩石圈深度较大，盆地总体的范围也较大。

（5）北北东向和北西—北西西向的平移断裂先后对盆地的发生有重大影响，前者从晚三叠世继续到白垩—第三纪，先是由于来自南方的压力而左移，后来由于来自西面的影响而逆转了移动方向。后者是印度板块从白垩纪末开始靠拢的效应，到晚第三纪又因太平洋岛弧的弧后扩张而被阻止或逆转，并使早期的近南北向的裂陷受到挤压。

（6）北西西向的平移断裂活动，包括与之相伴随的相对升降活动，从白垩纪末期起把中国大陆分成三个与古生代构造体系大致相适应的段落，东北的地槽区表现为白垩纪末期以后的上升和挤压，华北的地台区此时出现了拉张和沉降，华南的褶皱区继续受到挤压。与台湾在晚第三纪向大陆推掩相适应的是东海外侧冲绳海槽的弧后扩张及其向大陆的挤压。

（7）西部的盆地先是受中生洋扩展时期海西褶皱带上不均一沉降的影响，包括褶皱带内的沉降推挤、古地台的隆起拉张；后来又因为中生洋的封闭和印度板块的碰撞引起了地壳缩短和强烈升起与平移扭动，从而产生的大幅度断陷、巨厚磨拉石沉积和复杂的褶皱断裂。

（8）这些中新生代盆地大部分发生在古生代地台内部、地台边缘和坳拉谷盆地的基础上，沉积和构造的迭加作用对古生代油气的分布和再分布起了重大的建设性与破坏性作用。

（1980 年 10 月完稿）

板块构造与中国石油地质*

上海市石油学会、地质学会和海洋湖沼学会联合开展学术活动，我很赞成。今天，我想讲一下板块与石油地质，这对三家都有关系。板块构造来自海洋地质，板块构造的理论引起了整个地质学的革命，它与石油地质有密切的关系。不过，这个题目太大，我只能讲一些板块构造与中国石油地质的关系。严格地说，今天讲的题目应该是："中国石油地质工作中的若干问题与板块构造假说的初步应用"。

为什么要讲这些？因为中国石油地质工作面临着一些根本性问题。如何更快为"四化"找出更多的石油，就需从理论上来考虑今后的方向，尝试性地用当代的一些理论与中国石油地质相结合，以解决中国石油地质领域中的某些问题。我们当前的任务是开展第二轮石油普查，第二轮普查有它的良好基础，但也会碰到更复杂的问题。大庆油田的发现比较简单，现在要找的东西更复杂了。以前指导我们找油的理论是正确的，但如果不发展，就会落后。所以对第二轮普查要有一个正确的概念，要解放思想，要学习新的理论，以指导今后工作。这就是我们当前面临的问题，其中包括了应用板块构造理论来寻找石油。

用新的理论找油是会遇到阻力的，因此，我先讲一点科学哲学。德国人波普尔提出了一个公式：$P_1 \rightarrow TT \rightarrow EE \rightarrow P_2$。这里的"$P_1$"是指问题（Problem），科学要观察，但要带着问题去观察。他引用了巴斯特的话，"在观察中间，机遇只偏爱有准备的头脑"。同样观察一个事物，有人就观察到了，有人就未观察到，有否是一种碰巧呢？不是。这种机遇对每个人不是平等相待的，而是对有准备的头脑发生偏爱。若不带着问题观察，看来看去也看不出问题。爱因斯坦说过，提出问题比解决问题更重要。当然，提出问题也非凭空所提，而是以过去的实践为基础。带着问题观察，就产生了"TT"，即"尝试性假说"（Tentative Theory），科学不单是积累，还得尝试性地把它组织起来形成一个系统。比方说，蜜蜂把花蜜采来做蜂蜜，这就是积累，可是蜘蛛结网抓虫，这也是一种积累，知识的来源既有蜜蜂式，又有蜘蛛式。有一定事实，就会形成一定的问题，进行了一定的观察，就可以组织一个"TT"，这是个蜘蛛网，是一种知识的网络，开始可能较粗，但可以不断修正、改进。这种修正称之"EE"（Elimination of Errors）—— 错误的消除，也就是不断批判自己的理论。科学知识的生长，不完全是观察的结论，而是一再推翻以往的结论，用更好、更全的理论来代替。这不是稳定地进行，而是不断革命。对于一个理论，不是不断地去"证实"，而是要不断地去"证伪"，去找这一理论的不足、错误。然后，反复数次，可得出"P_2"，即把问题螺旋式上升到更高阶段，使之更接近于相对真理。板块构造理论也经历了这一过程。魏格纳带着问题去观察，得出了一"TT"，即大陆漂移说。经过证伪许多问题上升成了"P_2"，就有了第二个"TT"，即海底扩张。又经过一系列的证实、证伪，现在的板块构造理论又面临着一系列问题。例如，板块构造运动是发生在板块边缘的，板块被假

* 1981 年 7 月在上海石油学会、上海地质学会、上海海洋湖沼学会联合学术报告会上的报告。

定为一个刚体，对此一点，最近已受到挑战，因为板内也有活动。这样，就使板块构造理论得以修正。运用板块构造来解释石油地质问题，也需要大家加以证实和证伪。

从石油地质而论，油气藏形成的基本条件[1]，我曾归纳为以下几个方面，为方便计，可称之为四个“M”。

第一个“M”——Material（材料）如生油的物质、储油的地层、盖层（盖层可能就是生油层或其他地层），没有这些，是不可能形成油气藏的。

第二个“M”——Maturation（成熟性）：光有材料不行，还要有它的成熟性，生油层的温度太低，不能生成石油，过于成熟就会变质。这种成熟条件包括：干酪根的性质、地温条件、埋藏深度等。储集岩也有个成熟问题，如砂岩，其供给、搬运、沉积、胶结、压实等条件均影响储油的性能。离物源近，分选不好，成熟就差。若压实过紧，变质到一定程度，也影响储油。碳酸盐岩也有一个成熟问题，其形成环境，成岩作用、后生作用、白云岩化等都会影响储油物性。

第三个“M”——Migration（运移）：油气要经过运移，运移和不运移是一个事物的两个方面，它不能老是运移，总要停下来的。不运移的条件在于圈闭（Trap），油气是在各种圈闭中集聚形成油气藏的。

第四个“M”——Maintenance（保持）：为何不叫保存？保存是指原来的东西，后来虽经变化（Modification），但还存在着。保持的范围更广泛些，如一个圈闭中油气，即使经过变化，又经二次运移，还能留存下来，但它不是原封不动地保留，而是经过许多变化，它还得以保持。这里包含着在构造运动、水动力条件等变化下的再分配问题。

这四个“M”显然受到一定地质作用的控制，我想可以把这些控制作用概括为四个“S”。

第一个“S”——Subsidence（沉降）：没有沉降就没有盆地，没有盆地也就没有油气。为什么会发生沉降呢？垂直运动论者认为这是自然之事，而板块构造讲的是水平运动，这就成了一个新问题，对此以后再讲。沉降有许多问题，如沉降速度、幅度、持续性、节奏性、差异性……生油层要在某种沉降条件下生成，而有些砂岩也要在某种沉降过程中才能形成。这里包含着物质流、热流的种种情况。

第二个“S”——Sedimentation（沉积）：有沉降然后有沉积。供给不足就形成“饥饿”的盆地，这对生油岩发育有利。供给充足，沉积很快，充填迅速，如山前磨拉石堆积。这都涉及环境问题，如古地形、古气候。对石油来说，沉积作用在时间和空间上的变化都很重要。

第三个“S”——Stress（应力）：包括重力场在内，应力场是永存的。在应力场作用下，产生了许多褶皱、断裂……板块运动发生在板块的边缘。应力又怎样影响到板块构造内部的呢？这是个重要问题。

第四个“S”——Style（风格）：一个沉积区或一个盆地，都有它的风格。例如，构造风格、沉积风格、油气的集散风格。这里包含着共性中的个性和一些辅助变量。

上述四个“S”是作用（Process），四个“M”是其产生的结果（Response）。它们之

---

[1] 朱夏，关于盆地研究的几点意见，《石油实验地质》，1980 年，第 3 期。

间有着紧密的联系，不能孤立对待，必须在油气系统整体的区划单元中予以考虑。系统单元是指什么？最初提出的是油区、油气区或含油气区（Province），五十年代的教科书着重讲了油气区。如莱复生的定义，就是指一个地区，其中存在着许多个地质条件相似、或有联系的油气藏。他本人指出，这个名称泛指世界上一些大的产油区，其间的界线是不明确的。所以，这是一个模糊的概念。有人用地理名称，如中东油区、北美油区；有些人（布罗德、乌斯宾斯卡娅等）采用大地构造单元来划分，如山前坳陷油区、山间盆地油区等；有人着重于油气藏的类型，如碳酸盐岩油区。李四光同志提出的几个沉降带，实际上就是含油气区的概念，如第二沉降带，它通过东北、华北、江汉，直到北部湾。但在分析其中具体的"S"和"M"条件时，这个沉降带的各个部分，其地层时代、构造形态等都极为不一。松辽盆地为白垩纪的大型构造，华北盆地属第三纪的断块构造。所以我在十多年前就曾提出，作为含油气的区域单元应是含油气盆地，而不是含油气区（省）。石油地质工作应从盆地整体考虑，首先要考察的是其全貌，但是一个盆地，尤其是大型盆地，总是包含着若干个由不同的地球动力学机制产生的不同结构部分，我们称之为"原型"（Prototype）。每个原型中的"S"和"M"有内在的系统关联，而原型又组合为盆地的整体。七十年代有些教科书的第一章，开始讲的就是盆地，虽然也还用含油气区这个名词，但都与盆地联系起来了，认为一个盆地不一定是一个含油气区，但所有含油气区都包含着一个或几个盆地。很多人给盆地下过定义。盆地是指在一个相当长的地质时期内（不一定是几个纪、几个世，总之是一个相当长的时期）在某个具体地理区域内，常在一种构造成因的不规则面上，在比较均一的构造环境中，由一个或几个来源沉积物所形成的实体。这样盆地在平面上、剖面上，其形状是多种多样的，有长条状、三角形、圆形、楔状（如大西洋拉张边缘，其沉积体为一边厚、一边薄的构造体，有人称之地斜），等等。它们是在一定构造条件下，由沉积作用规定的沉积体，"四 M"和"四 S"的作用存在于这一构造沉积体中。单式的盆地即是这样一个构造沉积体或原型的概念。大而复杂的盆地则包含了几个不同的原型，这一切均被制约于以下所概括的三个"T"，即盆地系统的环境。

1. Time（时代）

盆地是否有时代的概念，对此具有不同的论点。我们认为盆地与地质时代有着密切关系。早在 1947 年，荷兰人乌姆格罗夫在《地球脉搏》一书中指出，世界上大多数盆地或槽地形成于某一华力西幕，在阿尔卑斯某些幕以后，同样而且特别强烈地形成了一些盆地。即是说，世界上大多数盆地是形成于华力西期以后与阿尔卑斯期的。六十年代，我们曾提出两个时代、两个体制的概念，即地球运动的体制是随着时代而变化的，而体制的变化是形成不同盆地的首要条件，在华力西期前是一种体制，华力西期后到阿尔卑斯是另外一种体制，后一种体制产生了世界上大多数盆地，前一种也形成盆地，但这种盆地与后一种盆地有所区别。当时用阿尔卑斯期来划分这两种体制，称之为前阿尔卑斯与阿尔卑斯。阿尔卑斯是指三叠纪以来的运动，前阿尔卑斯则一直到早古生代。六十年代初，板块构造理论还未出现，当然，海底一些资料已经有了，那时我们就认为阿尔卑斯形成的盆地与大洋盆的形成有关，并用了"变格运动"这个名词。这是一个德国人提出的，但我们用时则改变和扩展了它的意义，即认为在阿尔卑斯运动以前，地壳上已经有了一种构造格局，阿尔卑斯运动改变了以前这种格局，从而产生了一种新的格局。这种新的格局，包括了许多与石油、天然气密切相关的盆地。现在看来，阿尔卑斯构造体制与前阿尔卑斯构造体制，也就是板块运动构造体制与板块运动以前的体制。板块构造运动开始于华力西运动末或三叠纪，在此以前，不是板块运动的方式。当然，对此尚有不同意见，有人认为板块运动始终存在，从前寒武纪起就有之；也有人认为板块运动始于古生代。我们比较保守，认为板块运动只发生在 1.9～2 亿年以后，加之在此以前的一个过渡时期，即可追索到泛大陆解体时期，再以前就属另一种体制了。实际上，提出板块运动的学者（赫斯等），也认为板块运动开始的时代是二叠纪末或三叠纪初，也就在 1.9～2 亿年左右，或者在某些地区发生在石炭纪末的泛大陆开始解体以后。哈尔伯特指出，许多克拉通盆地（即大陆内部的盆地）与前中生代大陆增生有关，比较年轻的中间地壳型盆地，即中生代以来的盆地，可能与大洋扩张有关。他把海底扩张放到中生代以来，在大洋中所能证实的洋底年代也只追至侏罗纪。加拿大的罗斯指出，世界产油盆地的很大差异性与其地质时代有关，在中生代产生了一种形成盆地的全新机制。1975 年摩德指出，板块构造叫新全球构造不确切，应称之为海西后全球构造，因为全球构造新到何时？看来，应新到海西运动以后。霍姆根伦又认为，中、新生代的油气最多，这与海西运动后的地球热流量及能量平衡有关。

通过近几年的研究，加拿大有人认为不同类型的盆地是在地质历史时期相继出现的，古生代只有很少类型，各种各样类型的盆地是在中生代以来依次出现的，克莱梅把盆地分为八类，他也承认盆地类型与时代有关，第一类为克拉通盆地，属古生代；第二类是复合盆地，从古生代到中生代；其余六类属中、新生代。新时代的盆地类型可以包括有老时代盆地的类型，而老时代盆地类型则不包括新时代盆地的类型。在《地球学教程》一书中，作者雅布斯认为，2 亿年前的造山运动没有形成地壳上轮廓分明的地带，造成这种情况的是其他的机制，而不是板块运动。美国的巴莱指出，要么在古生代地槽中没有洋壳，否则，洋壳已被消灭干净。他本人从现实主义出发，认为后一种可能性较大。我则认为，从演化的观点看，可能过去的洋壳较小，后来才发展成大洋。这涉及“均变论”和“灾变论”。灾变论大家不赞同，但对于期、幕及演化的概念则已深入人心，正如地科联前任主席特伦佩所说，“我们离开十年前的实证主义和十足的均变说已走得很远了”。新任的地科联主席塞博尔德指出，“板块是否始终以同一种方式俯冲呢？正如我们从考古学所知，要从粪便中考查出食物来，总是困难的，洋壳都消灭了，怎么去检查呢！”还有许多人指出，欧洲的华力西地槽是在一个活动的、不均一的硅铝地壳上发生，即华力西地槽是在陆壳上演化，而不存在华力西洋，即使有人承认有点洋壳，但规模很小，达不到“洋”，最多像边缘海或内陆海（如黑海、日本海）那样大。也有人认为，即使在华力西时有拉张，但最多停留在裂谷阶段。从规模上看，尚无证据证明在阿尔卑斯运动前的褶皱带中普遍有过大洋存在，与大洋相联系的海底扩张及俯冲，则更不清楚。因为俯冲要有条件，即海底扩张后，离中脊距离远的地方，洋壳冷却、变重、下降，受到推力才往下俯冲；若洋不大，离中脊不会太远，洋壳未能冷却，俯冲就有困难。要证明洋壳的俯冲，无非是寻找蛇绿岩套混杂岩、蓝闪石片岩等。我在七十年代初翻译过一些板块论文[1]，试想能否用于古生

[1] 朱夏，1973，《板块运动的岩石学证据与历史实例》译文集，华东地质矿产研究所。

代，但使我感到用这些板块运动解释加里东、乌拉尔的文章中都留有尾巴。例如狄金生认为，无论前寒武纪的岩石、或甚至更新一代的（古生代）岩石，同新生代有差异时，必须考虑两种可能：（1）在某些时代前，板块构造运动模式不适用；（2）在地质时期内，板块构造运动的习性改变了，它曾经历了一系列演进的阶段，或是一种演化式的进展。如果要算是板块运动，那么老的板块运动与新的也并不一样。我们不否认古生代也出现过洋壳，但可用“手风琴”式来解释，当时的陆壳一合一张，范围不大，不像中生代以来的板块是“传递带”式的运动，致使大西洋两岸有数千公里的拉开。赫密尔顿曾解释乌拉尔山是俄罗斯地台与西伯利亚地台远离几千公里相对俯冲的结果，但他也认为还有一种“雪橇式”的机制，即大洋很窄时，洋壳夹在中间不可能俯冲，只能遭到蹂躏。

因此，板块构造运动有个时代背景问题，不同类型的盆地是与此相联系的。

2.Tectonic Setting（构造位置）

由于盆地在板块中所处的位置不同，其性质、发育机制、原型、演化过程也都不同。近十年来，国外对盆地的分类都取决于在板块上所处的位置。盆地处于板块边缘、板块内部或大陆边缘，其位置不同，性质也就不同。当然，大陆边缘不同于板块边缘。板块边缘有三种：一为分离（拉开）边缘，若在陆壳，就产生裂谷，进一步发展，就形成大西洋型被动边缘。这些地区形成的盆地同被动边缘有关，如尼日尔三角洲，它发育在大陆边缘。裂谷可以延伸到陆壳，或向板内发展，最后形成洋壳。二为活动边缘（俯冲边缘、敛合边缘），产生岛弧，在岛弧的前、中、后形成的盆地，即弧前盆地、弧间盆地和弧后盆地，与它有联系的一种盆地叫前渊盆地，发展在陆壳上。三为转换边缘，其间产生转换盆地。对上述三种边缘的盆地研究较多，但在板内，大洋里有大洋盆地（洋盆），陆壳内则除与上述边缘有关的裂谷和前渊盆地外，其他笼统被称为克拉通盆地。有人也把它分为简单的、复合的两亚类。为什么要这样分？因为以前认为板块是刚性体，板块活动只局限于板块边缘，它只影响大陆边缘，不会影响板块内部，因而忽视了板块内部盆地的研究。

法国人布雷在九届石油会议上有一篇文章，他认为内克拉通盆地是把新全球构造应用于石油勘探的最不利场所。美国人巴莱在 1980 年还说：“克拉通盆地是骗人地简单（Deceptive Simplel）”，即所谓克拉通盆地看起来简单，实际上它并不简单。尽管我们对许多复杂的地质现象已有巧妙的模式，可是对这种“简单的”克拉通盆地还缺乏令人信服的解释。这一点对中国很重要，因为除部分海区外，我国的绝大多数盆地属板内盆地，所以我们要着重研究板内盆地。克莱梅把我们所说的迭加盆地，认为就是他的“复合”盆地，实际上很不一样。法国人贝乐东在他的一本书中，讲了前渊盆地后就谈了中国盆地，他引用塔里木盆地和准噶尔盆地的资料，认为中国盆地带有山前坳陷的性质，即一边褶皱山、一边为地台的不对称盆地，可是他也认为中国的东部盆地不符合这个形式。布瓦认为，华力西运动后，发生了沉降，中国盆地也属此类，但其基底不仅是华力西地槽，还有地台等。巴莱认为，中国东部盆地类似于前渊盆地，但缺少逆冲断层，他认为这种断层被长英质岩浆岩所代替了。往西的盆地他称之“中国型”盆地，但自认所知甚少，所以对中国的板内盆地还缺乏认识。

3. Thermal Regime（热体制）

热体制很重要，它是板块构造理论的一个支柱，地幔对流、地幔柱等都与热体制有关。过去认为，地幔对流，地幔物质上升，促使地壳拉张，热体制发生变化，地幔隆起，从而形成洋中脊。现在发现，很多地区、其中包括红海、法国比斯开湾等地，上述说法欠妥，因果关系是倒置的，应是岩石圈拉张，岩石圈变薄，地幔物质上升，使热体制改变，因而形成裂谷、洋中脊等。所以，热体制对盆地的形成是个重要因素。中国东部盆地形成的机制，1977 年我们认为，地壳受到挤压，产生隆起，然后发生断裂，这种断裂在上部脆性岩层中角度很陡，到了下部岩层角度变平，这就引起地幔物质上升，形成地幔垫，后期地幔垫冷缩，使岩石圈下沉，断陷就转化为坳陷。这个概念与后来外国人提出的有关北海盆地的机制很近似。究竟是拉张引起地幔物质上涌，还是地幔物质上涌而使地壳拉张，现在还未搞清，有关地温资料目前还很缺乏。但中国东部盆地与西部盆地不一样，东部盆地莫氏面不深，地壳厚二十多公里到三十多公里，地温梯度高，西部盆地莫氏面深，地壳厚度相对厚一些，地热流和地温梯度相对较小。总之，热体制对盆地的控制作用也很大。

因此，盆地的形成环境有三个要素：（1）盆地形成的时代；（2）盆地在板块上的位置；（3）从地壳到地幔的热体制变化。由于上述三个因素的不同，就会产生盆地的各种成因机制，在不同机制下，前面所说的“四 S”就不一样，进而使“四 M”也不同，寻找油气就要根据这些因素分别对待各个盆地，首先是盆地的各个原型。

中国的盆地多数属板内盆地。中国板块，作为欧亚板块的一部分，在中生代前，已经连在一起，当太平洋板块、印度板块活动时，中国已是欧亚大陆一部分了，那时它的界线在何处？东面为太平洋板块，以日本—琉球—台湾为一线。在华力西晚期（早二叠世晚期或晚二叠世早期）有一条活动带，从日本、琉球、台湾、菲律宾、直到加里曼丹，形成了一条壮丽的镶边。此活动带，把中国内部华力西以前的构造带统一了起来，这是一个大的变化。当太平洋板块、菲律宾板块活动时，中国大陆就和它们发生对抗，以后，很多作用都表现在这条镶边上。西边一条界线在什么地方？印度板块与中国大陆的缝合线在雅鲁藏布江一带，它的时代是白垩纪晚期到第三纪的早期，喜马拉雅的碰撞那就更晚了。更早的一条缝合线还要靠北一些，因为二叠纪、三叠纪时，古特提斯海已拉张开，它的缝合线在哪里？很多人都在寻找。1975 年，在罗马尼亚找到了三叠纪的蛇绿岩套，它经过原苏联的克里米亚南部。1976 年，在伊朗也找到了这条缝合线，一直连到阿富汗。又经过喀喇昆仑山脉到三江褶皱带，在云南元江地区也有这条线（许靖华，1977 年），往南如何进入缅越，还待研究。它的时代为二叠纪、三叠纪，比雅鲁藏布江那条早。因此，应把它作为中国板块的西界。在 1974 年由陈焕疆同志主编油气分区图时，我们就提出了这条线，现在已有更多证据。在这两条缝合线以内形成的盆地，无疑是板内盆地，这些板内盆地是如何形成的？以往认为板内活动很少，但现在看来并非如此。下面讲一下中国板内盆地各原型形成的几种主要机制。

1. A-Subduction（A 型俯冲）

大洋向大陆俯冲，称 B 型俯冲带（它首先由 Benioff 提出，故用“B”表示），相应地大陆的向下运动，称为 A 型俯冲带，（由德国人 Ampferer 提出），他认为欧洲阿尔卑斯山即属 A 型。当然，它和 B 型俯冲的机制不一样，在形式上，A 型俯冲的结果就在上冲带的前面产生了坳陷沉降区，这个沉降区就叫前渊（Foredeep）。如与太平洋俯冲相应，由于美国的科迪勒拉山向东仰冲，故在加拿大西部阿尔伯达往南，产生了一个沉降区。前渊盆地的油气很丰富，阿尔伯达盆地属中生代，在它下面则是古生代的沉积，目前已打穿上面的逆掩断块进入古生代地层找油。这在中国也有相似的例子，如四川西部，三叠纪时，西面有一个 B 型俯冲带，相应则在川西北有一个 A 型俯冲带，该处也有许多逆掩断层，并在山前坳陷中有几排构造，它属印支期，沉积着三叠纪地层，中坝油气田即是这几排构造的其中之一，有些迹象表明，在逆掩断层下面还可能有几排构造存在。

2. Basement Ramp（Basement Decoupling）——基底滑移（或基底拆离）

Basement 是基底，Ramp 是滑道，Decoupling 是拆离。过去的概念是岩石圈在软流圈上移动，最近通过地震工作，发现在岩石圈内部也有许多滑动面（或拆离面）。美国有一个 COCORP 组织（Consortium for Continented Reflection Profiling），即大陆反射剖面协调会，他们用可控震源或爆炸震源，可以获取数十公里深的资料，在二三十公里深度内的岩石圈中发现有许多滑动面。例如美国的阿巴拉契亚山，它可分成这样几段，西面为寒武—奥陶系碳酸盐岩组成的高原；第二段为盆地和山脊相间的地区；第三段是变质岩；第四段为花岗岩山麓带。这些段之间的断裂上面很陡，到了下面就变平了，故称为 Sole（意为“鞋底”）。整个是推上来的，推移的距离有 260km 左右，往东为三叠纪地层盖上了。寒武系和奥陶系在美国是产油的，因此，美国就考虑在逆掩部分往下找油，甚至想在变质岩下找油。

又例如美国落基山的风河盆地（Wind River），在离 B 带、即当时板块边缘 1000～1500km 的板块内部，有着许多逆掩断层，这些断层可深达 24～26km，下部角度小，上面大一些，这说明板块内部也存在着滑动面，它们造成了绿河等盆地，找油领域也就可以扩展到断层之下。

中国似乎也有类似的例子，湖南湘中地区的祁阳弧是向西突出的弧，其上有许多上古生界地层的箱状构造，梳状构造。有个钻孔在上古生界地层下面发现一套深色的地层，时代属石炭纪或下古生界，说明上面的地层确是从东面推过来的，这与岩石圈的拆离面有关。此现象在中国东部的湘东、福建、苏南、浙西等地区都可能有。近地表的盖层中这种断层是高角度的，但它是 Listric Fault，即上陡下平的犁式断层。在基底中，由于大距离的滑动，在滑动面上可以发生岩石熔融，会产生大量的花岗岩。我国东南大面积的花岗岩，据徐克勤教授的研究，它们产生在 20～30km 的深度。这些花岗岩是否与这种基底内的滑动有关？许靖华教授也认为我国东南地区不属准地台，而是褶皱带。我们认为是基底内的滑动加上盖层的推覆。它是印支、燕山运动的产物。

3.Collision（碰撞）

大家都知道，印度大陆与中国碰撞引起了很大的反应，它的远距离效应可远达广大的我国西部地区。最后一次碰撞发生在早第三纪末或晚第三纪初，结果使许多老山前缘形成了极深的断陷，如在昆仑山前、祁连山前、天山两侧，甚至秦岭、包括渭河盆地，都形成了极厚的新第三系到更新统的沉积。在塔里木西南的钻探，证实其厚度在 6km 以上，是巨厚的磨拉石建造，上面是所谓苍棕色沉积，属快速堆积，后期又受到挤压，形成了一些复杂构造，上下都不吻合。

在这以前还有一次碰撞，即特提斯海的封闭，时代是白垩纪晚期或早第三纪的初期。这次碰撞当然也有影响，但它的应力释放不是通过地壳隆起，而是以一种滑线场（Slipline Field）的方式进行。大陆内部的古老结构被断裂分成几个三角形块体，这些三角块体受力产生平移，距离很大的平移也就是沿着大断裂的滑移。提出这个理论的是 Molnar 和 Tappnnier，他们以此来解释中国的构造，但他们认为这次运动发生在第三纪末，而实际上应发生在白垩纪晚期或第三纪初期。“三角板”平移的主要方向是向东，因为那里自由度大，于是就产生这样一些现象，例如沿祁连山到淮阳山一线发生了右移活动，并产生了一些北西西向的盆地，河南南部一直到渭河以东也形成了一系列盆地，其时代为白垩纪晚期或第三纪早期。这个滑线场活动方式，还使郯庐断裂改变了方向。郯庐断裂早期在三叠纪时为左旋，运动距离可达几百公里，现在的郯庐断裂是右旋，什么时候使它改变了方向？从沉积物的时代看，应在白垩纪晚期到第三纪早期。由于它的右旋，使东部一系列地区张开成为北东、北北东向的箕状坳陷，如济阳坳陷等。郯庐断裂改变方向的原因在于古特提斯海的关闭，是这些“三角板”运动的结果。因此，河南中部往西是北西西向的盆地，往东则是北东、北东东向的盆地。其中间地段是交叉地区，南阳盆地即居于此，故出油情况好。

中国大陆介于两条锋线（日本—台湾—加里曼丹，喀喇昆仑—三江—云南元江）之间，西面的锋线可以影响东部，东面的锋线也可影响西部。黄汲清先生把中国分成三个构造域，即特提斯构造域、滨太平洋构造域及古亚洲构造域。这个“域”，不一定是以固定的地区性划分，而可以地球动力学观点来分划。看来，这种滑线运动到早第三纪晚期或晚第三纪就终止了，很可能是与渐新世、中新世以来日本—琉球的西太平洋活动带有关。由于西太平洋活动强烈，向东滑来的板块就要刹车了，甚至要开倒车。现从航空照片上看，有些断裂是左旋的，但不一定这些左旋断裂自古以来就是左旋，它们的方向可以改变。

4. Differential Subsidence（差异沉降）

差异沉降是普遍的现象。许多人认为，世界上许多盆地的形成均与中生代时的中生洋有关，中生洋包括二叠纪末、三叠纪初的古特提斯海。由于华力西以后，中生洋开始形成，致使它的两侧——欧洲大陆与北非形成沉降带，集中了世界上既多又大的油气田，其中包括中东、北非、西西伯利亚、墨西哥湾、委内瑞拉等。这个沉降带也包括中国，但中国受到更早的缝合线（即上述两线）的限制，侏罗纪海侵只到了西藏和新疆，中国的中生代以陆相沉积为主。另外，中国盆地的基底很不均匀，曾经是一个大的原地台，古生代曾破裂，后又重新组合起来，在这样复杂的背景上，沉降的差异性很大，以三叠纪看，华北西部是坳陷，东部为隆起，鄂尔多斯盆地是三叠纪开始形成的。

5. Extension（拉张）与 6. Fault-Strike slip（走向平移断裂）

过去认为地幔物质上涌造成隆起，进一步拉张。现在有人认为先是地壳隆起、拉张产生断裂，然后地幔物质上升形成地幔垫，随着地幔垫的冷却，地壳下陷就形成盆地。这与我们以前的看法不谋而合。中国的松辽盆地是三叠纪时隆起，侏罗纪拉张，侏罗纪—白垩纪开始沉陷，故而导致了莫霍面与盆地呈镜像关系。

郯庐断裂在侏罗纪时也有过拉张，但它受平移断裂的影响，平移断裂不可能是一条直线，所以有些地方张开，有些地方封闭。郯庐断裂始终没有达到裂谷程度，尽管它的莫霍面只有 20 多公里深，还有许多玄武岩活动，但仍未到达贝加尔裂谷、莱茵地堑的程度。

7. Gravitational Sliding（重力滑动）

这是一种改造（Modification）的机制，以川东为例，它是一排排向西推，其中还有许多逆断层构造。最近又发现一种套叠构造，背斜高点有所移动，这是重力滑动造成的。它形成于白垩纪末或第三纪早期的四川运动，这时雪峰隆起升起（李四光称之为屏障山脉），由于它的隆起，盆地盖层就向盆中滑动，从而形成一排排的构造。这种机制往往同基底滑移（B）所造成的盖层推覆互为补充。

如果把这几种机制连起来看，取其英文字首，正好是 A、B、C、D、E、F、G。当然，这个次序并不说明它们含油气的相对重要性。

我们的系统设想是，从三个“T”出发，考虑盆地各部的结构和形成机制 A、B、C、D、E、F、G 及其与“四 S”和“四 M”的关系，再进行对比和模拟，从“S”和“M”的各种信息和逻辑推理来选择有利部位进行油气寻找。例如四川盆地的西边是 A 型俯冲（A），东部受重力滑动的影响（G），这就应是 A+G，但中间可能还有“D”；华北盆地应是 E+F。要分别了解它们的“S”及“M”条件，这就是我们正在进行的工作。

中国的中新生代盆地是发育在古生代地台、地槽之上的，古生代也有大量的石油。原苏联的特拉菲莫克曾指出，以往西西伯利亚的大量油气产自中生代侏罗纪以后的地层，但最近钻探证实，古生代地层中油气情况很好。他甚至还说，说不定比中生代更好。另外，在东西伯利亚的相当于我国的震旦纪地层中也见到了油气。所以，找油的下限已不是过去的 5～6 亿年，而是 9.5～10 亿年。中国找油也要穿过中、新生代盆地去寻找古生代的油气，这样就扩大了找油的领域，所以研究古生代盆地的原型和这种叠加关系甚为重要。

我们想用板块理论来说明中国的中新生代构造是三叠纪印支运动、甚至更早的晚期华力西运动以来，由于板块边缘活动对板块内部原来构造进行了改造、即“变格运动”的结果。也就是说，中生代以来的构造活动改造了中国原来的构造面貌，从而产生许多新的构造形式，其中一种主要形式就是油气盆地及其多种原型。

（1981 年 7 月完稿）

中国中新生代构造与含油气盆地*

朱　夏　陈焕疆　孙肇才　张渝昌

中国大陆与沿海有数以百计的中新生代盆地，其中绝大部分蕴藏着丰富的油气资源。关于这些盆地的形成，朱夏曾认为是阿尔卑斯构造运动对前阿尔卑斯中国地台进行改造而产生的一种新的构造格局，并曾借用和引申 S.V.Bubnoff 的“变格运动”（Diktyogenese）一词来说明[1]。1980 年又指出，当时所说的阿尔卑斯运动体制是从泛大陆开始解体以来，控制了新全球构造格局的板块运动体制在中国大陆内部不同地壳块段上的表现[2]。

一、中国大陆的板块位置

众所周知，大约在 200Ma 以前，现在所有的大陆曾经联合成为一个超级大陆——泛大陆。地球科学家所面临的一个首要问题，就是要了解只有一个海洋和一个大陆的世界如何转变为具有许多大洋和大陆的世界[3]。比较莫里尔（P.Morel）与欧文（E.Irving）的“泛大陆 A”与“泛大陆 B”两张图，这一历程可以追溯到二叠纪—三叠纪古特提斯开始出现的时期。当时，世界性的泛大洋（Panthalossa）主要是在古太平洋的领域，而特提斯海则可被看作是古太平洋的一个海湾[4]。中国大陆及东南亚的一些古陆块在当时的位置正处在这个海湾与大洋之间的突出部位。

在欧洲证实古特提斯洋壳的存在是不久之前的事[5]。而中国早在五十年代就已注意到与此有关的某些现象。1974 年陈焕疆等曾认为三江褶皱带是中国大陆西部的一条主要板块结合带。最近的研究指出：该区从二叠纪开始，构造发展进入一个新的阶段，即金沙江带的解体；至三叠纪，金沙江带的新壳进一步扩张，至晚三叠世末闭合（陈炳蔚，1981）。

金沙江带的南延部分，可与沿红河发育的三叠纪蛇绿岩带相连。在它南面以班公湖—怒江缝合线为代表的特提斯洋壳大致在晚侏罗世闭合（李恒让等面告），它的南延部分可能是存在于泰马半岛与印支地块之间的缝合线[6]，是否还与加里曼丹的侏罗纪蛇绿岩带相连，有待于进一步探讨；更南的雅鲁藏布江带在晚白垩世—早第三纪尚有洋壳开张和闭合的过程，它南延进入缅甸与阿拉干山的蛇绿岩带相接，并于始新世末发生印度板块对青藏板块的碰撞。

在中国大陆以东，以日本、琉球、台湾到菲律宾，存在一条晚华力西褶皱的“镶边”。在泛大陆破裂前，古太平洋的大陆边缘并无俯冲作用，松本认为：环太平洋活动带随地质

* 原载《地质学报》，1983，第 3 期。

年代的推移，其构造格局也发生演变，即从古生代优地槽和冒地槽经中生代的过渡演变到晚新生代的岛弧[7]。这种中生代过渡性格局显然涉及太平洋板块同特提斯板块之间的相互关系。据 Hilde 等太平洋及特提斯之间区域曾有一条中生代—中第三纪的洋脊体系，该洋脊大体上为东西向，并被一些近南北向的转换断层所切割[8]。

总之，在中国大陆东西两侧，在中生代的大部时期内，基本上以目前的 U 字形的方式通过为南北转换断层所错开的近东西向的特提斯俯冲带而互相联结。在此作用下，中国东南部虽然还没有取得特提斯洋壳的确切证据，但发生在广大地域内的强烈的印支—早燕山期构造与岩浆活动不能不归因于这一联结带的自南向北的推挤与南北向断层的共同影响。太平洋和印度板块对中国大陆所施加的影响是后来在这一基础上开展的。

二、中国的中新生代变格运动

如上所述，自古生代末以来的新的运动体制下，中国西部经历了：（1）从三叠纪末—侏罗纪末古特提斯与早特提斯洋壳的俯冲（金沙江与怒江缝合线的封闭）；（2）白垩纪末—第三纪初特提斯洋壳的最后闭合（雅鲁藏布江缝合线）；（3）晚第三纪印度板块的碰撞这样三个重要的阶段。而中国东部的发展过程是：（1）中生代时太平洋板块向北错动；（2）第三纪早期太平洋板块转为北西西向俯冲；（3）第三纪晚期形成了西太平洋沟、弧、盆体系。尽管特提斯与太平洋活动的时间不同，但彼此影响，使大陆内部发生了三次构造格局的变化，从而以多种机制形成了不同类型的中新生代盆地[9]。在大陆内部的三次变格运动，其时间大致为印支—早燕山、晚燕山—早喜马拉雅期及晚喜马拉雅期—新构造运动期。

这里暂将印支和早燕山运动作为第一期变格运动。尽管早燕山运动的强烈程度有时超过了印支运动，但上述基本大地构造格局的形成应归功于印支运动（图 1）。早燕山运动期间在印支隆起背景上发育了断陷—坳陷的转化（如松辽）和火山岩的喷溢，在印支沉降范围内出现了沉积与坳陷中心的迁移（如四川、鄂尔多斯），在印支的挤压基础上发生构造与岩浆作用的强化及较大规模的基底滑移与逆掩断层等（如东南地区），实质上仍都是印支变格作用的继续发展和加强。由于第一期变格运动，使得昆仑—秦岭—淮阳作为南北分界，贺兰—龙门—玉龙作为东西分界，中国板块地壳被分为四块❶。西南块（西藏）在中生代被海水覆盖。其他各块，除个别地段外，已和中生代海区相隔离。西部印支褶皱带的东缘发生了 A 式俯冲（A-Subduction），沿着四川盆地的西北和西缘造成了强烈的推覆与褶皱，侏罗纪时沉积中心东移。秦岭的西段也因印支运动而封闭，并分段发生向北和向南的推覆。祁连、东昆仑的北缘可能也有过向北的推移，但已为后来的大规模北西西向平移断层所改造[9]。准噶尔盆地在继续沉降中受到逆掩作用的影响，塔里木盆地的分裂性断陷也于三叠纪晚期开始。柴达木、吐鲁番山间断陷已具雏形。贺兰山南北向构造带虽可看成是古祁连地槽向地台分支的坳拉谷（Aulacogen），回返较早，但从鄂尔多斯西缘的巨厚

❶ 华北块段与东北块段早期的发育情况相同，后期则有了分化。准噶尔与塔里木的基础不一，早期有所差别，后期又趋于一致，故按四块论述。

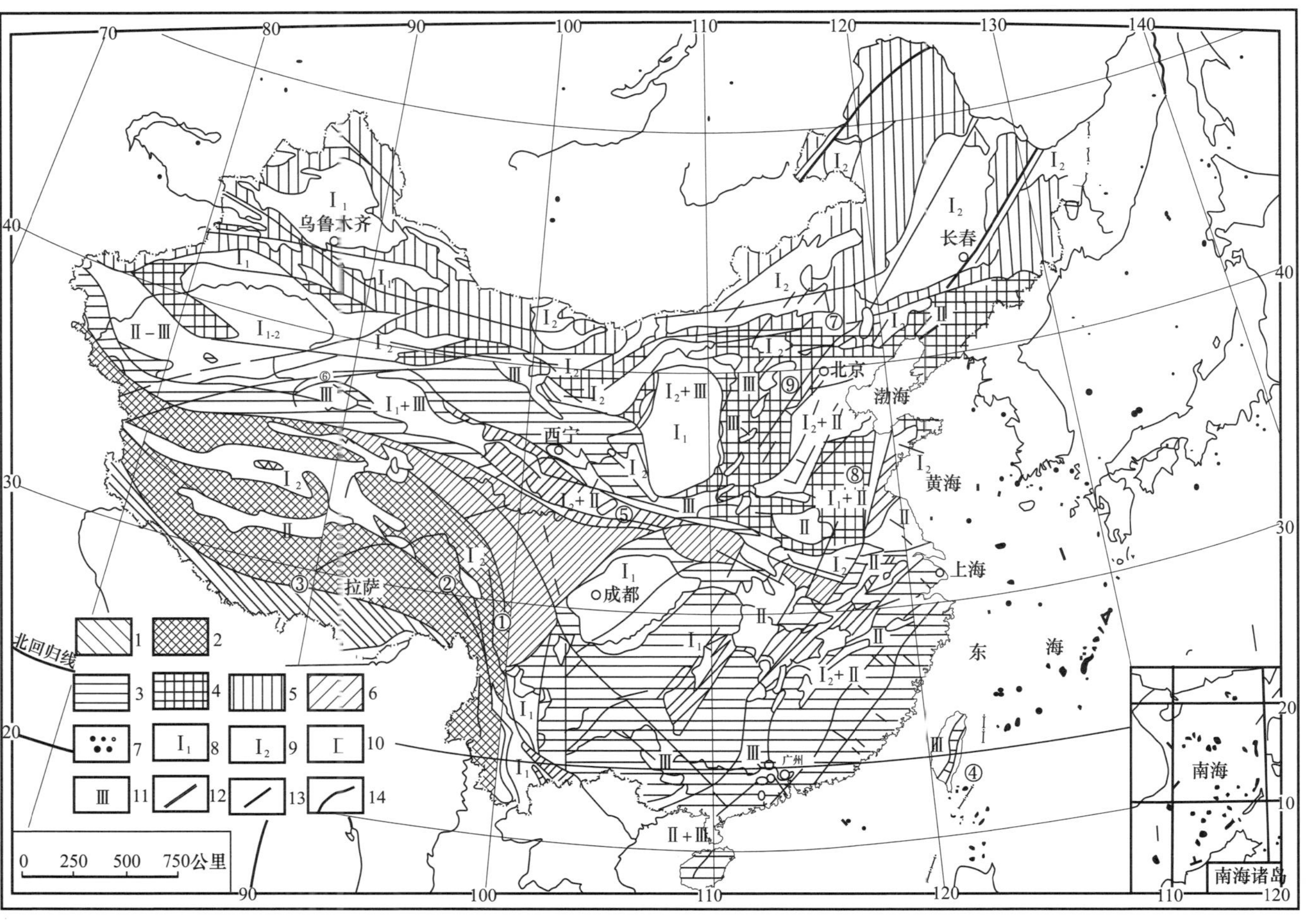

图1 中国中新生代构造分区和油气盆地略图（不包括海区）

1—印度板块（冈瓦纳）；2—青藏板块（特提斯）；3—中国板块（华南区和秦岭、祁连、昆仑地区）；4—中国板块（华北区和塔里木区）；5—中国板块（东北区和西北区）；6—印支期造山带；7—菲律宾海板块；8—印支期为主的含油气盆地；9—早燕山期为主的含油气盆地；10—晚燕山期至早喜马拉雅期为主的含油气盆地；11—晚喜马拉雅期为主的含油气盆地；12—板块缝合线：①金沙江缝合线，②怒江缝合线，③雅鲁藏布江缝合线，④台东大纵谷缝合线；13—断裂带或断裂；⑤昆仑秦岭断裂带，⑥阿尔金山断裂带，⑦阴山断裂带，⑧郯庐断裂带，⑨紫荆关（太行—武陵）断裂带；14—地质界线三叠纪沉积来看，盆地的形成是受这次来自古特提斯的印支运动的影响；西部边缘在早燕山期有所改造。在中国东部由于这次变格运动及稍后的燕山早期运动，使南北两大部分终于结合在一起，而且南部整体地向北部（中朝地台）推掩。在郯庐断裂以东，扬子地台向北移动数百公里，盖层中发生了逆掩和重力滑动，在此以西，北部曾向南发生俯冲，这一活动的结果虽已被后来（第二次变格运动）的北西西向走向断层滑动所改造，但在某些地区如淮北的上古生代地层中仍留下了向北倒转与逆掩的构造形迹❶（图 2）。

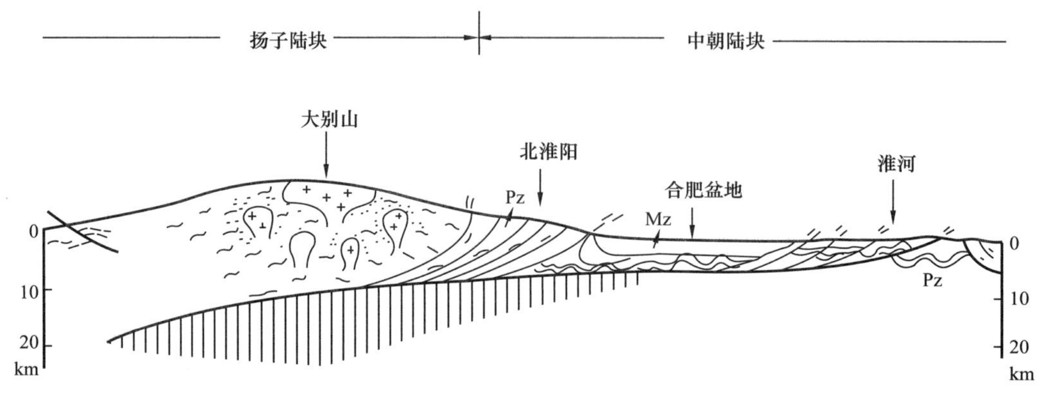

图 2　表示扬子陆块对中朝陆块推掩的模式（据徐嘉炜改编）

在我国东南部，过去曾经过晋宁、加里东及华力西期造山运动的地区，由于这次变格运动造成了基底滑移。如雪峰、罗霄、武夷山都出现了向西或向西北突出的“眉毛状”弯曲。盖层中也发育了向北（如苏南）或向西的逆掩（如湘中），使得晚三叠纪—侏罗纪的盆地在此基础上形成和改造。

华北地台的东部在这次变格中主要受到北北东向断裂（如郯庐）平移活动的影响，同时又相对于西部（鄂尔多斯）成为早期的隆起地区。东北地区也是如此。在隆起背景上，经历了后期的（侏罗纪—早白垩纪）演化，出现了由断陷转化为坳陷的盆地，如松辽盆地和华北某些地区的残留的中生代盆地。

总之，这一期的变格运动，主要是在特提斯的影响下，改变了原来中国大陆的构造格局，形成了大陆地壳新的块段，并对不同地段上盆地的形成、发育起了重要作用。

中生代末—第三纪初发生了第二次重要的变格运动。这一时期的地壳缩短表现为大规模的走向滑动断层（Strike-slip Fault）。当特提斯洋壳封闭和印度大陆向北接近时，位于印度和欧亚板块之间的稳定部分的区域，向东比向西更易移动[10]。考虑到此时作用于太平洋边缘的主要还是南北向的转换而不是向西的俯冲，而且当时（晚白垩世）由于北大西洋的开启，劳亚大陆正相对于冈瓦纳作右旋运移，所以向东移动的阻力更小。这种向东移动是通过在古亚洲台槽镶嵌体中业已存在的东西至北西西向断裂进行的。沿着祁连—秦岭—淮阳一线，北西西向的平移断裂改变了过去的山前挤压状态，在与滑移相伴随的拉张与升降活动中形成了从祁连山前直至中原地区的一系列北西向的盆地。在此影响下，原来左旋活动的郯庐断裂转为右旋，使冀鲁豫苏的一些含有重要油田的北东东向断陷被拉张。其结

❶ 徐嘉炜等，1981，中国东部中生代南北陆块的对接——论大别山碰撞带及其意义。

果使整个华北大陆及其附近海域（黄海和部分东海地区）向太平洋伸展扩张，一直延到大陆边缘的琉球一线（直到第三纪晚期琉球弧形成时才受到阻挡），这种地壳的拉张减薄是通过壳幔之间或地壳内部的犁式（Listric）滑移面进行的❶，在滑移面以上产生了一系列箕状断陷，并有巨厚的第三纪沉积，最后才转化为新第三纪以来的坳陷。中朝地台在第二次变格运动期间由东升西降的格局变为东降西升。在转换的部位发生了新的变动。太行、雪峰、武陵等山的断裂活动在此时发生。山西高原的隆起为后来的地堑断陷提供了基础。雪峰、武陵以西的地台盖层向四川盆地中部以重力滑动的方式产生了川东的平行褶皱带。

第二次变格运动的特点是西部的特提斯构造活动主要通过沿北西西向古断裂的滑移，对东部发生重大影响，使原来的四块地壳块段发生新的分化，分为青藏、天山南北、川滇、华南、贺兰—太行、太行以东、吉黑、东海等块段。由于垂直运动在各地壳块段中普遍加强，出现了从晚白垩世开始发育的许多新盆地与断陷。

第三次变格运动发生在上新世和更新世。这是青藏高原隆起时期。当时的太平洋和菲律宾洋壳已转向北西西向推移，因之原来的向东滑移已不能继续进行，印度板块与欧亚板块碰撞的结果表现为强烈的隆起和地壳的增厚。古亚洲构造域中的古生代褶皱系也因此“复活”，在昆仑山、祁连山前、天山南北甚至秦岭以北都发生了强烈沉陷，产生了厚达数千米磨拉石沉积物的坳陷带，并伴生有强烈的褶皱和逆掩。类似的影响还波及龙门山前、贺兰—六盘山带及滇西这一南北带上。与此同时，滨太平洋地区表现为新弧沟体系的形成和弧后的强烈沉降与扩张。所以通过这次变格，西藏高原的世界屋脊得以定型，琉球弧沟的俯冲，冲绳海槽的裂开，东海的沉降，台湾弧的逆转，南海的扩张，又使得以“花綵列岛”为点缀的中国东部大陆边缘显示了特色，从而决定了现代中国地质地貌的特征和盆地中的油气赋存状态。

三、中国中新生代盆地的形成和演化机制

上述的变格运动控制了中国不同地壳块段上中新生代盆地的形成、演化和改造，同时也使古生代的盆地改变了格局。关于这些形成机制，我们已另有论述❷，为方便计，这里按它们的英文字母序列略加说明，这种顺序并不表示在含油气性方面的相对重要性。

1. A 型俯冲（A-Subduction）（图 3）

基底相对于新生褶皱带的俯冲。包括褶皱带的前渊及其下伏的为逆掩断层所复杂化的地台边缘部分。四川西部可以作为这种机制的代表。它可以同落基山以东包括加拿大西部盆地的模式相比拟，但时代和规模有所不同，并更多地受后来构造运动的影响。

2. 基底拆离（Basement Decoupling）（图 4）

产生在基底内部的拆离作用。主要以中国东南部雪峰—加里东（海西）期褶皱基础上发生的阿巴拉契亚或风河式推掩为代表。盖层中同样有逆掩断层发育，影响到晚三叠世—

❶ 朱夏，1980，试论中国中新生代油气盆地的地球动力学背景。《中国中新生代盆地构造和演化论文集》，科学出版社。

❷ 朱夏，1981，板块构造和中国石油地质。见本论文集第七篇。

早侏罗世盆地，并使古生代的沉积盆地受到改造。

3. 碰撞（Collision）

发生在大陆板块之间的碰撞。最显著的是新生代晚期印度板块对欧亚板块的碰撞作用引起了昆仑、祁连、天山等古褶皱山系前的大规模磨拉石坳陷发育，使得准噶尔、塔里木、柴达木等盆地有了新的构造面貌。对此，黄汲清曾做了很好的论述[11]。

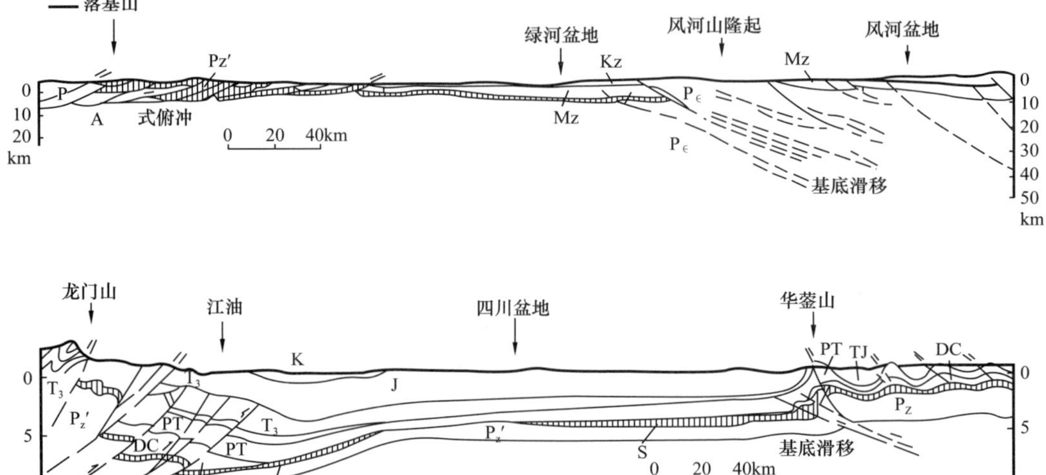

图 3　表示北美落基山至风河山隆起（据 A.W.Bally et al.1980）和中国龙门山至华蓥山的构造对比（据郭正吾改编）

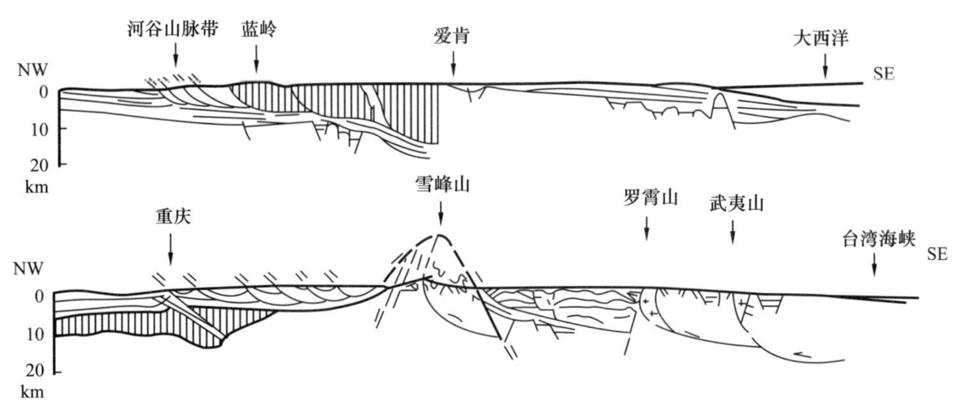

图 4　表示北美阿巴拉契亚和中国板块华南区的构造对比

4. 差异沉降（Differential Subsidence）

由壳幔调节引起的以垂直运动占优势的差异沉降作用是盆地形成的普遍现象。如华北地壳块段早期（T_3—J_1）的西降东隆与后期（K_2—E）的西升东坳；松辽盆地的断一坳转化及其与莫霍面的倒影关系反映了这种机制的深部根源。

5. 拉张（Extension）

除了上述与壳幔调节有关、并最后转化为坳陷的拉张断陷以外，还有许多发生在地壳范围以内的由于隆起（包括 A 与 B 的影响）而派生的断裂。特别是第二次变格的块断作用，曾在不同地壳块段上产生了大小不等的地堑或半地堑盆地，不过这种拉张的规模比较有限，未能达到裂谷的程度。南海则已实现洋壳的扩张。

6. 断裂走向滑动（Fault-Strike slip）

曾在第二次变格运动中发生过重要作用。沿北西西向古断裂的向东滑移和郯庐断裂平移方向的改变曾产生了中原和华北的北东东向与北西西向盆地。同北美西部的巨剪切断层（Megashear）有关的盆地比较，它们在形态上近似于“大盆地型”，而在沉积厚度上则部分可与“加利福尼亚型”相比，不过一直处于张应力的作用下。

7. 重力滑动（Gravitational Sliding）

常与 A、B 两种机制相伴随（如川西、苏南、湘中），是盆地演化过程中的一种重要改造方式。四川盆地东部的北北东向平行褶皱带可能是在第二次变格期间由于向盆地的重力滑动或其辅助作用下产生的，深浅层构造形态不相符合。

这些机制并不是各不相关的。它们可被看作是盆地的“原型”（Prototype）。不同的机制提供了不同的控制油气形成产出的沉积、构造、演化、保存等条件。许多中新生代的大型盆地是在变格以前的复杂基底上通过多旋回的发展而形成的，所以盆地的各个部分可有不同的演化机制。例如四川盆地西部的 A 式俯冲，中部的沉降，东部的重力滑动。在这种情况下寻找油气的工作必然要在盆地的不同部分分别考虑不同的沉积序列、不同的构造关系和不同的油气藏类型等因素。同时，大部分中新生代盆地叠加在受变格运动影响的不同类型的古生代盆地之上。复杂的叠加关系提供了多种油气赋存条件，包括同不整合面、潜山、披盖构造、生长断层等有关的圈闭。如果对古生代油源岩的成油条件来说，“后来的深埋是必要的”，那么这种由变格运动造成的叠加关系对古生代油气资源的探索就有重要意义。

通过对板块构造运动体制下盆地形成机制的分析，通过对盆地的多机制组合和多旋回叠加的研究，中国油气资源的领域必将不断地扩大。

参考文献

[1] 朱夏. 我国陆相中新生界含油气盆地的大地构造特征及其有关问题 // 大地构造问题. 北京：科学出版社，1965.

[2] Zhu. X. and Chen. H. J. Tectonic evolution of chinese petroleum basins. “Revue de I’ Institut Francais du Petrole”，1980，vol.35，no.2. Paris.

[3] Washington.D.C.Continental Margins.geological and geophysical research.needs and problems.National academy of Science，1979.

[4] Dickinson.W.R. Plate tectonic evolution of North pacific Rim. “Journal of physics of the Earth”. Supplement，1978，vol.26.

[5] Hsu.K.J.Tectonic Evolution of the Mediterranean Basins.in A.E.M.Nairn et al.（ed）“The Ocean Basins and Margins”，1977，vol.4A.

[6] Ridd.M.F. Possible Paleozoic drift of SE Asia and Triassic collision with China. “J.Geol.Soc.London.”，

1980，vol.137，no.5.
[7] Matsuda.T.and Uyeda.S. On the Pacifictype orogeny and its model. “Tectonophysics”，1971，vol.11.
[8] Hilde.T.W.Uyeda. C.S..and Kroenke.L. Evolution of the Western pacific and its margin. “Tectonophysics”，1977，vol.38.
[9] 朱夏 . 中国东部板块内部盆地形成机制的初步探讨 // 石油实验地质（1），1979.
[10] Tapponier.P.and P.Molnar.S/ip–line fields large scale continental tectonics. “Nature”，1976，vol.264.
[11] 黄汲清，陈炳蔚 . 特提斯—喜马拉雅构造域上新世—第四纪磨拉斯的形成及其与印度板块活动的关系 // 国际交流地质学术论文集 1. 北京：地质出版社，1979.

（1981 年 8 月完稿）

中国大陆边缘构造和盆地演化 *

朱　夏　陈焕疆

在泛大陆解体之际，古中国大陆位于泛太平“洋”与特提斯“湾”的连接部位。特提斯与太平洋是由一条中生代扩张脊带连接起来的，它主要走向东西，并已俯冲到亚洲大陆边缘之下。由于有一系列南北向转换断层，这一条带已被切截为若干不连续的段落，从印度支那经过中国到西南日本还可局部地辨认出来。中国南部及邻区的中生代历史很大程度上受这些俯冲和转换断层构造所控制。重要的变格运动主要地发生在印支—早燕山、晚燕山—早喜马拉雅期及晚喜马拉雅期—现代等三个阶段。大陆边缘盆地及其组成部分的油气远景可以通过板块构造的分析进行评价与预测。

一、中国的大陆边缘

泛大陆（pangea）的形成和分裂是显生宙地质历史中的划时代事件。最近，根据古地磁资料的重新拟合，莫里尔与欧文（P.Morel 和 E.Irving，1981）提出了一个 2.8 亿年前的泛大陆，称之为“泛大陆 B”（Pangea B），并将公认的约 2 亿年前的泛大陆命名为“泛大陆 A”（PangeaA），从而给我们提供了一个运动着的泛大陆模式（图 1）。

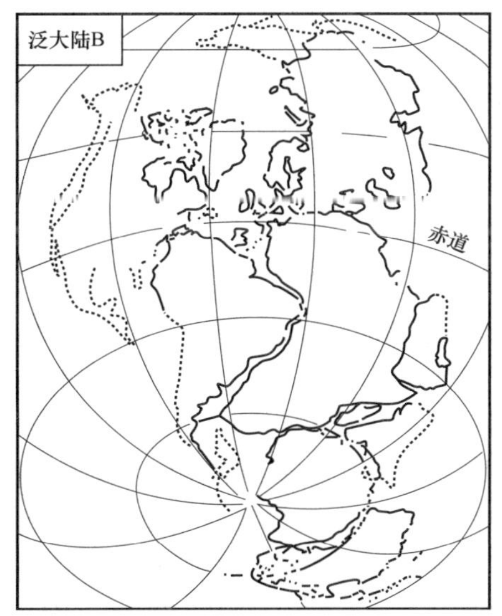

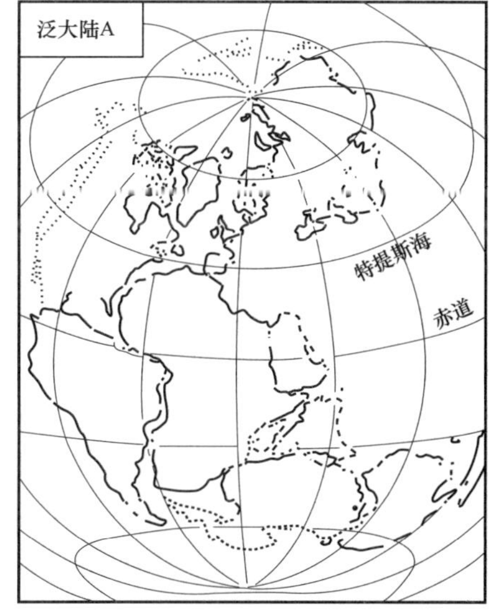

图 1　泛大陆 B 与泛大陆 A 对比图（据莫里尔与欧文，1981）

* 《石油实验地质》，1982，第 4 卷，第 3 期。

由此可以区分出“泛大陆 B”以前和“泛大陆 A”以后两个明显的地质历史阶段，分别相当于我们以前（1965，1980）所称的“两个世代”和“两种构造运动体制”。而在两者之间的大约一亿年期间（自石炭纪最晚期—三叠纪晚期）也正是我们（1978）所指出的“过渡阶段”。因此在考察油气田的形成分布规律时，不能不重视这种地史阶段的划分对中新生代、晚古生代与早古生代油气盆地形成、发展和改造的重要性。

从泛大陆的形成到分裂期间，全世界只有一个大陆（Pangea）和一个大洋（Panthalassa），值得重视的是：（1）在这一大陆和这一大洋之间的边缘上，在大陆的晚期破裂以前，并不需要有俯冲作用（Dickinson，1978）；所以布瓦（Boio，1980）等称之为“初级”的或“边缘”的活动带，松本更明确地指出：“环太平洋活动带随着地质年代的推移，其造山运动构造格局的模式也发生演变，即从古生代优地槽和冒地槽的格局经过中生代的过渡性格局向晚新生代的岛弧格局演变”。（2）从泛大陆 B 的后期到泛大陆 A，泛大陆的分裂以晚二叠世到早中三叠世的古特提斯洋壳的发展为先声。这一洋壳整体地呈漏斗状从太平洋西岸向现代的地中海东部收缩，成为泛太平洋的一个“海湾”，而部分中国大陆及东南亚则以微陆块的位置处在这一海湾与大洋之间。（3）由于中国大陆所处的这种大地构造位置，它的边缘的构造演化必然同“特提斯湾”及其与泛太平洋的交接部位有密切的关联。

就中国西部来说，泛大陆 B 期间在古生代地槽褶皱的基础上，扬子地台曾和青、藏及邻区的一些微陆块连接成为一个整体；二叠纪—三叠纪时金沙江以东的古特提斯洋壳扩张是在这一统一基底上发生的。两个世代、两种构造体制的转变和过渡关系主要表现为北面的中亚—蒙古地槽的关闭固结和南面泛大陆 B—泛大陆 A 构造演化过程中因大规模平移拉张而打开了古特提斯洋壳。由于陆壳的解体和洋壳的扩张超过了古生代时期的“手风琴式”活动规模而达到了足以产生洋壳俯冲的程度，从而标志了板块构造阶段的开始。这个二叠纪—三叠纪的古特提斯洋壳在五十年代已引起了中国地质家的注意，而在欧洲，直到 1977 年，许靖华才根据从罗马尼亚获得的资料，提出：“可能我们终于找到了已经消失掉了的三叠纪特提斯”。

当上述金沙江带的古特提斯洋壳在三叠纪末期封闭并造成规模壮伟的印支褶皱带以后，在它的南面相继出现新的洋壳扩张。班公湖—怒江带大致在晚侏罗世封闭，雅鲁藏布江带则在晚白垩世—早第三纪尚有洋壳开张和闭合的过程。至晚第三纪洋壳扩张脊移到印度洋时，印度板块对青藏板块的碰撞导致了喜马拉雅期运动的高峰。金沙江缝合带南延可达红河的蛇绿岩带，班公湖—怒江带大致与存在于泰马半岛的缝合带相连，雅鲁藏布江带则折入缅甸境内。它们先后相继地构成了中国西部的中、新生代大陆边缘。

这一边缘的向东延展及其与太平洋板块发展的关系，对于南海和东海盆地的形成与演化具有重要意义。亚洲东部与太平洋之间，在泛大陆 B 期间曾经有一条地槽“镶边”（晚华力西到印支），从日本经琉球、台湾、菲律宾以迄加里曼丹，在这一时期，太平洋并没有向亚洲俯冲的迹象，这是中国和亚洲的原始东部边缘，在泛大陆 A 以后才改变了这种情况。Hilde 等曾提出：“在这一地区的关键性特色是曾经有过一个从中生代到第三纪的连接特提斯——印度洋与太平洋的洋脊体系。它们大体上是沿东西方向延展的”，“并为一系列南北向的转换断层所错开”。我们认为，这一概念值得重视，并可据新近的资料来加以进一步申述。

二、太平洋与特提斯的联系

据 Hilde 等的意见，太平洋板块是在约 185Ma 前从库拉、法拉龙和菲尼克斯板块间的扩张脊三联点中心开始发育的，由日本向南延伸的断裂带是库拉板块和特提斯板块的边界，此外它又是太平洋板块的西界。在约 40～45Ma 前太平洋板块的运动方向变为北西西，特别是约 25Ma 以前洋脊系发生变化以前，对亚洲的东缘和南缘发生构造影响的是这种近南北向的转换断层，并主要表现为左旋平移（图 2）。

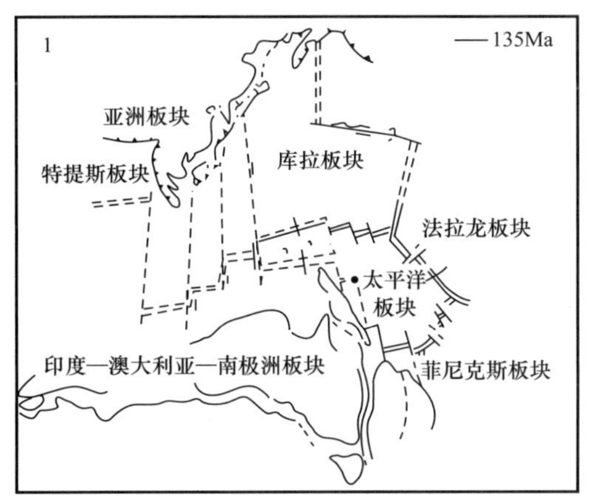

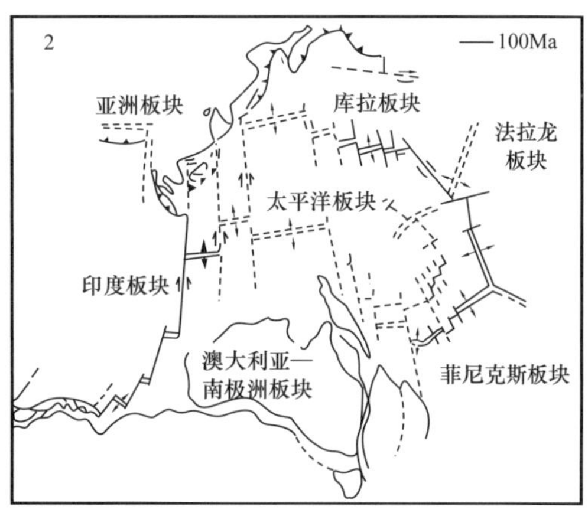

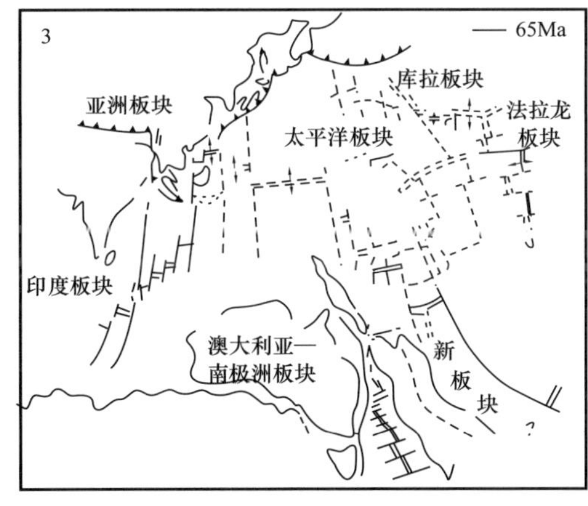

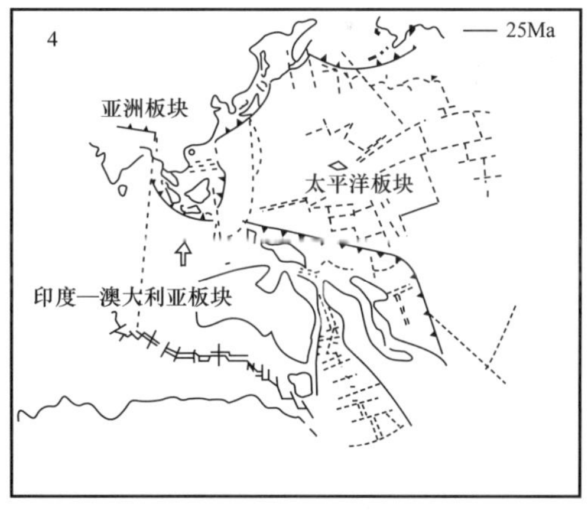

图 2　太平洋板块与特提斯—亚洲板块演化关系示意图（据 Hilde 等，1977）

Otsuki 和 Ehiro（1978）研究日本的主要平移断层得出的结论是：作为库拉—太平洋板块西界的转换断层位置应在近南北向的系鱼川左旋剪切带及其南延的伊豆—小笠原弧一带。后来由于太平洋运动方向的改变，才从转换剪切带转化为弧沟体系。他们认为：东北本州的白垩纪岩浆作用是由于库拉—太平洋脊的下降，而西南日本、朝鲜和锡霍特—阿林地区的晚白垩世至早第三纪的酸性岩浆活动是由特提斯脊的俯冲引起的。从 Scott 与

Kroenke（1981）提供的材料，可以认为帛琉—九州洋脊曾经代表了 Hilde 等所指的太平洋板块的西界，也就是太平洋与欧亚—特提斯之间最东面的第一条近南北向的转换断层。它在 40 多百万年前才转变为向北西西的俯冲，从而依次向东拉开了东菲律宾海的 Parece Vela 盆地（断陷），形成西马里亚纳脊和今天的马里亚纳弧沟。Klein 与 Kobayashi（1981）则认为在 40～50Ma 以前，当帛琉脊还是一个转换断层时期，西菲律宾海是一个被圈闭的特提斯洋壳，其中存在着近东西向的特提斯扩张脊和南北俯冲带，后者的影响及于西南日本。上田和都城（1974）指出：四万十地槽形成的确切时间还不清楚，但可能是在侏罗纪末期，即大约 1.5 亿年前。这很可能同早已存在的特提斯的向北俯冲带有一定联系。四万十地槽的北东东走向在九州西岸以 60 度的“北萨弯曲”转折向南，这一转折正好同 Klein 与 Kobayashi（1981）标示的第二条南北转换断层相接近，我们认为该断层大体上以北北东方向通过东海的“钓鱼岛隆起”（旧称台湾—实道脊），北与对马岛与五岛列岛相连，向南则通过冲绳与先岛（八重山）列岛之间。在这里，它们的构造环境与菲律宾海的帛琉脊颇相近似，当它由转换断层改变为俯冲带时，与 Parece Vela 断陷相对应的是冲绳海槽的拉张，而琉球弧沟则相当于马利亚纳弧沟，不过琉球弧沟发生的时代较晚（20 多百万年前），而且被拉张的部分涉及原来属于欧亚克拉通边缘的陆壳（华力西—印支褶皱带）。

在这第二条南北向转换断层之西，沿克拉通边缘之南，同样有一条近东西向的向北俯冲带。Kizaki（1978）指出：南琉球（八重山）同北、中琉球（奄美与冲绳）是属于不同体系的。八重山变质岩的原始走向应为东西向，它的变质作用完成于侏罗纪末，此后该区即处于稳定状态。这一东西向俯冲带的往西延展，由于晚第三纪时台湾与菲律宾的复杂构造变动，虽已难以追溯，但是从台湾北部变质岩（包括侏罗纪）核部构造走向为北东东及孟昭彝（1970）提出的上新世以前琉球弧一度曾向西延伸穿过台湾岛现今的位置而达到西海岸澎湖列岛等意见，都或多或少地说明在第二条和第三条南北向转换断层之间在中生代时有过近东西向的特提斯俯冲带，在这条俯冲带以北，是中国大陆克拉通。

第三条近南北向转换断层可能存在于浙闽沿海，它同陆上的一些北北东向“深大断裂”关系密切，并可与朝鲜南部平移断层相联系。连接福建沿海与朝鲜南部的“福建岭南构造带”，很难被认为是中生代俯冲带的岛弧，可以设想侏罗—白垩纪时，曾在这里有过近南北向的与特提斯东西扩张脊联系的并曾切穿陆壳的一种“易漏的转换断层”（上田），它已为许多北西向断层所错断。

在这条转换断层以西，南海北部大陆架边缘构造脊的存在和海底发育的大陆坡，标志着这里是大陆地壳终止和开始导向洋壳发育的过渡地区。地球物理资料表明南海海盆北缘不仅有明显的北东东向构造带，而且有一段相当宽的近等轴状正异常为特征的北东东走向的高磁异常带，可能是基性、超基性岩的反映。这类近东西向磁异常带，本·阿弗拉罕和上田（Z.Ben—Avraham 和 S.Uyeda，1973）曾认为它反映了晚侏罗世—早白垩世南中国海盆的海底扩张。联系湘粤一带印支—燕山期花岗岩体的东西向展布和其他一些与“南岭纬向体系”有关的构造现象，似可表示中国大陆南部曾受到过东西向特提斯扩张脊的向北俯冲和南北向左旋平移断层的联合影响，并曾有过向北和向北西的推挤。南海的近东西向和北东东向扩张轴（32～17Ma）可被看作是特提斯在"新特提斯"（Neotethys）期的重现。可能的古俯冲带（包括蛇绿岩套）已因南海海盆新的扩张，一部分被推移到菲律宾群岛西侧、南巴拉望和加里曼丹一带，而留在南海北缘的部分则表现为大陆边缘的残留弧（构造脊），在海底则以大陆坡形式出现。再往西，海南岛以西，越南东侧狭窄的大陆架边缘的一条南北向大断裂（M.Mainguy，1968），明显地截切了印支大陆上的北西向构造线，在晚白垩世和早第三纪初期有安山岩、英安岩和流纹岩类的岩脉沿此方向展布，第三纪晚期又有广泛的玄武岩喷溢（K.T.Tran 等，1973），它可能就是第四条转换断层的位置。经过这第四条转换断层，近东西向扩张轴就可以直接或间接地与西部特提斯俯冲带联成一体。

据此分析，中国大陆东西两侧，由特提斯到太平洋，在中生代的大部分时期，基本上以 U 字形方式通过为南北转换断层所错开的近东西向的俯冲带而互相连接。在此作用下，不仅在中国西部发生了世界上规模最大的印支褶皱，中国东南部在自南向北的推挤下发生强烈的印支及早燕山运动，而且对南海、东海乃至黄海盆地的形成和演化有着重要影响。

三、变格运动与大陆边缘盆地的构造演化

如上所述，随着泛大陆 A 的解体，中国西南部分的大陆边缘构造的演化经历了以下几个重要阶段：（1）二叠纪—三叠纪金沙江古特提斯洋壳的开张和封闭；（2）晚期侏罗纪和早期白垩纪班公湖—怒江和雅鲁藏布江特提斯洋壳的扩张和关闭；（3）晚期白垩纪到早期第三纪雅鲁藏布江缝合线的形成；（4）晚期第三纪以来印度板块的碰撞。同样，中国东南部分的大陆边缘构造的演化也可分为以下几个时期：（1）二叠纪—三叠纪作为古太平洋大陆边缘的华力西—印支褶皱，看来不需要有俯冲作用；（2）晚期侏罗纪开始和白垩纪太平洋强烈扩张并向北或北东移动，同特提斯与中国板块之间产生相对错动；（3）早期第三纪太平洋板块转向北西西俯冲；（4）晚期第三纪以来西太平洋沟、弧、盆体系的发育和差异沉降。东西两面的活动虽无严格的同时性，但基本上彼此呼应，出现了三次构造格局的变化，并控制了陆上和海区盆地的形成和演化。

第一次变格运动发生在印支—早燕山时期，以特提斯洋壳俯冲和太平洋洋壳形成、平移为标志，提供了大陆边缘盆地发育的基础。

在陆上，古特提斯二叠纪—三叠纪洋壳的俯冲，造成了中国西部印支褶皱带前沿的推掩。例如，四川盆地的西北和西缘发生过基底对于盖层的俯冲即 A 式俯冲（A-Subduction），在上冲带造成了盖层的强烈推覆，在推覆体前缘产生了前渊（Foredeep）与成排的山麓褶皱构造。秦岭西段也于此时间封闭，并发生向南推掩，使印支期大陆边缘（即甘孜、阿坝地区）有过盖层滑移。在中国东南部印支—早燕山运动同样表现得十分强烈，它是在已褶皱的基底上发生的；由于当时太平洋与中国板块之间主要是南北相对扭动，所以这一作用是南中国海域的东西向特提斯洋脊的俯冲与南北向转换断层平移活动相结合而产生的影响。例如中国南部大陆整体向北推移，封闭了残余的印支地槽（秦岭—淮阳和右江褶皱带），发生了基底滑移（Basement Ramp）或拆离（Decoupling），盖层中发育了向北（如江

苏—南黄海）或向西（如湘中）的逆掩，使得晚三叠世—早侏罗世的盆地在此基础上形成和改造。同时由于特提斯热板块低倾角俯冲和基底拆离的作用，还造成华南大陆边缘和内部异常广泛的幔源型（I型）和壳源型（S型）岩浆活动，沿着转换断层有大量中酸性岩浆流溢。

在海区，此时形成了古南海北缘和东海南缘（八重山、台湾）的活动大陆边缘；但距活动边缘稍远的地方，如东海的克拉通基底上和南海活动大陆边缘的弧后盆地内，由于海侵作用，可能保存有未经变质的中生代海陆过渡相盖层沉积。

第二次变格运动以晚燕山和早喜马拉雅期特提斯洋壳的封闭和太平洋洋壳运动方向的转变为特色，现今大陆边缘盆地开始形成。

这一时间的重要特点是：地壳缩短的机制是通过大规模断层走向滑动（Faults Strike Slip）来实现的。当晚侏罗世—早白垩世特提斯洋壳封闭之际，作用于西太平洋大陆边缘的仍然是南北向的转换断层；因此，特提斯构造域的构造活动主要是通过古亚洲域台槽镶嵌体中业已存在的东西至北西西向断裂进行的，其结果使中国东部大陆边缘向太平洋蠕散扩张形成盆地，例如在东海海区内向东增厚的沉积楔状体有较大的分布范围。这种北西西向的平移活动，在浙闽沿海十分普遍，它们可能在东海的基底上有所反映，造成东海盆地"南北分块"的格局。此外，南海北缘地区的俯冲作用此时趋于停止，并且由于中国东南部的总的上隆拉张（包括海区范围在内），广泛出现了断陷盆地。值得注意的是：在断陷—坳陷转化过程中，陆上盆地例如古松辽湖，古渤海湖曾遭受多期海侵，这种淡化海水内侵型陆相沉积，反映了一种特殊的"滨海岛湖"（多凸多凹）环境，勘探证实它们具有良好的含油气性。位于它们以东的海区，从古长江（湖北到江苏）、古珠江（广东三水盆地）等已发现的海相夹层来看，表明在这一时期的大陆边缘盆地（东海盆地和南海北缘盆地）内，由于更接近陆棚海，理应有更为发育的海相沉积存在，作为一种"陆棚岛湖"盆地，可以预测它对找油将更为有利。

第三次的变格运动以晚喜马拉雅期为代表的印度板块的碰撞和西太平洋岛弧体系的完成为标志，最终决定了中国大陆边缘构造的面貌和大陆边缘盆地内油气的具体赋存状态。

大约40Ma前，太平洋板块运动方向转变为北西西向俯冲，从而使特提斯域不再向东滑移，其结果迫使青藏高原急剧抬升，差异升降（Differential Subsidence）运动在这时期占有重要地位，中国大陆边缘盆地总体上表现为新弧沟体系的形成和弧后的强烈沉降、扩张。前已述及的菲律宾海从西向东拉开了帕里西维拉（Parece Vela）盆地，逐步形成的马里亚纳弧沟体系，与之相应的琉球弧的俯冲与冲绳海槽的拉张，均属于这一变格运动范畴。南海新洋壳的形成（32～20Ma）和进一步的扩张（20～17Ma），也在这一阶段形成一个崭新的被动型大陆边缘。

对比之下，可以概括地说：东海盆地的演化是从稳定的克拉通边缘和被动大陆边缘转化为主动大陆边缘（或拉张型转化为挤压型），而南海北缘珠江口外盆地则是从主动大陆边缘向被动大陆边缘演化（或挤压型向拉张型的转变）。对中至上新世勘探目的层来说，前者应重视早期同沉积楔状砂岩体的调查，后者则应加强同沉积期的各类背斜构造的勘探。与此同时，还不能忽视老第三纪以至中生代的相应目的层，以及时地开拓新领域。

南海的演化同东西向的特提斯洋脊在早中生代的消减与在晚第三纪的新的扩张有密切关系，而菲律宾海、东海、黄海乃至渤海的形成则恰好可与上述东西向扩张脊相配套的几条南北向转换断层相联系。这几条断层由于所处的位置不同（洋壳、陆壳边缘、陆壳内部），演化的过程和性质也不相同（弧背弧、弧后扩张、漏出、平移），与之相关的边缘海盆自然也各有特色。油气勘探工作理应按这些特色来进行部署。

但是，由于它们是在整体的板块构造背景控制之下形成和发展的，故其演化历程仍可彼此比拟。上述的三次变格，从陆地上许多盆地的资料看，每次都还可以划分出两个阶段（当然不具严格的同时性），按此推断，我们试以下表来概略说明大陆边缘盆地的演化历史，或可有助于对油气勘探领域的预测（见附表）。

附表　中国大陆边缘盆地演化史简表

	地层	构造演化阶段		年代	南海	东海	黄海（苏北）	太平洋	青藏（特提斯）
新全球构造阶段	Q、N_2	第三次变格	$Ⅲ_b$	现代—晚喜马拉雅期	被动边缘沉降（海平面升降）	活动边缘沉降（海平面升降）	沉降（海平面升降）		印度、青藏板块碰撞上升
	N_1、E_3		$Ⅲ_a$		裂陷（rift）—裂谷（rift）　新洋壳	琉球弧俯冲，冲绳扩张，钓鱼岛隆起，（沉积中心西迁）	坳陷—断陷	台菲俯冲；帛琉俯冲	
	E_2	第二次变格	$Ⅱ_b$	早喜马拉雅期—晚燕山期	坳陷—断陷　俯冲转移到加里曼丹以南	大陆蠕散（沉积向东成楔状加厚，海相？）	坳陷—断陷	太平洋向西俯冲	雅鲁藏布江缝合
	E_1、K_2		$Ⅱ_a$		坳陷—断陷			库拉板块向北北西俯冲；太平洋扩张、增人，向日本俯冲	印度板块向北俯冲
	K_1、J_3	第一次变格	$Ⅰ_b$	早燕山期—印支期	活动边缘（特提斯向北俯冲；基底滑移）	克拉通边缘（南部相沉积？）	火山活动　坳陷—断陷	南北向转换断层和向北俯冲的洋壳	班公湖、怒江缝合
	J_2、J_1、T_3		$Ⅰ_a$				断陷	太平洋板块形成	金沙江缝合
					地槽褶皱		地台	泛太平洋	

（1982 年 5 月 20 日完稿）

试论古全球构造与古生代油气盆地*

一、基本概念

六十年代初，我曾指出今后寻找油气资源的工作重点将转向两种类型的盆地，一类是阿尔卑斯期（中新生代）的盆地，另一类则是受阿尔卑斯运动体制改造了的早期（古生代）盆地[1]。二十年来全世界油气资源的重大发现，符合于这种设想。我国以往找油工作较多地着重于前一类盆地，成效显著，在后一类盆地中也有所发现。随着新的一轮油气普查工作的开展，前一类盆地固然还有很大的潜力，但后一类盆地势必受到更多的重视。本文拟在资料十分不足的情况下，对后一类即被改造了的我国古生代盆地的形成机制与性质略加探讨，以供今后实践的检验。

在前述同一论文中，我强调寻找油气工作必须从盆地的整体出发，率先了解其全貌，从中找出有利的地区。而每一个大型盆地又都是在复杂的基础上通过多种机制，经历几个演化阶段形成的，如断—坳的转化与结合，以及先后期的叠加等。因而它包含着不同的结构单元与构造层次，具有个别的含油气性。盆地的这种一方面同油气的生聚条件，另一方面同控制其形成、演化的大地构造（全球构造）背景的关系，我曾试拟了一个简单的程式来表达（图 1）。约 2 亿年以来的新全球构造（板块构造）对中新生代阿尔卑斯盆地，特别是对中国的板内盆地在其形成与演化机制方面的控制作用（程式的左段），我已在一系列论文中加以探讨[2、3]；至于古生代盆地同"古全球构造"（从晚元古代至石炭纪）及同"过渡时期"或"中间阶段"（包括二叠及部分三叠纪）的运动体制的关系，则是本文论述的主题。

"事物发展的长过程中的各个发展的阶段，情形又往往互相区别……因此，过程就显出阶段性来"（毛泽东:《矛盾论》)。我们曾试对晚元古代以来的盆地发展做出阶段性的划分。在 1965 年与 1978 年❶的文章中曾一再强调"运动体制是随着地质历史的向前发展而改变的"，"运动体制的变化是形成含油气盆地的首要条件"。这里的运动体制是指包括构造体制与热体制在内的"物质运功形式的整体"，正如后来 Silver 所说，"地球的能量、力、作用、物质分布、温度、变化梯度、速度及其他因素都共同制约着地球的动力，而且所有这些都曾随时间而变化"[4]。盆地正是在这些变化中发展着。

从大的方面看，太古宙同元古宙运动体制的差别是明显的。元古宙的时间下限各处不同，从距今 23～27 亿年，甚至还有个别更大或更小的数值。实际上这是一个运动体制改变的界限而不是一个固定的时间线。反之，元古宙的上限即与显生宙的界限一般被认为在

---

* 原载《石油与天然气地质》，1983，第 4 卷，第 1 期。

❶ 朱夏，1978，关于我国陆相中新生界含油气盆地若干基本地质问题的初步设想，《石油地质实验》专辑。

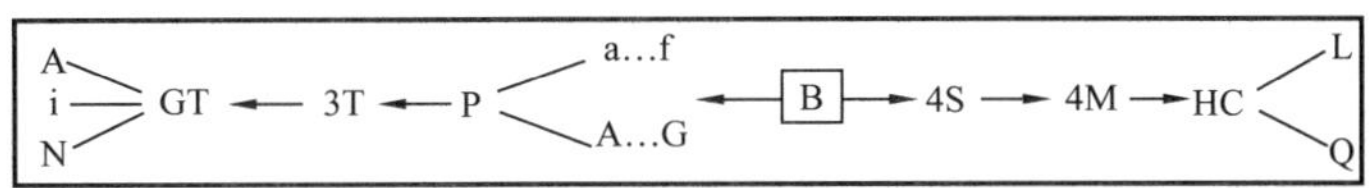

GT——全球构造（Global Tectonics）

A—古全球构造（Ancient Global Tectonic）

i—中间阶段（intermediate Stage）

N—新全球构造（New Global Tectonic）

3T——时代（Time），构造处境（Tectonic setting）

热体制（Thermal regime）

P——盆地的原型（Prototypes）

a,b,…f　　古生代（包括中间阶段）盆地原型

A,B,…G　　中、新生代盆地原型

4S——盆地的沉降作用（Subsidence）、沉积作用（Sedimentation）、应力条件（Stress condition）、独特风格（Style）

4M——油气在盆地中产出的物质（Material）、成熟度（Maturity）、运移及圈闭（Migration and Non-migration）改造与保持（Modification and Maintenance）的条件

HC——油气藏（Hydro-Carbons）预测

L—位置（Location）

Q—数量（Quantity）

图 1　盆地研究工作与全球构造及油气集聚的关系

距今 6 亿年左右。其主要依据是生物界的显著变化，而在构造活动方面则并无明显的标志。从海西、加里东一直到元古宙晚期的运动，如欧洲的 Cadomian，美洲的 Grevillean，亚洲的阿森特（贝加尔）和我国的四堡、晋宁、兴凯运动等，其间存在着密切的联系。元古宙内部的运动性质和分期问题，目前还有不同的意见，但大多数人指出前 10 亿多年是一个转变时期，还有人认为“板块活动”从前 25 亿年起一度静止，到前 10 亿年左右又开始活跃，一直延续到显生宙。从石油地质的观点看，现知的油气藏时代下限可追溯到前 9.5～10 亿年。所以我们的讨论可以前 10 亿年或略早一些作为起点，按运动体制的演变，分为这样几个阶段：

（1）从前 10～12± 亿年到前约 2.8 亿年，即从 Morel 的潘基亚（Pangea）E 到潘基亚 B[5,6]，可称为古全球构造阶段❶。

（2）从前约 2.8 亿年到前约 2 亿年，即从潘基亚的形成到分裂，或 Morol 的潘基亚 B 到潘基亚 A 的较短时期，属于过渡或中间阶段。

（3）从前 2 亿年左右以迄现代，即从潘基亚 A 分裂以来，是板块构造活动的新全球构造阶段。

它们总体上相当于 Hain 从 Stille 的新地旋回（前 1.4～8 亿年以来）中划分出来的两个阶段，1 和 2 相当于他的第一阶段。就地史演化过程说，总的情况是：第一阶段的“构造历史造成了这样的一个世界，那些原来散布在低纬度的大陆逐渐地移到一起，形成从极到极的一个连续的地障”[7]；第二阶段是“从一个只有一个大陆和一个大洋的世界转变为有好几个大陆和好几个大洋的世界”[8]的历史。中间阶段则显示了“一个并非不活动”的泛大陆（Morel，1981），起着承先启后的作用。各个阶段的油气盆地是在各自不同的历史条件下形成和演化的。

❶ 更早的早、中元古宙与太古宙可分别称远古（Remote）与太古（Primitive）全球构造阶段。

这里我避免使用“古板块”或“古板块构造”这类名称，因为按定义来说，“板块”在从岩石圈的结构到动力学、运动学的涵义方面都有一定条件的约束。地球的许多性质是随着时间而有方向变化的，在约占地球年龄 1/4 的漫长的 10 多亿年中，这些条件能否保持不变？运动的方式、性质、规模等能否作完美的比较？目前提出来的鉴别“古板块”的标志（李春昱、郭令智等），似都具有多解性，要慎重对待。我认为下面从《大陆构造》一书的“结论与建议”中引用的一段话表达了一种较为客观的和实事求是的看法[9]。

“板块构造提供了一个框架，在它的范围内，我们可以对较晚近的大陆演化的许多作用有所了解。但是在涉及愈来愈古老的大陆部分时，板块构造概念的可用性就愈来愈难以检验。不过大陆构造必须当作全球动力学体系的一部分来进行解释，而组成这一体系的一些作用是可以在地质时间中有所改变的”。

图 2　三个潘基亚（不同投影）

二、古全球构造

早在元古宙中期（前23亿年），曾经存在着一个超级大陆（Piper，1976）[10]，它从约前12～10亿年至前8.5亿年经历了断陷与分裂。Burke与Dewey指出了十一个年龄为11亿年左右的坳拉槽[11]❶。Sawkins列出了前12～10亿年间的25个热点与相应的张裂、伸展事件[12]。这些坳拉槽中普遍存在硅镁质的岩床、岩墙及岩墙群，可被认为是硅镁洋壳出现的先声。但有些坳拉槽的特殊性质（如Keewenawan的玄武岩坳拉槽）在晚期（中生代）裂谷中未曾见到。这种差别，可能反映了“元古宙时与中生代时地壳或岩石圈的刚性与强度有所不同”（Silver，1980）。Piper提出的超级大陆，相当于Morel的潘基亚E。所依据的不仅是古地磁资料，而且考虑到麻粒岩相、斜长岩、早元古宙成层铁矿及冰源沉积（Diamicites）的分布情况（图2-Ⅰ），并可与Smith或Ziegler的寒武纪至早奥陶世古地理图相对应，所以我认为可以作为讨论古全球构造的起点。从这一时期的大陆分裂开始到晚石炭世潘基亚B（图2-Ⅱ）的形成，由分而合，形成了一个完整的旋回。不过这一旋回是否完全可以用Wilson旋回的模式来说明，应该考虑到多种因素，特别是岩石圈与大陆大洋地壳在历史时期中刚性与强度（温度、压力与岩石化学变化的产物）的改变而审慎对待。Wilson旋回是由几个在不同地区处于不同阶段的地质现象组合成的，是一种逻辑推理，而从潘基亚E到B的旋回则是一个既成事实。所以与其用前者来解释后者以求其同，不如用后者来检验前者以存其异。这是用阶段论或演化论的观点来制约均变论的一条原则。

在探讨从潘基亚E到B的古全球构造时，应该：（1）把晚元古宙、加里东、海西运动联系起来作综合的分析。因为这几期运动总是构成一个多旋回的整体，元古宙晚期的和加里东运动的产物往往被卷入到海西造山带中。这一点在研究程度较高的欧洲和北美东部尤其明显，以至在这里要“在海西与前海西造山事件之间划出一条清楚的界限是不可能的”[13]。（2）潘基亚E看来还是一个不成熟的泛大陆，克拉通化还在继续进行，因此在这一泛大陆的不同位置上，如在已经聚合在一起的大型陆壳块体上，在两个相距很远的陆壳块体之间及在这一古泛大陆与相应的古泛太洋相交接的部位上，可以有不同的演化方式。

1. 在已经聚合在一起的大型陆壳块体上

Iapetus（“古大西洋”）两侧的海西和前海西构造演化过程可以作为一个例子。在中欧与北欧，除了Iapetus的性质将在下文论述外，是否还存在其他的“洋”，尚有待证明。Zwart等认为即使存在，也都规模不大。扩张作用没有超出裂谷的阶段。有人主张（Burke和Dewey，1973及其他）海西造山带的形成是由于晚石炭世“中欧洋”（Rheicocean）的封闭和碰撞。中欧洋存在的主要依据是北欧与南欧—非洲三叶虫动物群的差别。但近年来的岩相古生物研究[14]认为中欧洋及Nicolus（1972）等所主张的位置在更南面的“原特提斯”

❶ 我在1973年把Aulacogen译作“坳拉谷”，用意是：1. 谐音，Au（坳）—la（拉）—co或ko（谷）；2. 释义，Aulacogen是指“经过坳褶回返的由拉张作用产生的古裂谷”。反之，未经坳褶的拉张新裂谷曾被Curtis（1980）称之为“伪坳拉谷”（Pseudo-aulacogen）。最近马杏垣教授建议改为“坳拉槽”，我欣然同意，并在下文中使用，因为以“谷”谐“co”，不符合汉语标准发音；Aulacogen确是“槽”状的，而且“在体制上相似于地槽”（Nalivkin，1976），称之为“坳拉槽”，可以使“槽台体制”的涵义更为明确。

（Prototethys）洋的存在都未能证实。生物群的差别可能是由于有深水地带的分隔，但深水带不应同有硅镁壳的“洋盆”相等同。英格兰西部的 Lizard 蛇绿岩套残余，曾被作为海西俯冲带的主要依据，但它的年代未定，来历不明（外来的推覆）。Badham 与 Halls 认为[15]，即使它是洋壳的碎块，也只是弧后边缘盆体的遗迹，它的向陆逆掩，不涉及俯冲作用。因为“微陆块之间的侧向移动可以产生与俯冲作用无关的逆冲”。因此，越来越多的人做出了欧洲不存在海西洋盆的结论。对于与此相联系的北美大陆的阿巴拉契亚，Cady 也否认有大洋底物质的存在，认为除了北部的纽芬兰一段外，这一“优地槽带”完全是硅铝底的[16]。

Zwart（1980）提出，中欧与西欧的构造可以用三个主要板块❶的或多或少的连续运动来解释。三者之间的拉张作用产生了小的和“偶尔是大的”洋盆或裂谷，它们又因为在别处发主拉张、伸展而受到挤压与褶皱。褶皱与碰撞的机制，Zwart 认为，在主要的洋盆（唯一的代表是 Iapetus）内可以是俯冲与消减作用（参阅下段），而在小洋盆或有薄陆壳的裂谷中（如在海西带和可能也在加里东带内的那些）则只是小规模的消减。这种同时的此张彼合的活动方式，曾被称为“手风琴”式。它的动力来自地幔的活动。显然，当时岩石圈的厚度、地球内部的温度、热消散（Dissipation）的数量与方式或整个的热体制同中生代以后是不相同的。

虽然 Zwart 认为 Iapetus 是“较大的洋盆”，并曾通过俯冲作用而消减闭合，从而不同于其他的裂谷，但关于 Iapetus 仍还有许多不同的看法：（1）从古构造关系看，Iapetus 是在已聚合的陆壳块体上由拉张产生的，不是两个相距很远的陆壳的接合，它的缝合线是不清楚的[17]。（2）Iapetus 存在的时间是短暂的，从晚前寒武纪起有沉积作用，到晚寒武世与奥陶纪即开始闭合。早奥陶世时，从不列颠到北美这一段的宽度曾被定为 1000km，但误差可达 ±800km，所以是否能代表较大的洋盆仍是一个未确定的问题。（3）Iapetus 的整体是长条状的槽形，有许多分支的坳拉槽和相间的微陆块。按板块构造的模式来解释整个阿巴拉契亚—不列颠褶皱带时，对各个段落有无俯冲带及其时代、数量（1 次或 2～3 次）和倾向都各有不同的看法，即使对同一段落也有不同的解释（图 3），难以得出定论。（4）纽芬兰的“岛湾”和苏格兰的巴伦特兰蛇绿岩体虽被认为可以和洋壳对比，但由于是推覆体，所以板块论者对它的原来处境也有不同的意见（Windley）。从它的层序看，似很符合于 Coleman 所说的“小型的、不连续的洋盆”在碰撞期间的“另一种不同的蛇绿岩侵位方式”[18]。总之，对这一地区的早古生代历史的看法，“近十年来有一种隐约的趋势，即逐渐离开了有中脊增生的广阔洋盆的模式，而更多地考虑许多小而相互连接的弧后与弧间洋盆，包括一些部分或完全在硅铝壳上的小盆”[19]。它们的拉张与闭合并不完全遵循 Wilson 旋回所设想的规模和方式。

联系到中国的情况，黄汲清早就提出了约 8 亿年前原中国地台的形成及其在早古生代的分裂。这一连接中朝、塔里木、扬子和藏北（羌塘）陆壳块体的原地台，像上述包括欧、美、非的大型陆块一样，在晚元古代与早古生代以坳拉槽的形式分裂。王泽汶等❷认

❶ 指北美—格陵兰地盾、Fennosarmatia 地块及南欧—非洲地块，所以实质是三个陆壳块体。

❷ 王泽汶，吴向浓，1982，青藏高原北部的构造轮廓及其有关的几个大地构造问题。中国地质学会成立六十周年论文摘要汇编。

为北祁连的蛇绿岩套是洋壳沿裂谷上升的产物，这个裂谷同拉脊山及其间的微大陆（中祁连）共同构成一个裂谷系。南祁连则是不包括微大陆的早古生代扩张海域。这种扩张可能同 Zwart 所说的北、中欧裂谷相以，宽度不超过 200～500km，没有成为实质性的“大洋”。当这些裂谷封闭之际，出现了西昆仑到柴达木南缘的海西地槽。这里虽然依次出现陆棚海、陆缘海和有火山产物的深槽，但它的性质很可能同欧洲的所谓 Rheic 洋或 prototethys 洋相似，是在硅铝壳上发育的，并非真正的扩张洋盆。很多基性超基性岩体是沿有复杂发展历史的大断裂带分布的，它们侵位的时代和方式都未能确定。一些蓝片岩和混杂堆积的出现，也都同大断裂有关。它们的成因有多解性，不能以洋壳俯冲作为唯一的模式来解释。

正如欧洲的海西带被卷入阿尔卑斯带而难以划分，这里在海西褶皱带的基础上，古生代末至三叠纪早中期出现了金沙江—可可西里及其东西延展的古特提斯洋的扩张。它曾使羌塘块体南移并在印支运动时期向北闭合，同时还有一个分支坳拉槽伸向青海南山以至西秦岭。两个世代的构造运动叠加，构成了复杂的图案。这一古特提斯的宽度可能也不很大，当在它南面的班公湖—怒江特提斯洋壳扩张时随即闭合（印支运动）。

对比欧洲与中国这一部分的古生代构造演化，可以认为，在应用现代板块构造的模式时，有必要更多地考虑到不同的历史背景与条件。特别是一些深槽中未必出现洋壳，而局部的狭窄的洋壳未必能够俯冲。

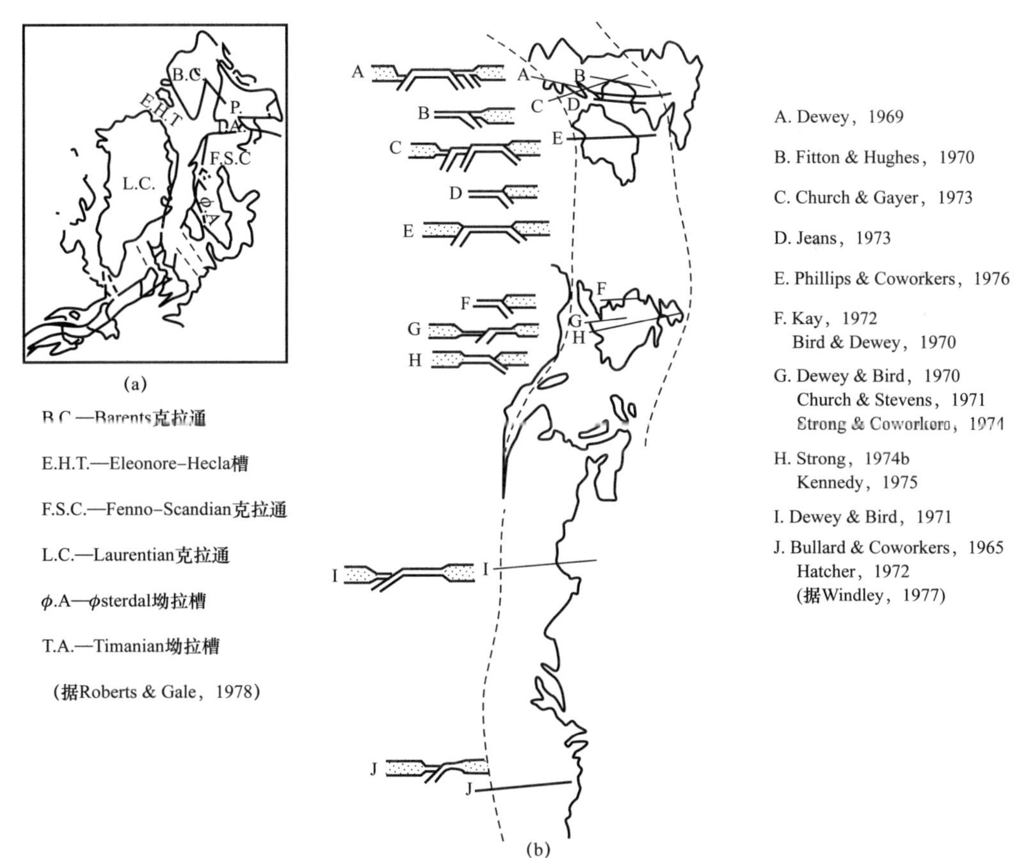

图 3 （a）Lapetus 及其主要分支坳拉槽；（b）阿巴拉契亚—英国加里东褶皱带的不同板块构造模式

2. 在两个相距很远的陆壳块体之间的地区

可以西伯利亚与中朝—塔里木陆块之间的蒙古地槽褶皱带为例。这一地带的北部广泛分布着前里菲杂岩系，成为加里东褶皱的基底。扎依采夫[20]等认为，“在蒙古北部地块的大部分面积上，上里菲—寒武纪的地槽坳陷分布于业已形成了花岗岩—变质岩层的大陆型地壳之上”。这里的“蛇绿岩建造的许多露头极有可能与前寒武纪硅铝基底的破碎、裂开和地壳下岩浆物质沿深断裂带的上升有关”，因此构造型式主要是坳拉槽式的。仅在北蒙地块西部的“湖泊带”地区，没有看到古老变质岩石的露头，文德—寒武纪地层中有一整套典型的优地槽岩石，在其东南部分有完整而又互相联系的蛇绿杂岩岩石序列，所以这一部分“可作为形成于大洋型地壳上的优地槽的代表”。这种大洋型地壳可能就是 Watson（1973）所说的“残存在克拉通之间而仍保持着太古宙状态的狭窄的（数百公里）地壳与上地幔岩石带”（引自 Tarling，1978），但是也有一些蛇绿岩体，如湖泊带东南的汗太希尔蛇绿岩，卓年萨茵（1977）认为是“充填在沿古亚洲大洋边缘的滑动带的伸张地段内的”（图 4）。这一“洋盆”以西，是中古生代的额尔齐斯—斋桑洋盆，卓年萨茵（1973）认为它是由于原先连接在一起的西伯利亚和哈萨克斯坦两个大陆的分离而形成的。并“由此得出结论：新洋盆的开启导致老洋盆的闭合”❶。也就是说，这里在总体上仍表现出“手风琴”式的风格。

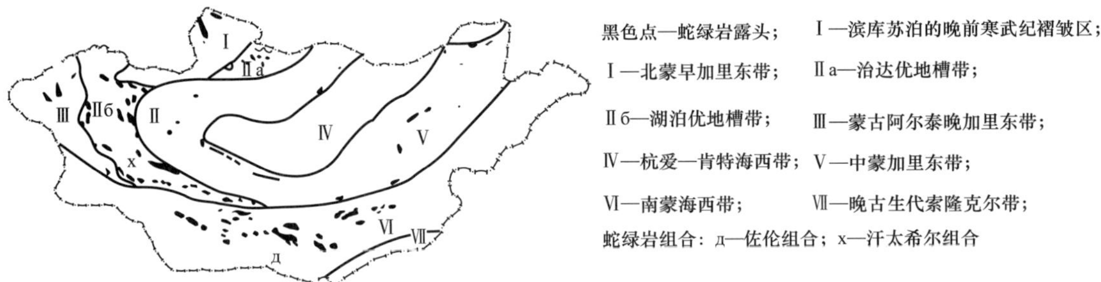

图 4　蒙古的构造分区与蛇绿岩分布（据卓年萨茵，1977）

蒙古中部的大断裂分开了上述北面的加里东带和南面的海西带。海西期构造对北蒙来说是“形成于早加里东和更古老的花岗岩化了的基底上的叠加构造”，而南蒙系则被解释为洋型地壳之上的地槽系（扎依采夫等，1977）。对于这一“南蒙海西洋盆”有以下几点值得讨论：

（1）卓年萨茵（1973）指出：“问题在于：这些（中古生代）洋盆是什么性质的？它们是原始大洋的残余物，还是只是在中古生代才产生出来的？作者认为，后一种意见是正确的”。所以它同在它以前的大部分加里东“洋盆”一样，是在潘基亚 E 的范围内通过陆壳的拉开而产生的。据别尔菲列夫的意见（1977），乌拉尔古大洋构造也是“在寒武纪末—早奥陶世，由早已存在的前寒武纪大陆地块的破裂、拉开产生的”[21]。有可能这些地区的陆壳比较薄，并因远离壳块而缺失沉积物，但并不存在广阔的“原始大洋”。

（2）同一作者认为：复原了的中古生代洋盆“或是像蒂勒尼安海那样的内陆海，或是

❶ L.P. 卓年萨茵，1973，中亚地槽在海底扩展下的演化，译文见《石油地质科技情报》，1976 年，第 3 期。

像日本海那样的边缘海"。后一种可能性的前提是"塔里木地台和华北地台要在晚古生代才从南面漂移过来"，这是缺少事实根据的，所以作为内陆海的可能性更大一些。这一内陆海的规模是有限的，因为据同一作者，即使把晚里费期和早古生代都包括进去，洋盆的面积也只有大约 1000km × 3000km，只能"相当于大型的边缘海和小型的大洋（如大西洋的狭窄部分）"。北里海凹陷似可作为这类"小洋盆"的"活标本"。据 Burke，这里在厚达 14km 左右的沉积物之下可能有泥盆纪时形成的洋底，但它从未受到过俯冲或逆冲作用。

（3）蛇绿岩套的年代变化很大，从一些地区的晚奥陶世至早志留世到另一些地区的晚泥盆世和早石炭世，说明它们的发育是多旋回的，"新洋盆的开启导致老洋盆的闭合"。虽然存在着蛇绿岩的时代整体上从边缘到中心愈来愈新的规律，但卓年萨茵已经指出，这点同大洋壳从中脊向外时代愈来愈老的性质是不相同的。整个海西洋盆的闭合时期也不是同一的，大体上西部早于东部。

（4）"在蒙古境内，还具有一种在其他地区显示较差的重要特征。如果说在世界许多地区中，由蛇绿岩组成的构造板片一般产于以前大陆边缘区的碳酸盐—陆源沉积之上，也就是发生在洋壳岩块向大陆逆掩的过程中，那么在蒙古境内相反，正如汗太希尔和佐伦山脉中查明的，大陆边缘区的沉积在构造上超覆蛇绿岩，而同时也覆在岛弧杂岩上，即在这里，大陆岩块向海洋盆地进行逆掩"[22]。这一事实的指出，颇关重要。因为在板块构造的概念指引下，洋壳的俯冲常被广泛地应用。我曾经提出，俯冲作用受到洋壳的规模、刚性、强度及是否有扩张脊形成等因素的制约，并不是洋壳总能顺利地滑入陆壳的下面。Hamilton 曾为狭窄的"洋盆"提出一种他称为"雪橇"式的机制，即洋壳在陆壳之间受到"蹂躏"。对古生代的由陆壳伸张而被动地产生的狭窄的洋盆来说，"大陆岩块的逆掩"可能有更普遍的意义。

在古生代"洋盆"南侧的我国境内，构造发育的过程同北面类似，但范围较窄。在西段，南天山是早古生代发生在塔里木地台上的坳拉槽，使中天山与地台主体分离，到志留纪张裂较深，有上地幔物质上升。自北天山往东，沿中朝地台北缘有一条狭窄的加里东带，更北就是所谓"海西洋盆"的范围。两端在准噶尔盆地和松辽盆地的下面可能存在着古陆块，但据较新的地震资料，其范围似乎尚难断定。多处分布的蛇绿岩，说明这里曾有硅镁壳的出现，但它的时代不一，表示海西褶皱带是经历了多次运动的。大体上西部的褶皱完成较早，准噶尔盆地下面的上石炭统已成为盖层。东部的活动可能延续到早二叠世。至于晚二叠世在西拉木伦河的南北对接，则可能已在硅铝壳上进行，伴有大量的晚海西、印支花岗岩浆活动。这种对接是否同欧洲的海西褶皱相似，与底流作用（Subfluenz，见下文）有关，值得考虑。另外，出现在塔里木—中朝陆块以北的蛇绿岩，是否有一些也像北侧那样属于沿滑动带的充填或受大陆岩块的向北推掩，在今后工作中应进一步探讨。

总之，在西伯利亚与塔里木—中朝两大陆壳块体之间的地区，并不是长期存在的辽阔广大的洋盆。从晚元古代到晚古生代，可能在原始的较薄陆壳上（如 Zwart 指出的西北欧那样）曾经历了坳拉槽的拉张与闭合、硅镁壳在不大范围内的出现与消失、"手风琴"式的此张彼合及“雪橇”式的陆块推掩等机制，终于以北宽南窄的不对称形式相向对接。由于地壳的多次缩短，按古地磁资料测得的相距在4000km以上（McElhinney，1973）的两大大陆块体逐步接近和联合，最后共同成为潘基亚B的一部分。

3. 围绕着潘基亚E的是当时的泛大洋（Proto-Panthalassa），在二者相接的边缘地带，又是另外一种构造情况

Dickinson曾指出，在潘基亚A的周围不一定都有俯冲带，潘基亚E的周围可能更加如此。试以北美西部的科迪勒拉为例来做些分析。这一造山带的构造演化，所有的学者都认为应该划分为晚元古代至晚古生代、中生代与新生代三个不同的阶段，构造活动方式各不相同。古生代末的北西走向板缘边棱显然切截了以前的北北东向古生代大陆边缘。中生代以来的由于太平洋板块俯冲而产生的各种构造活动，已得到比较明确的阐述，而对于晚古生代以前的构造发展，至今存在着分歧的看法，图5表示了这些分歧的一部分。

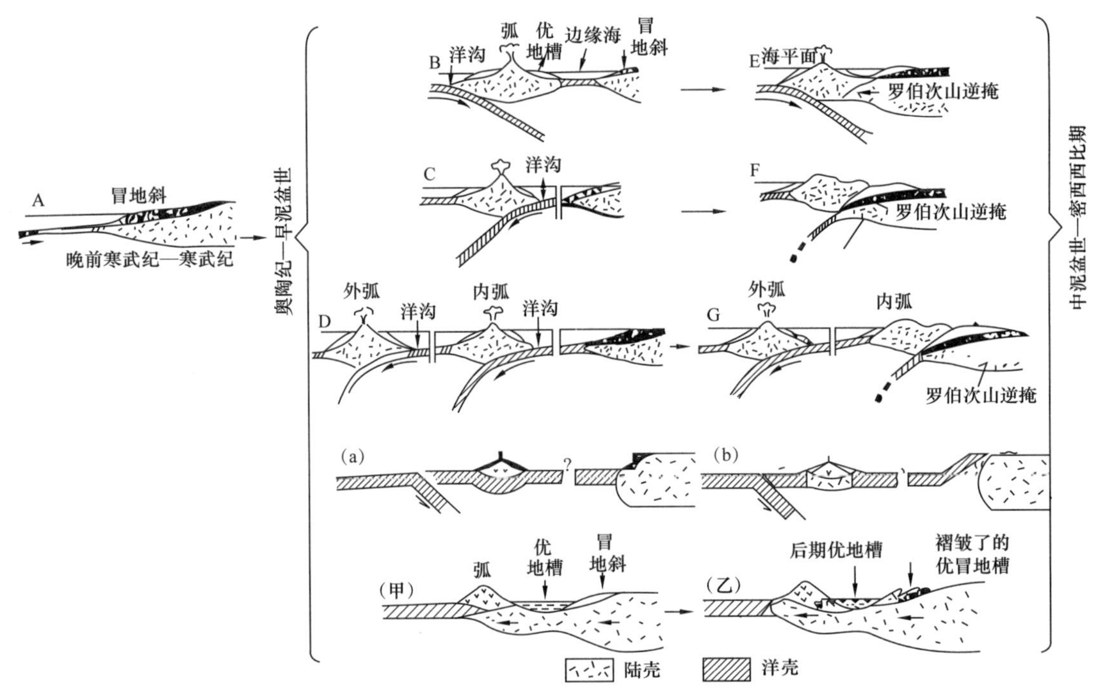

图5 北美西部科迪勒拉带早期活动的不同板块构造模式

B—E. C—F据Burchfiel与Davis（1972）；D—G据Stewart（1972），引自Condie（1976），（a）—（b）据Swiden与Strong（1976），引自Windley（1977），（甲）—（乙）本文作者的修正意见（参阅正文）

问题的关键在于：怎样从一个面向泛大洋的被动边缘转化为活动边缘？当时的泛大洋的历史不能用Wilson旋回来解释。太平洋中脊的形成，同大西洋、印度洋的中脊相联系，看来也不能追溯到中生代以前很远的历史时期。科迪勒拉的晚元古宙到早古生代的岩层“可被划分为三个从东到西越过大陆边缘的沉积序列：（1）一个薄的克拉通或地台序列；（2）一个沉积在广阔大陆架上的冒地槽（冒地斜）序列；（3）一个部分地沉积在大洋地壳上的碎屑—火山岩（优地槽）序列”[25]，显然是一个被动型边缘。奥陶纪以后出现了一个以小洋盆同主大陆分开的位于大陆边缘的海外火山弧（克拉马特）。泥盆纪的安特勒造山事件时，地槽沉积物向东仰冲到地台上。如按板块俯冲模式，这一“大陆—岛弧碰撞，应该导致岛弧增生至大陆上，并使增生了的边缘向西移动许多公里，但在中古生代安特勒造山作用中，大洋物质在大陆西缘的增生看来是极少的”[23]，而且，此后深水再一次抵达西部，“另一个稳定边缘沉积阶段（密西西比期以后）也就接踵而至”[24]，为了迁就这些事实，在板块构造模式中不能不引入极性倒转的向西俯冲的毕乌夫带（一次或两次）的概念，以便使这一岛弧再一次向西离开大陆，最后才整体地为古生代末至中生代的太平洋板块向东俯冲作用所改造。这种复杂而分歧的设想，虽然都力求符合现代板块构造的模式，但未免失之牵强。像弗兰西斯科那样的中生代混杂增生杂岩体，在古生代从未出现。这种差别，正如 Coleman 所说：“还没有完善的证据展示现代增生板块边界的作用同样贯穿于显生宙，扩张速度的变化、局部熔融的程度、软流圈流变性质的缓慢变迁及岩浆的成分，将共同或单一地导致大洋地壳的厚度、形态和组成发生显著变化”，从而使板块边缘在不同时期从被动边缘转化为活动边缘，或者岩石圈从偶合（Coupling）关系改变为拆离（Decoupling），而首先起作用的必然是在大陆地壳与大洋地壳过渡的部位。对现代被动边缘上的这一部位，现在还研究得很差。Bott 曾根据应力配置的状态，认为被动边缘的沉降是由于大陆地壳中下部物质在边缘部分向洋壳下面的上地幔作进行性的黏性或可延展性蠕散（Ductile creep），在它上面的地壳则通过弹性弯曲或（犁式）正断层而沉降（图 6）。“这些外流的陆壳物质在早期可能一部分被结合在组成新洋壳的贯入岩浆中，另一部分则被保留在陆阶之下的洋底上地幔中”[25]，可以预期这种较轻的大陆物质终将使大陆阶发生补偿性的上升。随着这种上升，流入的大陆物质作为火山喷发物出现是完全可能的（虽然现今大西洋边缘的发育还没有达到这一阶段）。上述克拉马特火山体由玄武—安山质角砾岩与凝灰岩、水下凝灰岩、枕状玄武岩及其角砾及一些无结构的水下或水上熔岩组成，同中生代以后的大洋蛇绿岩与岛弧安山岩的性质很易于区别（Windley 等）。所以这一岛弧及其内侧的古生代地槽（因地壳物质的外流、陆壳的减薄、地幔的隆起而沉降）在成因上更可能同在早古生代面向古泛大洋的被动边缘上大陆物质向大洋的黏性伸展和推进有关，而不是由于当时还不存在洋中脊，也还没有足够刚性与强度的古泛大洋洋壳的俯冲。另外，Wynne-Edwards[26]曾提出过一个所谓“千足虫”模式（Millipede model）（图 7），认为大陆壳内物质的黏性流动结合地幔的热上涌可以在硅铝壳上形成拉张的沉积盆地，并且在热地壳的单向粘性流动下使沉积物发生变形与变质。这一模式虽是用来解释 9～10 亿年前发生在硅铝壳上的 Grenville 造山带的，但鉴于科迪勒拉的沉积史可追溯到晚元古代，结合 Bott 对现代被动边缘上地壳物质粘性蠕散的观点，有必要考虑这种方式在古全球构造中的一定重要意义。科迪勒拉古生代造山带的推掩方向主要是向东指向大陆的，但在克拉马特中央变质亚省内曾经形成过具有向西指向的褶皱。它们的产生及在安特勒事件以后的密西西比期至早二叠世沉积与构造的发展，都可被看作是北美大陆在中生代前不断向古太平洋蠕散推进的结果，也就是说，在太平洋“传送带”形成以前，古生代曾有过“千足虫”式或“雪橇”式的由陆向洋推进的构造机制。

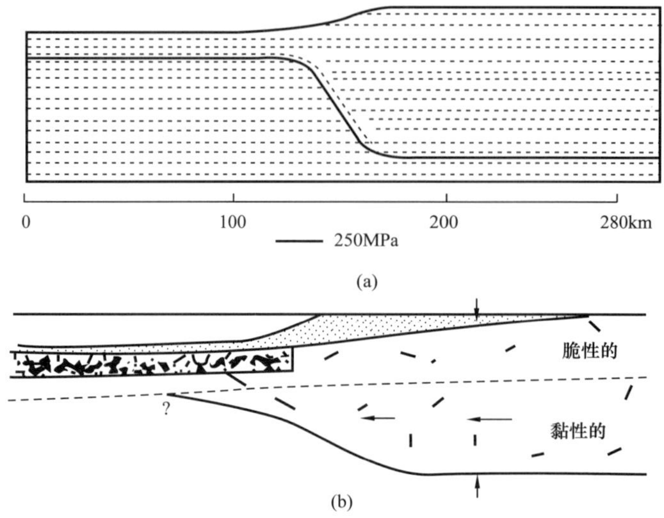

图 6　Bott 的地壳流动假说（1981）

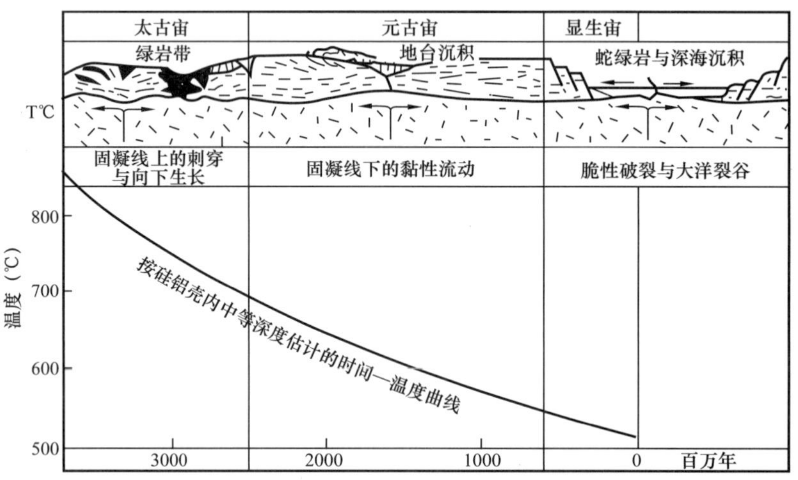

图 7　不同地质时期内硅铝壳对软流圈扩张不同反应（据 Wynne-Edwards，1976）

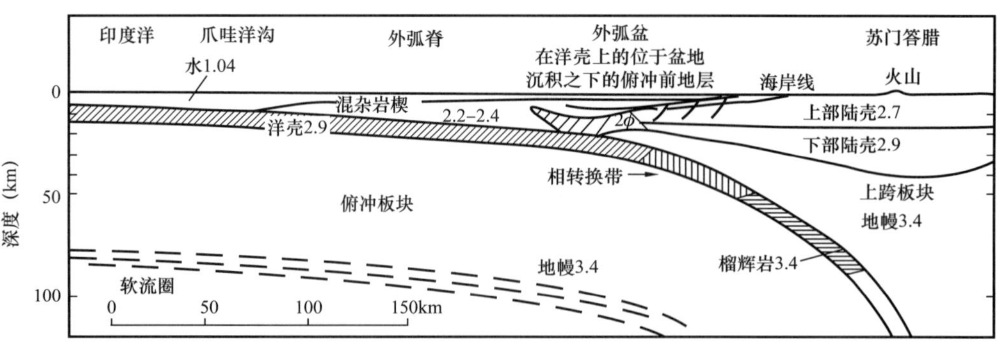

图 8　爪哇洋沟的剖面（据 Hamilton，1981）

（注意附着在陆壳边缘的小块洋壳的仰冲性质）

在“传送带”式的洋壳向陆壳俯冲以前先发生“雪橇”式的陆壳向洋壳仰冲或推进的迹象，甚至在晚近的某些活动边缘上仍可辨认。Hamilton在研究爪哇海沟时指出：“一个外弧盆地的发育，只能是在大陆板块的边棱是由一块洋壳组成的地方。盆地的形成是由于这一块边棱的上升，而不是由于中心的沉降。这种上升可能是它塞进到增生的混杂岩带下面的结果。如果增生的楔状体直接镶合在大陆地壳的边棱上，就不会有盆地存在”（图8）[24]。所以，可以设想，洋壳的俯冲是继承陆壳向洋壳的蠕散推进或仰冲而发生的，因而在大多数地方的俯冲带是倾角很小的智利型。一些毕乌夫带倾角陡峻的马里亚纳型俯冲带，只是出现在西太平洋，而且发生的时间很晚（第三纪以来），这是因为它们的“前身”不是平缓的大陆推进或仰冲带，而是近乎直立的平移或转换断层（Hilde等），我曾在另文中论述及此，Aubouin（1981）也提出过“太平洋甚至从来没有向大陆移动过”的怀疑。

我国东南地区，雪峰、加里东、海西造山带自西向东、由陆至洋依次发育，大陆增生的现象十分明显。谢家荣曾首先应用硅铝、硅镁（Ensialic，Ensimatic）壳的观点予以叙述[27]，郭令智等指出这里发育着几个沟—弧—盆体系[28]，是洋壳俯冲带依次向大洋退却的结果。从另一角度看，我认为“沟”的迹象在这里并不明显、褶皱带的结构可以同上述古生代科迪勒拉的两期构造活动相类比，即每期可以分出一个面临大洋壳的优地槽—火山带，它的后面是由于陆壳拉张减薄而沉降的冒地槽或盆地，在拉裂较深的部分出现基性或超基性岩体的上升，然后是前一期形成的褶皱带或克拉通周边，例如雪峰褶皱带的后面有梵净山的超基性岩，加里东褶皱带的后面是晚元古—早古生代沉降的“湘桂海盆”和从浙西到桂北的断续出现的基性、超基性岩带，而政和大断裂以西的类似的带则是海西（印支）褶皱带后面的陆壳拉开部分。总体上说，从晚元古代到晚古生代，大陆地壳是通过可能的粘性蠕散逐步向大洋推进，一度减薄了的沉降地壳由于沉积岩的褶皱、变质和幔源岩浆的混合作用而得到补偿。至于琉球弧以东的洋壳俯冲，则可与北美的海岸山脉俯冲带相比，而且已是第三纪后期的活动了（关于这一地区中生代构造活动的性质，已在另文论述）。

小结　上文对晚元古代至晚古生代的“古全球构造”的三种不同情况试做分析。可以概略地说，在这一阶段中，有过硅镁质壳的小规模的槽和盆的形成，而没有成为实质性的“洋”；有过硅镁质壳体的掩覆，但不是通过俯冲作用；有过硅镁质物质从底下和侧面向硅铝壳的增添，但不是由于从洋中脊扩张到毕乌夫带府冲的机制。对于一个在冷却中的地球来说，10亿年以来的热体制与构造体制必然随着时间而有既相连贯又从量变到质变的阶段性变化（图1的3T），“以今论古”的原则应该考虑到这些方面。正如Silver所说：“我们对地球演化历史的认识涉及许多地球特性的单向变化的证据，这暗示着我们在采用现代地球动力学外推到较早的地质年代时必须谨慎”，“将这些研究单一地引导到（现代）板块构造范例中去是带有某种冒险性的”。

三、中间阶段的全球构造

经过上述在不同情况下的构造演化，以及在本文未作论述的大陆块体整体相对于地球两极及块体与块体之间的相对移动与旋转，一个新的潘基亚形成了。Morel 与 Irving(1981) 根据古地磁资料，做出了石炭纪最晚期和二叠纪的潘基亚 B 的图件，以与大家所熟知的反映早侏罗世或晚三叠世情况的魏格纳潘基亚即潘基亚 A 相比较。我们曾把从 B 到 A 的这一段地史时期划分为一个"中间阶段"。正如 Morel 等所说："石炭纪、二叠纪岩石含有大量煤、气和油，因而了解这些时代的大地构造格局具有重要的实用意义"。

全球性运动体制的转换应该说有历史性的连续一面，又有阶段性的差异一面。从这个中间阶段到在它以前和以后的古全球构造与新全球构造阶段，发生在空间上不同地区的体制转换，在时间上并不是"一刀切"的。例如，狭义的海西运动在欧洲结束于晚威斯特法尔（Late Westfalen）的 Asturian 褶皱幕，而阿巴拉契亚—毛里塔尼亚与乌拉尔带的褶皱则分别完成于 Alleghenian 与 Saalian 幕，非洲、欧、美与西伯利亚陆壳块体到晚二叠世才完全镶合在一起成为潘基亚。所以潘基亚 B 的图案并不完全反映中间阶段的起点。同样，几乎在潘基亚完全镶合的同时，在它的内部即已发生分裂，开始出现晚二叠世—三叠纪的古特提斯洋壳。潘基亚 A 的格局只是代表了稍晚时期解体作用已占主导地位的情况。Sawkins（1976）指出了这种大陆碰撞与大陆分裂在"启动同时性"（Initial synchronism）方面的矛盾，但这正是符合于"一切差异都经过中间阶段融合，一切对立都经过中间环节而相互过渡"这一自然辩证法原则的。

在中间阶段的全球构造体制中，下面几种机制对油气盆地具有重要的意义：

1. 底流作用

在西欧，尤其是在海西造山带占重要地位的西德，近年来许多地质学者都认为海西"洋"在那里是不存在的，海西地槽是在一个活动的、不均一的硅铝壳上演化的。主要的破裂和剪切（逆掩）带可以用"底流"假说来解释。"底流"是硅铝地壳物质对于在陆壳下进行的岩石圈地幔俯冲作用的反应[29]，这种地幔活动是由于岩石圈演化过程中热体制的改变。Zwart（1980）曾设想正是由于这种地幔活动在古生代末以后的位置迁移才产生了大西洋中脊并使阿尔卑斯造山运动得以发生。

在另一些地方，例如前述的蒙古地槽带，当海西期小"洋盆"在石炭纪—二叠纪封闭后，构造活动仍在进行，直到二叠纪末（或早三叠世）的南北陆块最终对接。这一段在硅铝壳上进行的构造活动，可能同样具有"底流"作用的性质，即为中朝地块下的岩石圈地幔俯冲所引起。对接的不对称性及近来关于晚海西以至印支期花岗岩侵入的报道，可与欧洲海西带中同运动期或后运动期的花岗岩类（Syn- and Postkinematic Granitoid）的活动相比拟。再如中朝地台南侧，当海西坳拉槽褶皱以后，在二叠纪末或早三叠世也可能有过向南的底流活动（印支期扬子地台的向北推掩加强了这一作用）。在向南北两侧的底流作用下，先是石盒子统的普遍沉降，然后是中朝地台东段的地壳缩短，隆起、减薄，后者不仅表现为南侧晚古生代地层（包括二叠系）的褶皱与逆掩（向北），而且为地台上的早中三叠世沉积受到剥蚀缺失和后来的中新生代断陷发育提供了条件。

2. 热体制的调整与塌陷盆地（Collapse basin）的形成

海西褶皱的完成和潘基亚 B 的出现同时也是地球热体制的一次重大调整。Holmgren（1975）认为中新生代油气繁荣的"最深刻的内在原因是在海西运动同时或以后的地球热流量与能量平衡的重大改变”。Moody（1975）也强调了“紧随着海西造山运动的高地热”的重要性。这种热体制的调整在构造体制上的重要反应之一是一些后造山塌陷盆地的形成。Ziegler 指出[30]：西北欧的海西前陆有两个大盆地（被称为南、北二叠纪盆地）在 Saxonian 期开始快速沉降，并认为德国北部赤底层（Rotliegend）沉积中心的沉降可用晚石炭世—早二叠世热穹隆的冷却来解释。被原苏联学者称为“中间构造层”的在西西伯利亚海西褶皱带上发育的二叠—三叠纪断陷与坳陷属于同一性质。同样，在较早发生的海西褶皱基底上，我国准噶尔盆地的北部从晚石炭世以来即已形成盆地，并已经证实有良好油气条件。类似的“塌陷”表现为中朝地台上石盒子统广泛覆盖了在此以前的不同岩相区及晚石炭世地层向四川中部的扬子地台隆起超覆，随后的二叠纪及早中三叠世地层最广泛地覆盖了南方的广大地区。与此相应，北美大陆上宾夕法尼亚—二叠纪盆地或沉积区的分布范围一般也超过了在它下面的密西西比—下古生界盆地。所有这些，都证明了“世界上大多数盆地出现在华力西的某一幕之后”这一论点（Umbgrove，1947），也表现了地球的热—构造体制在潘基亚 B 时期进入了一个新的阶段。

3. 大规模的平移断层与拉张盆地

欧洲的海西褶皱带在晚石炭世（Late Westfalian）固结以后，南北向的挤压转变为东西向，以致造山运动继续在阿巴拉契亚与乌拉尔进行。在南乌拉尔与北阿巴拉契亚之间出现了一个右移转换断层体系。据 Arthaud 与 Matte，它主要发生于石炭纪和二叠纪，移动 500～700km[31]。Morel 与 Irving（1981）据古地磁资料编制潘基亚 B 的图件时，指出这一在冈瓦纳与北方大陆之间的右旋巨剪切主要发生在二叠纪和三叠纪，推断的最小移动量达 3500km。这个问题尚未解决，但可以表明：大陆位移，不限于侏罗纪及其后的时代，而是可追索到三叠纪和二叠纪。泛古陆并不像魏格纳和后来的大多数作者所想象的那样一成不变，而是或快或慢地连续进行演化的。这一巨剪切系派生了一些配套的剪切断裂和有关的拉张槽盆，前者包括北美东部的 Agadir 与 Chedabukto 断层和欧洲的比斯开湾断层与 Tornquist-Teisseyre 线性构造。在欧洲的这种剪切产生了 Oslo 地堑和中央地块与波希米亚地块中的一些半地堑（“滚板”式盆地 Trap-door basin），其中常有碱性至钙碱性火山岩。德国北部与波兰低地下面广泛分布的火山岩也同这些断裂有关。

乌拉尔以东，以上述的蒙古地槽带为例，这里的断裂系统，包括北西、北东、东西和南北向的不同体系，曾经历了多旋回的发展，情况十分复杂。但据吉洪诺夫[32]，作为“岩浆岩渗入张性带”的以东西走向占优势的所谓东蒙火山带“显然形成于晚石炭世”，不过它的活动一直继续到早白垩世，所以对它的超过 500km（包括蒙古以外的达兰诺尔湖区）的位移总幅度还难做进一步的时代分析。但同欧洲相比较，这些平移断裂构造活动至少部分地可纳入中间阶段的全球构造体系。

在我国境内，对这一问题的注意还很不够。不过我认为连接祁连与昆仑的北东东向的阿尔金山左旋大平移断裂很可能在这两部分海西褶皱完成之际即已开始活动。柴达木东北缘的二、三叠纪断槽（中吾农山）未能西延。航磁资料指出的塔里木中部近东西向的分裂与二叠纪基性岩的出现，是否同这一较大规模的平移有关，尚待进一步研究。与此相应的古生代末近南北向平移可能曾出现在贺兰—龙门—玉龙一线，但为后来的变格所复杂化。

这种几乎涉及整个潘基亚 B 的大规模平移，可能是产生二叠纪末到三叠纪初的古特提斯的主要原因，像新生代的地中海中西部那样，古特提斯可能是从一些雁行排列的拉张伸展开始的。

4. 古特提斯的发生

有人把“特提斯洋”分为北部的古特提斯和南部的新特提斯，并认为“前者的关闭与后者在晚古生代—早中生代的张开是一致的，或者前者的关闭就是导致后者张开的原因”[33]，我认为这样的命名，即把主要的海西带作为北部的古特提斯，是不确当的，但关于二者在张开与闭合的时代与因果关系的论述则是正确的。按流行的定义，我们把二叠纪—三叠纪的特提斯称为古特提斯，属于侏罗—白垩纪（可能包括三叠纪最晚期）的是特提斯（或称中生洋 Mesogea，但后一名称的涵义更为广泛），新生代（或包括白垩纪末期）发育的是新特提斯或地中海。后二者属于新全球构造的范畴，而古特提斯则是从古全球构造过渡到新全球构造的中间阶段的产物。它的出现看来是同上节所说的涉及整个潘基亚 B 的大规模平移有密切关系。

古特提斯的证实，在欧洲是近年来的事情，1977 年许靖华根据从罗马尼亚获得的资料，第一次宣布“可能我们终于找到了已经消失了的三叠纪特提斯”。由此向西，它延展不远，而向东则通过克里米亚的南部、阿富汗，进入我国后在羌塘地块之北经巴颜喀喇山南折沿金沙江东岸与红河的蛇绿岩带相接。一个分支经东昆仑进入西秦岭。金沙江一带的情况，近年来研究得较为详细（陈炳蔚等），虽然还有一些不同意见，但总体上认为从二叠纪晚期出现洋壳，至三叠纪晚期发生以向东为主的俯冲，从而造成中国西部的宏伟的印支褶皱。康滇地轴和川滇的二叠纪玄武岩流溢，看来是同这一段时期的构造演化相联系的，并伴有近南北向的平移活动。

关于这一二叠—三叠纪古特提斯的向东延展，同太平洋板块的联系及对中国东南部印支运动的影响等，已在另文论述[34]。这里只讨论几个问题：

（1）这一时期的特提斯是在北大陆内部的海西基础上发生的。有晚古生代华夏植物群的羌塘地块虽曾向南移动，但仍是古中国“原地台”的一部分。古特提斯关闭以后，在它南面发生的班公湖—怒江洋壳带（约在侏罗纪末关闭）成了北大陆与南大陆当时的界限（王鸿祯）；更南的雅鲁藏布江洋壳带的发生可能在三叠纪末或更晚，关闭的时间则在始新世。在这二条中生代洋壳之间的念青—冈底斯地块是从冈瓦纳分离北移的碎块的先驱。这种由北而南，此合彼开，而每一次开张又宽度不大历时不久的发展过程，仍具有“手风琴”式的色彩。

（2）虽然据古地磁资料，从冈瓦纳分裂出来的碎块往北漂移的距离在 2000km 以上，但我曾引证过马克斯韦尔的观点，认为“没有理由推断在非洲与欧亚之间曾存过大洋规模的侧向移位”，即是说特提斯从来没有达到过大洋的规模。近来 SinhaRoy（1982）也认为许多分裂块体的存在，“减小了特提斯的宽度，使之比原来设想的为窄”。大规模的漂移是由于从侏罗纪以来属于潘基亚 A 范畴的“传送带”活动，而古特提斯则是从古全球构造阶段的断续出现的硅镁壳小“洋盆”到成带的洋壳扩张的过渡。“陆间地槽”和“边缘地槽”的差别是一直存在的。

（3）不仅在“量”（洋壳拉张的规模）的方面，而且在“质”（洋壳扩张与消失的方式）的方面，古特提斯可能也具有过渡的性质。现代大洋的形成是从洋中脊的扩张开始的。按现有资料，特提斯洋脊的存在可追溯到中生代（如东地中海与西菲律宾海），古特提斯是否已按洋中脊扩张的方式而发育，尚有待证明。不过，我国西部规模巨大的印支褶皱带是由于洋壳俯冲而引起，经过许多人的研究，已有较多的证据（陈炳蔚等）。东南部的印支构造与岩浆活动，我在另文中论证过：可能也是由于联结特提斯与太平洋的东西向古特提斯扩张脊的向北俯冲。这些情况也许可以间接说明古生代末期的新生洋壳已具有足以俯冲到陆壳以下的强度（见下文），从而过渡到现代模式的板块构造格局。

5. 陆块边缘构造格局的改变

上文曾对北美西部科迪勒拉的中古生代（安特勒）构造运动性质作了一些论述。经历这次运动，密西西比期以后的优地槽沉积仍在西面的岛弧后面发育。古生代末发生了一次重大的古地理改变，形成了一个切截古生代构造与地层带的新的北西走向的板缘边棱（Burchfiel 和 Davis，1972），在此以后不久的早、中三叠世索诺马运动再一次使深水沉积岩石与洋盆基底向东推移，“但是，在这一次，起主导作用的岛弧就一直连接在大陆之上了”（Hamilton），晚三叠世和中生代岩浆在古陆上的喷发证实了这里从此有了从太平洋向东的俯冲带，自此以后，不再有像在安特勒运动以后被设想的那种俯冲极性地改变了。总之是：同早、中古生代相比，晚古生代末至早中生代开始有了一个新的洋壳俯冲的构造格局。

与此相应，“中国东南部早古生代有巨厚的复理石，但少见火山活动，晚古生代仅有边缘海沉积而不见岛弧组合，可能当时大陆边缘已在台湾之东，由于后期的地壳消减，今日已不可见”[35]。这种后期（至早是晚古生代末）的消减作用是否也像太平洋对岸的索诺马运动那样改造了旧的大陆边缘，并产生新的符合于现代板块构造模式的洋壳俯冲体制，或者说从“千足虫”“雪橇”开始转为“传动带”？还待进一步探讨。日本的二叠—侏罗纪飞骅—三郡成对变质带，可能标志了这一时期出现的新的构造体制，不过我认为，它可能更多地同当时西菲律宾洋壳的东西向扩张脊（后来旋转为北西向）的向北俯冲相关联。

综上所述，前十亿年左右以来的地质历史中，地球的热体制和构造体制是随着时间而作既连续又有阶段性的演化的。Tarling 指出：“板块构造假说明显地改革了发生于最后2亿年的大地构造作用的概念，但是要把这一假说应用于更早的时代，必须理解到地幔内对流作用的表现可以因地球物理与地球化学环境的改变而有巨大的变化”[36]。由于多种单向发展的因子的存在，这种环境的改变是必然的，并集中地表现于陆壳和洋壳各自的演化与相互的关系上。Wynne-Edwards 以硅铝壳中部深度的时间—温度曲线来说明在不同地质时期内硅铝壳对软流圈扩张的不同反应（图 7），认为在太古宙时，硅铝壳的高温使它主要处于固凝线上（Supersolidus）状态，所以主要的反应是在“大洋”蛇绿岩带周围有大规模的花岗闪长岩质岩浆刺穿体；元古宙的较厚的硅铝壳已冷却到主要处于固凝线下（Subsolidus）状态但仍是黏性的，所以反应为“千足虫”式的流动；到了显生宙，硅铝壳对扩张的反应已转变为脆性的断裂，产生了“正常的”板块构造。Tarling（1978）也提出了一个地热曲线（Geotherms）与岩石圈演化的模式，指出“在前太古宙时，大陆与大洋的地热曲线是等同的；太古宙时只有微小的差别；但到了早元古宙就出现显著的差别，形成了主要的大陆岩石圈，而大洋岩石圈则大为减薄；通过晚元古宙的演化，直到显生宙时，大洋与大陆岩石圈虽然厚度不同但在强度上已彼此相等”。这两种观点，我认为都是符合在连续演化中存在着阶段性这一原则的。但是他们都把元古宙和显生宙的界线作为划分阶段的标志，实际上，显生宙的“显”是生物界的现象，而在热体制与构造体制上同晚元古宙并无显然的界线。所以，阶段的划分，应该一方面提早到晚元古宙以前（大致为前 10～12 亿年）即潘基亚 E 的活动，另一方面延后到古生代之末（前 3 亿年左右）即潘基亚 B 的形成与发展。这两个潘基亚有相似的现象，如地裂运动的活跃等；同时又有不同的发展过程，如硅镁壳的规模、开张与闭合的方式等。经历了多旋回的演化，才进入了新全球构造阶段。可以设想，从晚元古代到中古生代是洋壳较薄的时期，大量热流从这里散失，对流体系是分散的，直到海西褶皱完成、潘基亚 B 形成，才出现新的大规模对流体系，逐步使绝大部分的地球内部热流集中在扩张的洋中脊体系中逸出（Sclater 和 Francheteau，1970），而洋中脊的扩张又成了传送带式板块构造的源地。

小结 在古全球构造阶段与中间阶段，地壳的活动主要是集中在一些槽形地带内开展的。无论是（1）大型陆壳汇合体上开张与闭合的坳拉槽；（2）有或没有硅镁壳“小盆”（它的形态其实也是长条状的，如 Iapetus）的沉降和褶皱带；（3）陆壳块体之间在异时异地出现此开彼合的硅镁壳带而终于相向对接的迁徙的沉积槽地；（4）陆壳块体边缘的陆壳承受负载而又向洋壳伸展推进的沉积与火山活动地带，都可以称之为“槽”或“地槽”。相应地处于这些槽的一侧、两侧或几个槽之间的稳定的（指相对沉降幅度）、但并不是固定的（即相对于软流圈在漂移着的）陆壳块体，则是“台”或“地台”，在这种情况下，我们有可能分别当时“硅铝壳”与“硅镁壳”的大致界线，但无法区分出像现代那样的既有洋壳、又有陆壳（除太平洋板块外）的若干板块。所以我主张仍保持“槽台体制”的名称，免得在资料不够充分的情况下，用今板块的模式来解释“古板块”有牵强之嫌。Coney（1970）说过：“新全球构造还没有能够适当地解释大陆地质的许多复杂性……今后我们或是将从新全球构造中找到对这些问题的答复，或是将按照对这些问题的答复结果而转向某种未来的模式”。我国的一些学者（如任纪舜等）也认为要在新的基础上把地槽学说和板块学说结合起来。

四、古生代盆地及其含油气性

基于“运动体制（包括热体制与构造体制）的变化是形成含油气盆地的首要条件”这一观点，并考虑到古生代与中新生代盆地在含油气条件方面的实际差别，我曾提出按两个世代、两种体制对盆地采用“双重分类”的意见。并对两大类盆地中油气的不同习性试作探讨。

六十年代后期以来，板块构造的兴起带来了对盆地、特别是含油气盆地分类的许多新的观点。Halbouty，Klemme，Dickinson，McCrossan，Bally 等人先后提出了盆地分类方案。这些方案的共同之点，有如 1978 年在《中新生代油气盆地》一文[1]所说：“如果说五十年

[1] 该文完成于 1978 年末，由于出版条件，至 1982 年才得刊行，故对 1978 年以后的文献，未及引用。

代的油气盆地分类受地槽学说的限制而未能充分认识中新生代盆地的特点，那么七十年代的分类似乎又走向了另一个极端，即企图用板块构造的体制来说明所有盆地，其结果是对古生代盆地未能做出很好的说明”。几乎所有的古生代盆地都被纳入“克拉通盆地”或者与被动大陆边缘相类比。但对于这些“克拉通盆地”，Bally 不得不认为它们是“欺人地简单”[37]，“尽管我们对许多更为复杂的地质现象已有了令人满意的模式，而关于‘简单的’克拉通盆地（原苏联文献中的台向斜）及其正性的相应部分，即克拉通穹起（台背斜）的发育仍然缺乏使人信服的解释”。对于后者，Porter 与 McCrossan 也不能不设想“可能沿大陆边缘曾经形成过的其他类型的早期古生代盆地……但已被摧毁”[38]。

另一些人的意见则与我在 1965 年提出的看法有相似之处，如 Nose（1975）指出：“盆地的性质是其时代的直接产物，因为它反映着其形成期间的地壳运动情况”。因此，“世界产油盆地显示出明显的地质差异，直接与其时代有关”，“在第三系、中生界和古生界的含油盆地之间有着重要的差异”❶。我曾引述过的 Moody，Holmgren 等关于海西运动后热体制的变化与盆地形成关系的论点，也可与我所说的“变格运动”相联系。其实，在 Porter 与 McCrossan 的“盆地血缘论”及 Klemme 的最近论著（1980）中，也包含着盆地类型与地质时代、地球的热体制、构造体制（即图 1 的 3T）之间的相关性，我在另文中已有论述。最近甘克文也对古生代与中新生代盆地分别提出了具体的分类意见[39]。

在《中新生代油气盆地》一文中，我曾参照 Nalivkin[40] 对俄罗斯地台盆地的分析，提出了一个古生代盆地类型的初步意见。现根据本文前两节关于古全球构造与中间阶段全球构造体制的见解，再对古生代盆地的类型试作下面的区分：

a. 坳拉槽（aulacogen）及其后期发育的台向斜（Syneclise）

最早的坳拉槽出现在中元古宙。在晚元古宙的潘基亚 E 阶段是一个强烈发育时期。在整个古生代期间仍在不同地区形成和发育。虽然各个坳拉槽的具体风格可以有所差别，例如两侧或一侧边界断层的发育情况不尽相似等，但一般都涉及整个岩石圈的拉裂，地幔物质得以岩墙或岩流的方式出现。沉积程序一般以陆相沉积开始（红层），然后在较快速沉降阶段有海相碳酸盐岩与较深水碎屑岩沉积（生储油层），并常有蒸发岩类，晚期则往往是包括三角洲相在内的浅水沉积（如含煤层系等）。在最后挤压褶皱以前，长期处于张应力的作用下。这类的典型例子有第聂伯—顿涅茨和多次活动的南俄克拉何马，可称之为 a_1 型。

由于它的形成涉及地幔物质的活动，地幔垫的冷却引起后期的沉降，我曾用来说明中新生代盆地演化的断陷—坳陷转化机制，也可运用于古生界。这种后期沉降发生在广泛得多的范围内，改变了“槽”的形状，发育着有明显相带的地台型稳定沉积。原苏联文献中称之为台向斜。Shatski 早就指出：坳拉槽沉积的上部层次通常要比初始裂陷扩展到更为广大的区域。Nalivkin 也指出这种宽广平阔的台向斜往往是坳拉槽的“再生”，如莫斯科、拉曼—伯朝拉等。北美的二叠盆地、阿纳达科盆地等也都是在坳拉槽的基础上发展形成的。Bally 甚至认为：“可以断论，具有资料的那些克拉通盆地，绝大多数潜伏着不同复杂程度的裂谷系”。鉴于成因机制上的密切联系，我把这种台向斜列入本类，称之为 a_2 型，以有

❶ 诺思，1972，各个时代含油气省的特征，《第 24 届国际地质会议论文集》。译文见《石油地质技科情报》，1976 年，第 3 期。

别于下文所述的由其他机制产生的地台内部凹陷（d）。

b. 克拉通周边（Cratonic border）沉降盆地及后期的前渊

克拉通的周边是指从地台中心稳定部分到外缘活动带之间的沉积逐渐加厚，岩相不断变化的地区。它不是真正的克拉通边缘（Margin），因为边缘一般是已褶皱变质的优地槽，所以改用周边（Border）一词。

这一带按其基底性质，可分为两种类型（Bally，甘克文）（图 9）：b_1：基底是块断型的，包括一些晚元古宙的坳拉槽，其上为早古生代的以碳酸盐岩为主的地台沉积，例如俄罗斯地台的伏尔加—乌拉尔地区。b_2：前寒武纪基底相对完整，早古生代地层明显向地台中心减薄，例如北美的阿巴拉契亚中部。加拿大西部的晚元古宙—早古生代碎屑岩、碳酸盐岩（包括著名的 Alberta 礁体）与蒸发岩，情况相似于阿巴拉契亚，虽然这里有与地槽斜交的晚元古宙 Athapuscow 坳拉槽，但不同于伏尔加—乌拉尔的块断。后者的基底活动导致了因差异沉降而发育的相带，故含油气条件更为有利。这些地台周边沉积都具有生储油性能，一般没有强烈褶皱，可形成张性的圈闭。无论在岩相和构造性质上，它们都同地质时代后期的“被动大陆边缘”有一定差别。

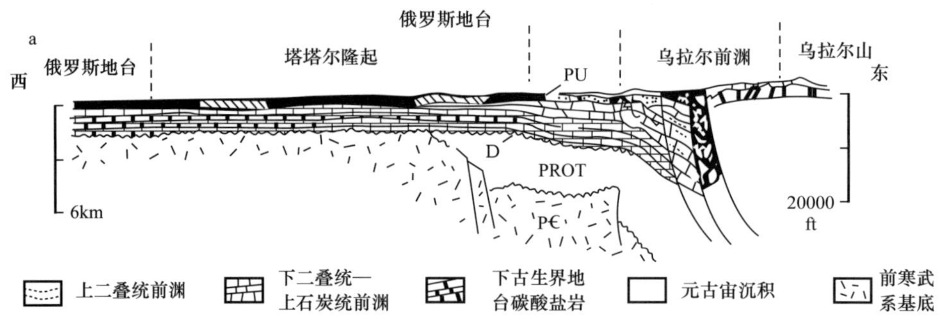

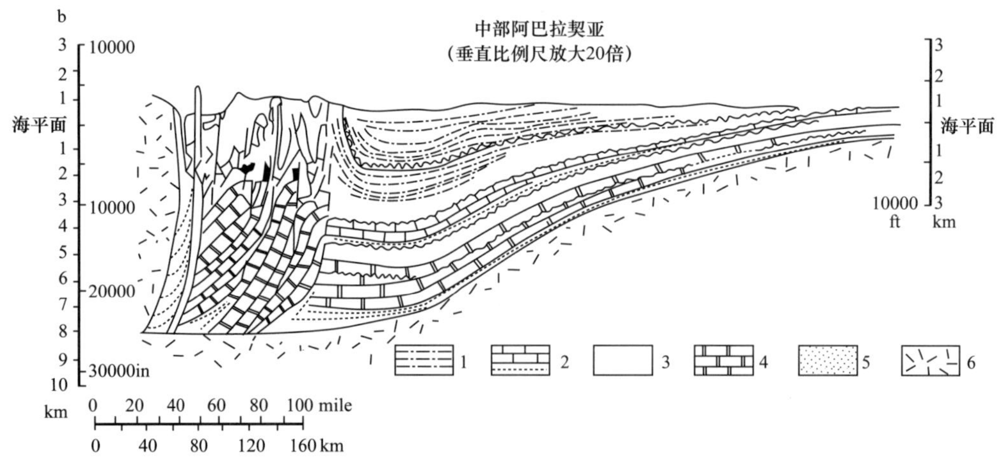

图 9　两类 b 型盆地及前渊（据 Bally，1980）

前渊：1—泥盆纪—宾夕法尼亚期碎屑岩；2—志留—泥盆纪碳酸盐岩与碎屑岩；3—晚奥陶世碎屑岩；
地台：4—寒武—奥陶纪碳酸盐岩；5—寒武纪与晚前寒武纪碎屑岩；6—前寒武纪基底

在这些克拉通周边的早古生代沉积之上，往往覆盖有晚古生代的“前渊”或“山前坳陷”。虽然在构造性质和沉积来源（如来自褶皱带与克拉通双方）上彼此是不相同的，但从油气勘探的角度看，二者却构成了一个整体，所以我把它并入这一类（b_3）。乌拉尔前渊的石炭系—二叠系以碳酸盐岩为主，它们同下伏的地台序列间没有重要的不整合，而阿巴拉契亚的晚古生代（中泥盆—宾夕法尼亚）碎屑楔状体沉积之前则有一次遍及整个大陆的不整合，主要的生油岩位于楔状体的底部。事实上这里的中奥陶世至志留纪碎屑沉积已可被认为是泰康运动后的前渊，所以在多旋回的发展中，地台与前渊的沉积序列是难以明确划分的，提出 b_3 型的用意亦在于此。它们的应力状态是从早期的张性转为后期的压性（山麓褶皱）。

值得讨论的是 Bally 曾把前渊一概看作是“同 A 型俯冲边界有关的缝合线边（Peri-sutural）盆地”，这是因为按他的论点，差不多所有古生代褶皱带的形成都是由于洋壳的俯冲，所以 B 型与 A 型俯冲组成了同一个动力体系。其实古生代的 B 型俯冲证据是不充分的，从 Bally 提出的以南部加拿大落基山为模式的 A 型俯冲示范图中也可以看出由 Laramide 运动产生的涉及中生代碎屑沉积的 A 型俯冲是叠加在晚古生代前渊之上的多旋回构造（图 10）。这里的二叠纪—侏罗纪沉积体中存在着多次的不整合，反映了两种体制转换时期的构造活动。

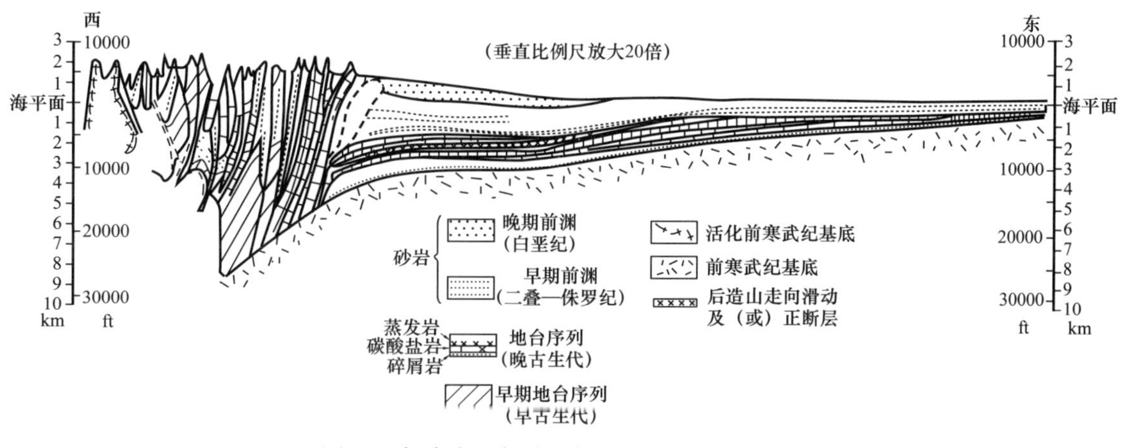

图 10　加拿大西部盆地剖面（据 Bally，1980）

c. 塌陷盆地（Collapse basin）

主要是指由于海西运动后热体制的调整而发生在海西褶皱带及其部分前陆上的沉降盆地。发生在加里东带上的这类盆地很少，但英国和挪威的古红砂岩“山间盆地”或也可归入此类。欧洲海西带内有不少从 Autunian 阶到 Saxonian 阶连续沉积的山间盆地。西北欧的海西前陆上有两个在 Saxonian 阶迅速沉降（速度超过沉积速度）的盆地，Ziegler 称之为北与南二叠纪盆地，其中的沉积物是典型的 Rotliegend Zechstein 红层与岩盐，在南盆地中，主要的沉积中心同德国北部广泛的 Autunian 火山作用地区相符合。而北盆地的沉降则被认为是由于晚石炭世—早二叠世热穹隆的冷却作用。这些情况使它们显然不同于上节所说的“山前坳陷”。这种盆地沉积及其与下伏石炭纪煤系的组合对于格罗宁根与北海气田的关系已是人所共知。

海西运动是多旋回的，各地的褶皱期先后不一，所以这类塌陷盆地的发生自然也就或早或晚。据 Kontorovich（1975）的图件（图 11），侏罗纪以前的西西伯利亚盆地包含了一系列中、晚古生代小盆地与三叠纪的有火山喷发物质的裂谷。这一所谓“中间构造层”（Zhavrev 等）也是后海西热事件的产物。我国准噶尔盆地北部已知产油气的晚（中？）石炭世含火山物质的沉积看来也是这类盆地的一部分，不过盆地的轮廓显然已为后来的变格运动所改造。北美的这类盆地较不发育（同海西褶皱带的范围较小有关），从密西西比期开始发育的加拿大 Sverdrup 盆地是否可属此类，由于基底的性质不明尚难断定，而且它的发展一直持续到中生代，也不存在火山岩类，具有不同的风格。

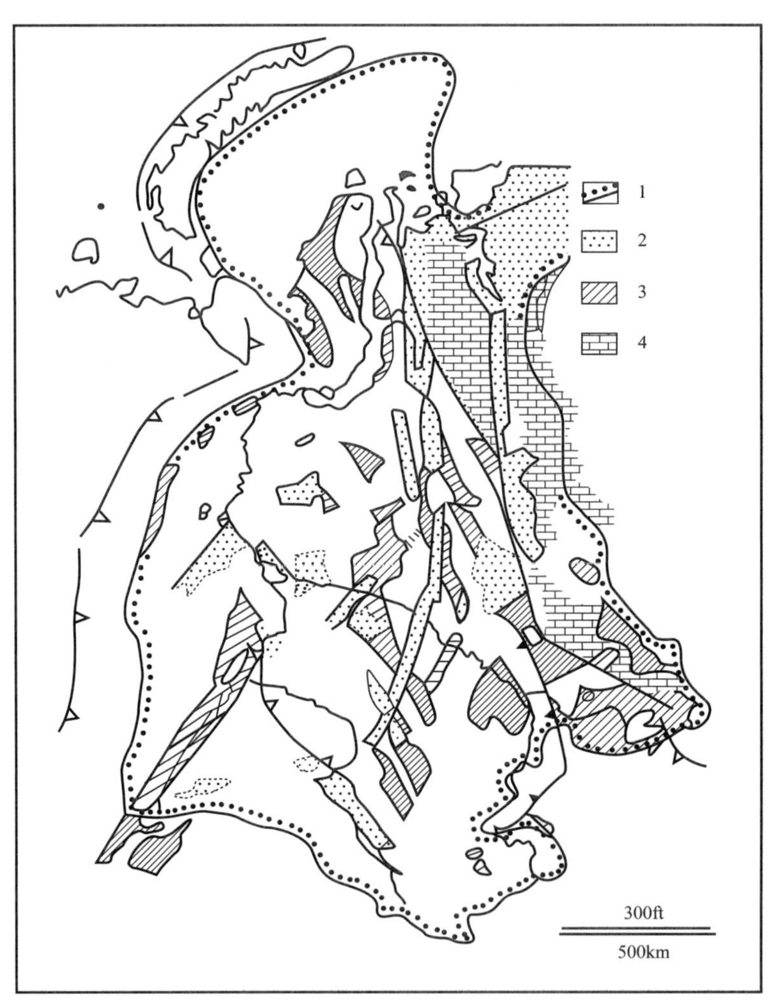

图 11　西西伯利亚盆地中间构造层的前侏罗纪盆地（据 Kontovich 等，1975 引自 Bally，1980）

1—盆地为界；2—三叠纪火山岩与沉积岩；3—晚海西期沉积；4—古生代地台序列

我把这种以热事件为主要导因而发生在海西褶皱带内或其附近的盆地称之为 c_1 型。在褶皱带外的克拉通上是否也有这种与岩浆活动相联系的晚古生代盆地？甘克文提出了一种在沉降后期发生区域性基性岩浆喷溢的特殊形式的内部沉降盆地，“已知典型的有南非的卡鲁盆地，南美的马腊尼昂和巴拉那盆地，原苏联东西伯利亚的通古斯盆地。典型性较差，有发育的基性岩脉而无大片熔岩覆盖的则有亚马孙盆地、廷杜夫盆地和陶丹尼盆地。非常有趣的是无论非洲、拉丁美洲及亚洲，这些盆地的基性岩浆活动都是发生在晚二叠世至早侏罗世”。显然，它们也是海西期后从潘基亚 B 到 A 转化过程中热体制变化的产物。可以算作本类盆地的 c_2 型，虽然它们的含油气条件远远不如 c_1 型。

d. 克拉通凹陷（Cratonic depression）

在广泛覆盖在克拉通结晶基底上的下古生界稳定地台沉积范围内，往往出现沉降幅度较大、沉积厚度也较大的碟状、平底锅状或典型的圆盘状地区，并为常呈短轴状的穹拱（Arch）所分开，地层向穹拱的顶部减薄。例如北美地台上的密执安、伊利诺斯盆地及 Nalivkin 所提到的俄罗斯地台中部隆起上的同莫霍面不具倒影关系、并“只有次要意义的大而平缓的盆地”。这类盆地的结构最为简单，但对其成因至今尚众说不一。从地层的岩相、等厚线变化看，它们不是后来的构造运动产物；从它们的持续性看，在很长的地质时期内没有改变位置，不能用岩石圈漂移经过地幔热点的方式来解释；从它们的深部地质结构看，也不像 a_3 型盆地那样是坳拉槽的“再生”[密执安盆地之下，地球物理资料指出可能存在着有 Keweenawan 红层（10 亿年前）充填的地堑系，但盆地的最大沉降发生在奥陶纪以后，在时间上有很大差距]。因此有人主张这类盆地的形成是由于岩石圈的局部不均一性，包括深部有致密岩体的侵入（McGin-nis，1970）或基性侵入体转化为榴辉岩相（Haxby 等，1976），但都还缺乏可信的证据。Hinze 等最近认为这种盆—穹关系是奥陶纪时 Iapetus 洋壳俯冲的结果，但有如上文所述，这一俯冲的证据是不够充分的，时间上也同盆地的历史不相符合。这类盆地的沉降与沉积作用一般保持平衡，沉积物主要是浅水海相，中部有时有非补偿性沉积，在生储油方面具备一定条件。我把这类盆地称为 d_1 型，以与 a_3 型的台向斜相区别。

这种地台上的盆—穹关系在整个古生代期间继续发展。在北美地台上，从宾夕法尼亚期起的海侵具有全大陆性的规模，以前的 d_1 型盆地大部分在此时保持了继承性的发展，在明显的或不很明显的后密西西比期不整合面以上继续沉积了晚古生代地层，包括具有良好生油性能的二叠系。沉积和构造的迭加，为多种类型的油气田提供了条件，这类盆地也就是 Klemme 的“Ⅱ型陆内复合盆地”（但不应包括上叠的、由于板内构造机制而产生的中新生代盆地）。我称之为 d_2 型。大型盆间穹拱的存在和油气的远距离运移使得许多构造圈闭和地层圈闭存在于盆地的内部，十分有利于油气藏范围与规模的开拓。

e. 拉张断陷（Extensional rift）

在张应力作用下，岩石圈的强度相对地最小，所以断陷（或地裂作用）是十分普遍的地质现象，特别是在岩石圈因某些原因而减薄的地方。它们可以发生在全球构造历史的各个阶段中，也可以发展到不同的深度，反映于存在其中的不同性质的岩浆岩。这些断陷的一部分后来继续发展成为坳拉槽（上述的 a 型），甚至因拉张而出现硅镁壳的“小洋盆”，而另一些则停止在早期阶段。Burke 的图（图 12）表示了北美主要的元古宙与古生代断陷，带细点的一些在元古宙末开始并在古生代成为坳拉槽，另一些则没有达到这种演化程度[41]。对于油气来说，这些较小断陷并无重要意义，但值得注意的是：作为岩石圈的薄弱地带，它们在地质历史的后期往往重新活动并产生前所未有的影响，例如从二叠纪初开始在西北欧出现的断陷，在三叠纪、侏罗纪、白垩纪直至新生代曾经一再复活，北海的巨大油气区便是这种地质发展的结果。

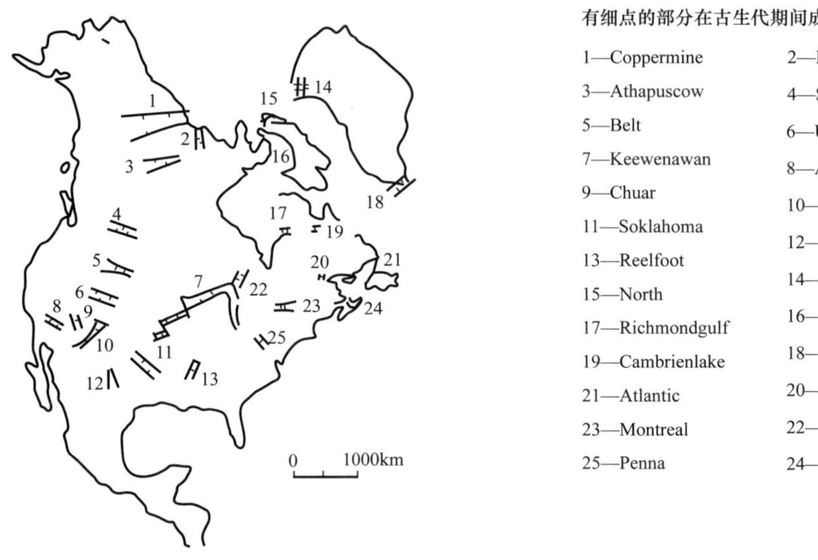

图 12　北美洲主要的元古宙与古生代裂谷（据 Burke，1981）

大规模的平移剪切断层是产生拉张作用的一个重要原因。Morel 与 Irving 或 Arthaud 与 Matte 提出的在冈瓦纳和北方大陆之间的右旋巨剪切，虽然在发生的时期（石炭纪—二叠或二叠纪—三叠纪）及移动的规模（数千或数百公里）方面看法还有出入，但对因此在乌拉尔至阿巴拉契亚之间的地区内产生了许多断陷这一点则有共同的认识。这类断陷包括富含高碱性火山岩的奥斯陆地堑和法国中央地块与波希米亚地块内有巨厚煤系地层的一些半地堑（“滚板式盆地”）。前者与上述 c_1 型盆地关系密切。

这种拉张断陷在其他地区也是常见的，由于造成拉张的原因可以是多种多样的，很难加以区分，所以在这里统称之为 e 型。

f. 由于地壳黏性流动（Ductile flow）而产生的克拉通边缘沉降盆地

这是参照 Bott，Wynne-Edwards 等关于地壳中下部物质黏性外流的概念而提出的一种新的设想。上文曾以北美科迪勒拉古生代与中生代以后的不同构造演化为例予以说明。虽然大陆蠕散的概念已由 Argand 在数十年前提出；洋壳俯冲还是陆壳仰冲的问题，张文佑等也已一再论及；但作为一种古生代盆地形成机制来看，我在上文的论述显然还是初步的，有待于进一步探讨。值得在此略加补充的是：Beloussov[42] 指出：“不是所有的岛屿带都呈弧状”，“可划分出 Ⅰ 型和 Ⅱ 型岛弧。Ⅰ 型岛弧经历过多旋回正地槽发育阶段，具标准陆壳。……Ⅱ 型岛弧通常不出露可说明多旋回正地槽发育的基底。其大多数现在位于洋壳上，……一部分也处于陆壳之上”。这些情况正好说明与古科迪勒拉地槽有关的“海外的克拉马特山岛”是属于 Ⅱ 型的。他还说：“陆壳变薄和陆壳向洋壳过渡的历史与地壳的坳陷作用相联系”，“正是由于坳陷的移动才在新的地方出现岛弧”。我在上文中也说到早古生代的科迪勒拉实际是在岛弧升起以前已先存在的“边缘海”，由于地壳物质的黏性外流使得陆壳变薄，发生坳陷，而坳陷向洋壳过渡处的伸展移动才促使岛弧形成。Beloussov 还引用 Arculus（1979）的看法，即“看来俯冲与钙碱性岩浆的形成毫无关系，它的形成可能与岛弧带内未衰竭地幔的存在有关。较深处有水时，地幔熔融导致形成安山岩和安山玄武岩”。显然，未衰竭地幔在古生代存在的可能性要大于中生代以后，而陆壳黏性流动所带来的物质有助于地幔的熔融与火山的出现。所以，虽然 Beloussov 的著作是从“洋化论”的立场来探讨近代陆洋过渡带的结构和发育条件的，但颇有值得借鉴之处。在 Wilson 旋回中，从岩石圈的结合转化为拆离，即从被动边缘转化为活动边缘的关键问题，确实还有从多方面来加以探讨的必要。

属于这一类的 f 型盆地，同 b 型的不同之处，在于它是同造山的，不是早期的地台周边或后期的前渊；深水相的沉积较为发育，或和台地相相间出现；受褶皱、断裂（垂直拉张或水平推掩）与变质的影响较为显著；一般由于后期构造活动的影响，油气保存条件较差。但在相对稳定的部分，即使构造情况比较复杂，仍有值得探索的地方，特别是从后期成油的角度来考虑。

以上是从不同地质时代存在着不同构造体制与热体制（图 1 的 3T）的观点出发，对古生代盆地的类型进行划分的初步意见。并分别以 aulacogen，cratonic border，collapse，depression，extensional 与 ductile flow 这些机制名称中的一个字母称之为 a，b，c，d，e，f 型盆地。同我在另文中所提出的中新生代盆地的看法一样，这些类型可以看作是盆地的“原型”（Prototype），一个大油气盆地或区往往由几种原型组成，如美国东部古生界油气区包括 b 与 d 型，中西部则兼有 a，b，d 型等。同一型盆地可以由于一些具体的条件而有不同的风格，但在沉降性质、沉积序列和应力背景等方面（图 1 的 4S）往往有共同的规律，上文中已约略说到。关于同油气藏直接有关的一些地质因素（图 1 的 4M），不能在本文内详细讨论，只就以下几点略做说明：

（1）古生代沉积物中存在着成油物质，是无可置疑的，虽然对大量碳酸盐岩的成油过程迄今还没有一致的意见。古生代的原油性质同中新生代的有比较明显的差别，可能是成油母质有所不同。

（2）二次成油的理论，近年来已有更多的事实证据。Tissot 甚至认为差不多所有的古生代油气都是由古生代生油母质在白垩纪—第三纪时期形成的。这一点对古生代的油气演化甚关重要。此外，对埋藏较深的古生代地层来说，“成熟度”是个重要问题。巴基洛夫等反对那些深部只有天然气的看法，认为从近年来苏、美深井的实际资料看，“在超过 4～5km 的深处，……有可能发现具有工业意义的油藏”，“工业性石油聚集存在的深度下限在不同的地区将依其具体的温压条件而不同”❶。这些条件显然受盆地的类型及其后来改造作用的制约。至于世界上几乎所有的不产石油的大气田都存在于二叠纪—三叠纪地层中的原因，看来除了同煤系地层的发育有关外，还同海西运动后潘基亚 B 内部的新的热体制有一定的联系。

（3）油气的远距离运移是古生代油气田有别于中新生代的一个重要特征，Weeks

❶ A.A. 巴基洛夫，з.A. 巴基洛夫及 з.A. 塔巴萨兰斯基，1976，古老地台和年青地台上油气聚集分布规律的对比分析，《第 25 届国际地质学会论文集》。杨登维译，《石油地质科技情报》，1977 年，第 1 期。

（1952）早就指出有些油田中的油是从相邻地区现已褶皱变质的沉积岩中产生的。Nose（1972）也认为："许多古生界的石油（如在美国的内地或阿尔及利亚）现已汇集在多半不太可能有生油岩的地区。大量的母岩已经卷入古生代晚期的造山带之中，而只有原先生成的并残存下来的石油由于强迫向前陆运移而保存了下来。因而大部分古生界油田不是处于压性盆地中，而是沿着古生代前渊的两边，位于带盖层的地盾的隆起上"。我觉得，这一看法虽然不宜过分强调（因为还须考虑到许多具体因素，如成油的时期、运移的岩性、构造条件等），但也应予以注意，以有条件地开拓探索古生界油田的视野。

（4）最后，也许还是最重要的一个问题是古生界的保持条件。特别对中国来说，中新生代的构造活力（"变格运动"）比之北美或俄罗斯地台都更富于多旋回性而且更为强烈。大部分古生界盆地或是为中新生界盆地所叠加覆盖，或是受中新生代构造运动的破坏改造。在另文中我曾论述过我国中新生界盆地的几种形成与演化机制，即：A 型俯冲（A-subduction）、基底拆离（Basement decoupling）、碰撞（Collision）、差异沉降（Differential subsidence）、拉张（Extension）、平移滑动（Fault strike-slip）及重力滑移（Gravitational sliding）分别以有关字母中的 A，B，C，D，E，F，G 表示之。这些机制同时也就是对古生界盆地的改造（Modification）方式。所以，各型古生界盆地除了本身可有以上说到的 a+b，b+d……组合关系外，还有同中新生代各型盆地的沉积的与构造的叠加改造关系，如 $\frac{A}{b}$（四川西部）、$\frac{E}{d}$（华北某些部分？）等等。后一种关系一方面为许多类型的油气藏，如新油古储的基岩油藏（华北的一些古潜山）或古气新储（如华北某些地方新生代沙河街组中的天然气来自古生代地层）的转移性气藏等等的形成提供了条件，而另一方面也无疑地大大增加了寻找古生界油气藏工作的复杂性。

寻找古生界油气藏的工作，在全国范围内，除个别地区（如四川、准噶尔）外，还处在初始阶段。对古生界盆地的性质、类型、范围、演化历史及含油性等，都所知甚少，在此只能提出一些供思索探讨的问题，以待实践的验证。这些问题是：

在昆仑—祁连—秦岭—淮阳以北

（1）我国现知的最古老的油显示，出现于燕山地区的中、上元古界中，这里是中、晚元古代的一个坳拉槽（a_1 型）。根据青白口系及其上的寒武、奥陶系沉积发育，这里曾否形成过台向斜式的 a_3 型盆地？在华北地台和塔里木地台上是否还有其他相似的坳拉槽（例如已暴露的库鲁克塔格和贺兰山）和台向斜？对有较厚覆盖的台背斜也应注意。

（2）华北地台南部的寒武奥陶系有属边缘相的沉积（潮坪沉积等），向北应有较深的凹陷。比较这些地层在各个阶段的厚度变化，沉积中心在不断转移。看来下古生界 d 型盆地是存在的，但它们在不同时期的位置所在，尚待进一步划定，保存程度也须作细致分析。华北的奥陶系中早已发现过晶洞油气显示。

（3）反之，华北地台的石炭系—二叠系，在南缘愈向南面，厚度愈大，海相层次也愈发育，这里显然存在着 b 型盆地，但已受到中生代变格运动（扬子地台的向北仰冲）的改造，如发生向北的逆掩断层等。鄂尔多斯西缘的石炭系—二叠系，基本上是下古生界坳拉槽的继续或再现，并有明显的向地台超覆现象。另外，当海水在石炭纪时再次侵入华北地台直到二叠纪陆相沉积广泛覆盖全区的过程中，是否曾产生过继承性的或非继承性的 d 型凹陷？一些作雁行排列的重力高带（如鄂尔多斯东部）是否反映了这个时期的盆—穹结构？鉴于煤系地层的发育，和全世界大气田在晚古生代的优势地位，这种 b 型和 d 型的盆地及位于其间的穹起部分都值得重视。

（4）北祁连的坳拉槽活跃于早古生代时期，甚至有小洋盆拉张。在它的北缘有无被动边缘型（b）的早古生代地层发育？鄂尔多斯西南缘的下古生界可否看作是从祁连地槽伸入到地台内部的一个分支坳拉槽（贺兰山）末端的喇叭口式“海湾”？这里的下古生界，特别是奥陶志留系，厚度很大，看来是有生油条件的。加里东运动后，祁连山北发育了一套从泥盆纪或早石炭世砾岩开始的“前渊”沉积，其中的石炭系曾被认为是走廊地带中新生代地层中油气来源。这一看法至今仍不能予以否定。贺兰山东侧的情况类似，但在印支期受到基底拆离型（自西向东）的改造。当然，这一带的所有古生代地层都遭受过后来的多次变格，构造格局已是支离破碎，但在变质程度不深的地方，也许还存在局部的保持完整的地区。

（5）对塔里木盆地古生界的认识还很不够。看来部分下古生界在北面已抬升剥蚀，在南面则埋藏较深。中晚古生代的海侵来自西面，向东如何扩展应加强了解。在盆地西缘曾有过泥盆石炭纪的 b 型边缘盆地，现在已处在断裂破碎带中。值得注意的是：中西部的巴楚隆起，它在早古生代至石炭纪期间可能曾是地台内部的 d 型沉降，二叠纪裂陷作用以后才转化为隆起，在这里可以兼顾早晚古生代沉积，特别是已见到油气显示的石炭系。

（6）准噶尔盆地北部石炭系油气田的发现，证实这里在较早期的海西褶皱基础上曾发育了 c 型塌陷盆地。由于后来的构造活动，如克乌断裂带所反映的可能属于基底拆离性质的改造作用，这个盆地的原来面貌还不十分清楚，但可以设想在北天山地槽带以北，准噶尔盆地中部以至东部，在中新生代沉积覆盖下存在着类似的条件，有利于进一步寻找上古生界油气田。在此启示下，可以联想到同样属于海西褶皱范围的中国东北地区。这里的海西褶皱完成的时期较晚，但是否在此基础上形成过二叠纪—早三叠世的 c 型盆地。关于东北的二叠纪、三叠纪地层近来不断有新的报道。对它们的性质、分布范围、构造面貌及受岩浆活动的影响等做进一步了解是十分必要的。

在中国南部

（7）下扬子地台的下古生界“台缘坳陷”在浙北皖南的巨厚沉积，由此往北向地台过渡的枢纽地带，如苏南、皖南，在因印支以来的运动而发生逆掩断层与重力滑动的晚古生代—早中三叠世盖层之下，是否以坚硬的五通砂岩为应力调节面而保存着较完整的下古生界构造？这里的早、晚古生代地层中均见到过油气显示，以二叠纪—三叠纪地层（石炭系虽厚度不大，但有超覆与岩相变化现象）为主体的“第二构造层”，虽然构造比较复杂，仍是探索对象，特别是对逆掩断层与不整合面同油气运移的关系，要做深入分析。

（8）在上扬子地台内部，与川中、黔北（开阳）古隆起相对应，是否在川南、川东以至黔北曾有加里东阶段的 d 型沉降盆地？奥陶志留纪的笔石相沉积在水体滞留隔绝条件下的生油性能是不可忽视的，而且也确已见到过油气显示。石炭系的超覆部位已经发现了气藏。二叠系广泛分布，普遍产气，但还可以大胆设想：在同峨眉山玄武岩喷溢相联系的构造体制开始转换时期，是否在川东南、黔西北、滇东北一带曾有可能产生拉张地堑型的 e 型断陷？这一带的二叠纪煤系很发育。如果在这类 e 型断陷中有较厚的煤系地层，而且为三叠系的膏盐层所覆盖，当可为气藏的形成提供优越的条件。这类断陷或因被三叠纪以来的新地层所掩盖，或因后期复活而表现为新的地堑（裂谷），应通过古地理的重建与深部地球物理资料来探索它们的存在与否。

（9）龙门山地区有复杂的地质历史。早古生代时期它是扬子地台的周边沉降带（b），志留纪后扬子地台上升，它仍以坳拉槽（a_1）的方式继续发育。印支运动又使它受到 A 型俯冲的改造，但是大量油气显示毕竟使它成为长期以来引人注目的地方。如何进行细致的构造分析以明确油气藏在这里的保存条件，将是今后势在必行的工作。与龙门山相比，大巴山的下古生界油砂岩同样长期使人关注，但在构造体制上，二者颇不相同。自早古生代以来，大巴山看来是地台上的一个坳拉槽，因为在它北面的镇安地区仍有地台型的震旦系和下古生界。秦岭西段在二叠纪—三叠纪时曾作为可可西里—金沙江古特提斯的一个分支而张开，甚至有硅镁壳出现；而东延的二叠系—三叠系则是充填海槽的复理石沉积。当印支运动使这一槽带封闭时（它的更东部分包括大别山前的盲肠状坳拉槽可能在晚海西期即已封闭），四川西部包括龙门山发生了 A 型俯冲，而大巴山则是封闭的槽体以较大角度的断层向南面的地台推掩。所以在大巴山前，推掩断片（Thrust plate）活动的重要性可能超过了低角度的逆掩（如龙门山）。如果说在龙门山和川西寻找油气藏的重点是逆掩断层下盘的褶皱，那么在大巴山前似乎应更多考虑沿各个推掩断片的不同条件。

（10）扬子地台的东南，从元古代起即出现了我在上文提出的因陆壳物质粘性外流而引起的向洋伸展。梵净山、四堡等地的超基性岩是早期陆壳拉张的产物。往东在川湘边境有一个断陷带，沉积了震旦纪早期以来的巨厚地层。其东即是所谓的“湘桂海盆”，当时的雪峰隆起尚未形成，早寒武世还出现了较深水沉积。从晚震旦世至早奥陶世这里是一个非补偿的滞流海盆，以后在志留纪时才迅速填充。直到湘赣边境以东才是复理石发育的填充海槽，即后来的加里东褶皱带，其中包括了云开、湖广等微陆块。复理石沉积中虽夹有中基性至中酸性熔岩及火山碎屑，但并未形成火山弧，也没有明显的洋壳俯冲迹象。从找油角度看，值得注意的是震旦纪（包括板溪群）至志留纪的“湘桂海盆”中的未变质或轻变质沉积（被认为是地台到地槽间的过渡带）。这种由于陆壳外缘推进、伸展而在它的后面因地壳减薄而形成的盆地，属于上文所说的 f 型。叠加在这一盆地之上和发生在加里东褶皱带内的泥盆纪以来的沉积盆地，是由于海西（印支）阶段陆壳继续向东南面的洋壳作粘性外流而再次形成的 f 型盆地，但范围已经扩大，位置有所迁移。钦防褶皱带是这两次盆地连续发展的代表。后期的 f 型盆地在碳酸盐岩发育范围内常出现一些为断裂控制的硅质相带。邵武河源断裂带北段的超基性岩可能是后一时期的拉张产物。闽粤的一些二叠纪—三叠纪盆地，沉积厚度大、岩相特殊，当是海西（印支）带向洋扩展过程中的拉张作用所致。闽浙沿海近年已发现石炭纪的冒地槽型沉积组合，相应的优地槽组合当须同台湾乃至琉球、日本的有关部分合并考虑。须指出的是：这类 f 型盆地虽然从拉张开始，但都受到后来的褶皱。至于更晚期的变格改造，已在另文讨论。从找油观点看，不仅要注意其沉积相（不尽符合 Wilson 的相带）与后期的成岩作用，还要更多地探索古构造的演化历史。

（11）扬子地台的西部，地质历史更为复杂。澜沧江谷有奥陶纪复理石沉积，昌都地块有加里东褶皱的基底，以西的嘉玉桥群可能代表早海西褶皱带，雅砻江以西也有含海底玄武岩的石炭纪—二叠纪巨厚复理石沉积，所以有同东面相似的增生扩展情况，但由于金沙江带古特提斯的开张，已难于进一步分析。不过，从这里可以得到一个重要的启示，就是东西两面的加里东、海西褶皱是怎样通过扬子地台的南侧发生联系的？滇东南、黔南、桂北有巨厚的寒武奥陶纪复理石沉积，但未见像东侧那样的加里东褶皱变质带。“自泥盆纪起，黔南桂北就有北东东和北北西两组断裂，碳酸盐台地相和较深海硅质泥质相互间列”（王鸿祯）。这种情况同上述“湘桂海盆”十分相似。所以这里是否也是加里东、海西两期 f 型盆地的叠加？但由于古特提斯的扩张带曾通过中国与印支地块之间以近东西方向向东延展，并向北俯冲，所以构造的原来面貌已被改变（印支半岛有加里东、海西、印支褶皱，但有人认为印支地块是从南大陆漂移而来的，这一问题不能在此详加讨论）。黔南的石炭纪—二叠纪有基性喷发岩夹层，右江地区有三叠纪洋壳遗迹，说明有关古特提斯扩张的推论似有一定依据。由于这一活动，滇黔桂古生界沉积的构造发展具有它的特殊性。深部构造可能同地表有很大差别，有待于地球物理工作的进一步查明。

（12）羌塘地块上的石炭纪—二叠纪动植物群乃至沉积物的性质，均同扬子地台、特别是滇黔地区有很多相似之处。可能是由于晚二叠世以来金沙江一带古特提斯的扩张才使得它们彼此分离。沿这一带直至红河，是有过右旋平移活动的。由于羌塘地块之南还有班公湖—怒江洋壳扩张带活动，所以地块本身构造也有其复杂性，但从探索古生界油气出发，仍值得对它做些工作。

以上列举的问题及有关地区，从寻找油气的意义看，其重要性是不相等同的（同提出的次序无关），但都值得进行一些工作，以取得能更多地说明问题的资料，在这些工作中，我认为首先应排除后期变格构造活动的影响而重建古生代各时期的古地理原来面貌，从而对岩相、厚度的变化及图 1 所指的 S 与 M 各种条件有较确切的认识。王鸿祯❶、崔克信、关士聪等都正在进行我国古地理的研究，他们的工作成果必将大有助于古生界油气盆地的探索。另外，通过多种地球物理手段来了解不同地区的深部地质结构，也是十分必要的。在对这些基本地质问题有所了解的基础上分析“两个世代、两种体制”的盆地及其叠加关系，将可导致新领域的开拓。

尾　言

二十年前，我提出了按“两个世代、两种体制”对古生代与中新生代盆地作“双重分类”的意见❷。十年前，在学习板块构造理论的过程中，曾强调了“怎样使这一假说‘自洋及陆’‘由今溯古’地发展”❸，并且认为地槽学说的一个缺点是过多地追求一幅“统一

❶ 1982 年 6 月曾听了王鸿祯教授等关于编制中国古地理图的工作总结报告。本节中引用了他们所介绍的一些资料，未及一一注明。

❷ 朱夏，1963，关于含油气盆地的讨论（代序）。华东地质科学研究所参考资料，第一辑。

❸ Z.X.，1973，“板块构造的岩石记录与历史实例”译文集的“译者附言”，华东地质科学研究所。

的、有决定性的图案”（Coney，1970），而构造复杂体的历史实际却是千差万别，各具特色。新的全球构造理论不能重蹈覆辙，应该避免像后来 Roberts 与 Gale（1978）所说那种“被禁锢在某种程度的教条式的模子中的危险”。近年来我国不少构造学者认为地槽学说同板块假说不是彼此排斥的，而是可以互相结合，共同向更高阶段的全球构造理论发展。我同意这种看法，所谓结合与发展，简单地说，就是要按照“活动论”（而不是“固定论”）的观点来丰富地槽学说的内容；要根据“阶段论”（而不是“均变论”）的实质来阐明板块构造的历史演化。元古代到古生代古全球构造的“槽台体制”中孕育着岩石圈离合的因素，但没有达到大规模的移动；中生代到新生代新全球构造的板块活动则赋予了“槽”和“台”以新的内容。对于作为全球构造较低级单元的含油气盆地，特别是对于在今后油气普查工作中将占较大比重的古生代盆地，也应按照这样的思维方式来探讨它们的形成、演化、改造的历史及其与含油气性的关系，从而为生产实践指出方向，当好先行。在本文中我试做这样的尝试。鉴于我国独特的构造处境与复杂的地质历史，在基础资料（如古地理、深部构造等方面）十分欠缺的情况下做这种尝试，难免是“浮想联翩”，谬语百出。K.Popper 在他的“科学哲学”中曾提过如图 13 的一个程式：我认为这一工作程序是符合于实践—理论—实践的辩证唯物主义原则的。本文只是想根据已被提出来的有关古生界油气盆地的实际问题 P_1（当然我对这些问题的了解是不全面的），大胆地提出一些 TT，至于今后在实践的检验中如何不断地、批判性地进行 EE、以提高对新的一轮问题 P_2 的认识，则我愿寄希望于耐心一阅本文的同道诸君。Bally 说得好：“首先我们要强调当各界专家从事研究沉降和盆地演化时，研究才会非常成功，任何个人都无法掌握研究盆地演化所需的各种方法”[48]，即以此作为本文的结语。

……P_1→TT→EE→P_2……

P—问题（Problem）；

TT—尝试性理论（Tentative Theory）；

EE—“证伪”，错误的消除（Elimination of Errors）。

图 13　Karl Popper 的科学哲学程序（据《自然辩证法通讯》，1981 年，第 2 期）

感谢刘海燕同志对草稿进行整理，陈玲娣同志为本文绘制图件。

参考文献

[1] 朱夏 . 我国中新生界含油气盆地的大地构造特征及有关问题 // 中国大地构造问题 . 北京：科学出版社，1965.

[2] 朱夏 . 中新生代油气盆地 // 构造地质学的进展 . 北京：科学出版社，1982.

[3] 朱夏 . 中国东部板块内部盆地形成机制的初步的探讨 // 石油实验地质（1），1979.

[4] Silver，Leon T.，19P1450，Problem of pre–Mesozoic contiental evolution//Continental tectonics. National Academy of Sciences，U.S.A.

[5] Morel，P. and Irving，E. Tentati paleocntinental maps for the Early Phanerozoic and Proterozoic. J. Geol.，

1978.

[6]Paleomagnetism and the evolution of Pangea，J.Geop.Res.，1981，vol.86，no.B3.

[7]Ziegler，A.M. 古生代的古地理，1979. 劳秋元，译 // 国外地质，1981（6）.

[8]Bally，A.W. Continental margins.National Academy of Sciences，U.S.A，1979.

[9]Anon. Overview and Recommendations. In：Continental tectonics，1980.

[10] Piper，J.D.A. Paleomagnetic evidence for a Proterozoic supercontinent. In：The Evoluting Continents. Windley. B.F.，1977.

[11]Burke，K.and Dewey，J.F. Plume-generated triple junctions，Ibid，1973.

[12] Sawkins，F.J. Widespread continental rifting：some consideration of timing and mechanism. Geology，1976，no.4.

[13] Zwart，H.J. and Dornsiepen，U.F. The Variscan and.Pre-Variscan tectonic evolution of Central and Western Europe：a tentative model.In：Geology of Europe，Colloque C6.26 CGI，1980.

[14] Babin，Claude.L.R.M.Cocks et Otto H.Walliser. Faciès，faunes et paléogéographie antecarbonifère de I Europe，Ibid，1980.

[15] Badham，J.P.N. and Halls，C. Microplate tectonics.oblique collisions and evolution of the Herynian orogenic systems.Geologemc systems.Geology，1975，no.3.

[16] Cady，W.M. Are the Ordovician northern Appalachians and the Mesozoic cordilleran systems homologous？ J.Geop. Res.，77，1972.

[17] Kent，P.E. The structural framework and history of subsidence of the North Sea Basin. In：Geology of Europe. Colloque C6，26 CGl，1980.

[18] Coleman，Robert G. Plate tectonics and ophiolites.In：Ophiolites，Coleman（ed.），Singer Verlag，Berlin N.Y.，1977.

[19] Roberts. D. and Gale，G. H. The Caledonian-Appalachian lapetus Ocean：In：Evolution of the Earths crust.Tarling D.H.（ed.）Academic Press，London etc，1978.

[20]H.C. 札依采夫，B. 卢夫桑旦赞 . 蒙古地质结构和构造的基本问题，1977// 蒙古地质基本问题 . 王集源，等译 . 北京：地质出版社，1980.

[21]A.C. 别尔菲列夫 . 大陆地壳的形成和矿床成因论，1977. 徐贵忠，译 // 国外地质，1977（3）.

[22]Л.П. 卓年萨茵 . 蒙古的蛇绿岩，1977// 蒙古地质基本问题 . 王集源，等译 . 北京：地质出版社，1980.

[23] Burchfiel，B.C. and Davis，G.A. Structural framework and evolution of the southern part of the Cordilleran orogen，Western United States，Am.J.Sc.，272，1972.

[24] Hamilton，Warren. Complexitions of modern and ancient subduction systems. In：Continental Tectonics. National Academy of Sciences，U.S.A，1981.

[25] Bott，M：H. P. Mcchanisms of subsidence at passive continental margins.In：Tectonics of plate interior，1981.

[26] Wynne Edword，H. R. Proterozoic ensiaiic orogenesis：the millipede model of ductile plate tectonics，Am.J.Sc.，276，1976.

[27]谢家荣 . 中国东南地区大地构造主要特征 // 中国大地构造问题 . 北京：科学出版社，1965.

[28] 郭令智，施央申，马瑞士．华南大地构造格架和地壳演化 // 国际交流地质学术论文集．北京：地质出版社，1980.

[29] Behr，H. J. and Weber，K. The structural and metamorphic developmeat of the variscides with special regard to the Rhonshercynian and Soxothuringian Zones.In：Mobile Earth. Deatsche Forschengsgemeinscheft，1980.

[30] Ziegler，Peter A. Northwestern Europe：subsidence pattern of Post–Variscan basins. In：Geology of Europe，Colloque C6.26 CGI，1980.

[31] Arthaud，F. and Matte，P. Late Paleozoic strike–slip faulting in Southern Europe and Northern Africa：result of a right–lateral shear zone between the Appalachian and the Urals，Bull. Geol. Soc.Am.，1977，vol.88.

[32] B. 吉洪诺夫．蒙古的断裂 // 蒙古地质基本问题，1977. 王集源．等译．北京：地质出版社，1980.

[33] Sinha–Roy.S. 特堤斯块体间的相互作用及亚洲褶皱带的演变，1982. 唐德兴．译 // 海洋地质译丛，1982（5）.

[34] 朱夏，陈焕疆．中国大陆边缘构造和盆地演化 // 石油实验地质，1982. 4（3）.

[35] 王鸿祯．亚洲地质构造发展的主要阶段 // 中国科学，1979（12）.

[36] Tarling，D.H. Plate tectonics：present and past.In：Evolution of the earths crust，Tarling（ed.），1978.

[37] Bally，A.W. Realms of subsidence.In：Facts and principles of world petroleum occurrence. Can.Soc. Petrol.Geol.，Memoir 9，1980.

[38] Porter，J. W. and McCrossan，R. G. Basin consanguinity in petroleum resources estimation. In：Methods of estimating the volume of undiscovered oil and gas resources.Haun J.D.（ed.），1975.

[39] 甘克文．世界含油气盆地的基本类型及远景评价，1982// 石油学报，1982 年增刊．

[40] Nalivkin，V.D. Dynamics of the development of the Russian platform structures.In：Sedimentary basins of continental margins and cratons.Bott M.H.P.（ed.），1976.

[41] Burke，Kevin. Intracontinental rifts and aulacogens.In：Continental tectonics，1981.

[42] Beloussov，B. B. 关于陆洋过渡的结构和发育条件的一些问题，1981. 徐志成，陈徽西，译 // 海洋地质译丛，1982（1）.

[43] Bally，A.W. Basin and subsidence.In；Tectonics of plate interior.National Academy of Sciences. U.S.A，1981.

（1982 年 12 月 1 日完稿）

多旋回构造运动与含油气盆地*

20世纪40年代初期，黄汲清先生完成了《中国主要地质构造单位》（以下简称“单位”）的重要著作[20]，为多旋回地壳运动理论奠定了基础。1981年都城秋穗在回顾中称之为“关于东亚构造研究的历史上最有划时代意义”的著作[17]。新中国成立后，这一理论又不断有了新的发展。继“多轮回的造山运动是中国大地构造的特征”这一著名论断之后[20]，黄汲清先生在一系列论文中又强调指出[21]：“地槽发育的多旋回性不是像某些人所设想的那种地质作用的简单重复，而是一些具有规律性序次的有方向性的螺旋式的演化过程”。广而言之，他又指出“地壳的各个部分，自有地史以来都在不断地运动着、变化着，但各部分的运动，发展的性质是不相同的。地壳的发展是有阶段性的，就是说，它发展的速度和演化的状况不是千篇一律，不是单一的、均一的、不是直线的，而是快慢相间的，有相对的静止阶段和相对的活跃阶段，这样就形成了多旋回，……每一个旋回时间不一定相等，每一个旋回的内容不尽相同❶”。从这些高度概括并上升为哲理性的论述中，可以看出，多旋回构造理论正在辩证唯物主义与历史唯物主义的正确思想指导下，不断丰富其科学的生命力。

黄汲清先生不仅是著名的大地构造学家，同时还是一个石油地质学家。从三十年代起就亲身从事于中国的油气地质工作。他倡导的大地构造理论曾对中国的石油地质事业起了重要的指导作用。作者，作为一个石油地质工作者，愿在本文中就本人对中国含油气盆地的探索所得，申述一些不成熟的设想，以印证本人在学习多旋回构造理论中的一隅之见。

一、原地台（Protoplatform）的概念和古全球构造阶段前期的含油气盆地

纵观约近十多亿年来的地质历史，石油和天然气几乎出现在从晚元古宙到第四纪的每一个地质时期的沉积系列中（还不包括前寒武纪结晶岩中的基岩油气藏）。但是油气的生成集聚绝不是如此均匀的。作为生油聚油的含油气盆地，正如其他的地壳单元一样，形成是有阶段性的，发展是有旋回性的，分布是有区域性的，结构有不同的类型，演化有不同的特点，从而其内容也不相同。正是这些差别控制了不同含油气盆地的含油气性，为预测和评价油气资源条件提供依据。而这些差别性之所以产生，又正是因为含油气盆地作为地壳的一部分，在地球的单向性、阶段性、旋回性的历史发展中，受不同时期全球地动力背景下的运动体制与热体制的支配。按这一原则，追溯到地质历史发展的早期，黄汲清先生在七十年代提出的中国原地台的概念具有极大的启示性[10]。

* 原载《中国地质科学院院报》，1984，第9号。

❶ 黄汲清，1982，简谈地壳的多旋回运动问题。全国油气资源评价构造学习班教材汇编。

在《试论古全球构造与古生代油气盆地》(以下简称“试论”)一文中[7]，作者提出“从前10～12亿年左右到前约2.8亿年，即从Morel的Pangea E到Pangea B，可称为古全球构造阶段”。Morel标定的Pangea E的年代是6亿年，这是指它完成的时代，在此以前，它还经历了相当长时期的演化过程。它所代表的是所谓Protosupercontinent长期发展的最后面貌。黄汲清先生提出的在7～8亿年形成的中国原地台正是这一Pangea E的中国部分。

A.H.Золотов(1982)最近提出[25]，古地台的构造形成历史可以分为坳拉槽(Авлакогенная)、过渡(Переходная)及地台(Плитная)三个阶段，各个阶段在不同地台上起始的迟早、经历的久暂、活动的强弱、影响的范围又都是各不相同的，这样就产生了不同古地台上从晚元古代到早古生代沉积构造和含油气条件的差别。作者认为，所谓“坳拉槽(克拉通边缘与内部)阶段”与“过渡阶段”(Золотов分为克拉通边坳陷、台块斜坡与次坳拉槽等构造带)，同样也包含了空间上的分异;(1)坳拉槽沉积的上部层次通常要比初始裂隙扩展到更为广大的区域，从而形成台向斜。这种“从断陷到坳陷”的转化，早为Shatski在俄罗斯地台上所发现，后来又在北美地台中获得了证实[7]。(2)但同时还存在着某些活动程度较高的地台(或同一地台的不同部分)，它的沉积类型和构造活动性质是属于Золотов的“过渡阶段”式的，通过一般是“非爆发式”的转化同样地进入地台阶段。Miyashiro提出[17]：欧亚北部的三个地台(俄罗斯、西伯利亚与中朝)在17亿年起已经“固定”(Stabilized)，而南部的地台(扬子、塔里木、印度与阿拉伯)则继续保持着活动性。所以在中朝地台上很早就发育着坳拉槽(长城—蓟县期)，直到青白口期(10亿年左右)起才向地台转化，而扬子地台则在四堡运动(约10亿年?)以后仍以地台周边型或坳陷型的边缘海沉积为主体，如以板溪群和下江群为代表的浅变质岩，它们和上覆震旦系之间的界限是不明显的，至少多处不存在明显的“爆发式”的关系。

上述两种情况表明，无论是从较长期发育的坳拉槽或是从较短暂地存在的“过渡的”坳陷或边缘海转化而来的原地台，都是和它前期的多旋回演化历史不可分割的❶。油气普查工作也不可忽视原地台演化过程的前期阶段。西伯利亚的里菲、文德期沉积、澳大利亚与巴基斯坦的相当于文德期的地层中，都已相继发现油气藏。我国燕山地区“中上元古界”也见到过油苗，对坳拉槽型的沉积已引起注意，而在同时期活动性较高的扬子地台上板溪群作为气源层的可能性似亦不容忽视。

原地台本身的演化也不是到处一样的。在有些地方，它在晚寒武世即开始分裂，而另些地方的地台沉积一直持续到志留纪。在世界范围内，寒武奥陶纪的油气田，无论在苏、美、非、澳都占有重要地位。志留系油气的位置也在日益提高。组成中国原地台主体的这些层系虽然在多处见到过可喜的油气显示，但一直未成为重要的勘探对象。作者认为，在充分认识中国原地台在地史演化中的重要意义的同时，有理由把普查勘探的工作领域扩大到同它的历史演化和地域变迁有关的各个方面。

❶ 中朝和扬子地台的拼合，大致发生在10亿年前，即约与美洲的Grenville带相同时，后者的活动多数人认为是硅铝壳的复活，未发现洋壳俯冲的确证。

二、多旋回的地槽褶皱体系和槽台体制的含油气盆地

自 Pangea E 以来的地壳演化历史，More1 等曾提出如下的意见[18]：

1. 在前寒武纪最晚期或早寒武世，大陆聚合成为 Pangea E；
2. 寒武纪时“大西洋”（第三大西洋）张开；
3. 第三大西洋在晚志留世闭合，产生 Pangea D 和加里东超级褶皱带（Superfoldbelt）；
4. 早及中泥盆世时发生在南北大陆之间的平移运动产生了 Acadian 运动与 Pangea C；
5. 晚泥盆世，第二大西洋张开；
6. 第二大西洋在中石炭世关闭，产生 Pangea B 与海西超级褶皱带；
7. 三叠纪时，劳亚与冈瓦纳之间的平移活动形成 Pangea A，即 Wegener 的经典图式；
8. 晚三叠世西特提斯的张开及其在晚白垩世的关闭；
9. Pangea A 的分裂与离散，以及从侏罗纪以来大西洋与印度洋的产生。

关于 Pangea B 以后的问题将在下文讨论。从 Pangea E 到 B，Morel 似乎提出了一个多旋回的 Pangea 演化方案，但实际仍囿于“单旋回”的观点，把一个造山旋回等同于一次洋壳的扩张与消失。Pangea E 的形成有一个相当长的过程，它的分解也不是“一刀切”的。Emery 认为，当初存在于东北亚的大陆块，在贝加尔运动时就发生分裂，但是从分裂到部分闭合，“旋回的时间是短促的，所以地块的碎片没有离开很远[16]”。此后在这里发育的蒙古地槽褶皱系也不是长期存在的辽阔广大的“洋盆”，而是从晚元古代到晚古生代，可能在原始的较薄的陆壳上经历了坳拉槽的拉张与闭合、硅镁壳在不大范围内的出现与消失、“手风琴”式的此张彼合，以及“雪橇”式的陆块推掩等机制而完成了南北地台的结合[7]。黄汲清先生最近也指出：“考虑到蒙古人民共和国蛇绿岩分布甚广，但它们并不形成明显的‘带’，而是没有规则地分布着，而且从北而南，先是早加里东（Salair）褶皱，次是‘南蒙海西带’，再南是‘中蒙加里东带’，再南又是‘南蒙海西带’，这一切之南才是上述中国境内的华力西带”。像这样的构造单元划分及蛇绿岩的分布特点，很难把整个蒙古地槽带划成几个板块活动带[13]。

在中国境内，阿尔泰—准噶尔—天山作为一个地槽褶皱系来看❶，它包括了较早褶皱隆起的“古陆梁”和性质未明的“准噶尔中间地块”，又在不只一处出现有以蛇绿岩套为标志的“小洋盆”。它的各个“槽带”，既是分隔的，又是沟通的。其中的火山活动和沉积物既有共同之处，又在成分、性质和厚度方面各有所差别。优地槽和冒地槽可以在纵向和横向上彼此转化，发生迁徙。在不同部分有相对的静止和相对的活跃，而在整体上则在不断地变化着、运动着。很难以几条缝合带或几次俯冲作用来概括这些复杂的现象。

关于昆仑—祁连—秦岭体系，黄先生早已指出“这是一个包括三个造山事件的典型的多旋回褶皱系[21]”，“体系的不同部分有不同的褶皱时期”。即使仅就早期的原地台分裂事件来说，王泽汶等指出[1]，北祁连是一个早古生代的裂谷体系，陆壳分裂是导致洋壳上升的主要原因。北祁连和拉脊山是越过中祁连的某些段落而沟通的。主干裂谷和分支裂谷

❶ 彭希龄同志曾向作者介绍过有关地质情况，但作者的理解未必全面。

之间存在着微型古陆。主干裂谷在中晚奥陶世封闭时，向南东方向又形成了一条重要的新生裂谷。微型古陆在主干与分支裂谷的扩张与闭合过程中曾经发生过大幅度的水平位移。南祁连的蛇绿岩套形成稍晚，也没有微型古陆，但它“曾与北祁连裂谷息息相通”，当北祁连裂谷褶皱成山后，南祁连的蛇绿岩套并没有发生强烈的褶皱，反而“在其上接受了晚古生代以来的沉积（华力西地槽）。总之，南祁连扩张孕育于寒武纪，张裂于奥陶纪，正相当于北祁连裂谷体系开始闭合的阶段。另外，柴达木东南布赫特山的寒武系正代表了南祁连扩张萌芽阶段的冒地槽沉积”。这种优、冒地槽同时发育，分支裂谷与微型陆块相互交错，裂谷发生的先后，历时的久暂，此张彼合的关系，都说明了 Pangea E 分裂过程中的手风琴活动方式。作者在“试论”中曾指出，被 Morel 称为“第三大西洋”的 Iapetus，实际上在分支裂谷与微陆块的布局上，在蛇绿岩套出现的局部性上，在裂开时间的短暂性上，都同这里所说的情况相类似。不过规模也许稍大一些[7]。

在欧洲，Zwart 认为，要“在海西与前海西造山事件之间划出一条清楚的界限是不可能的[24]”。这里没有海西期的洋壳，而海西的三个主要褶皱幕（Bretonic，Sudetic，Asturic）在不同带内的发展又不一致（如内带的盖层中已包括了 Westfalian 阶），所以这里虽然是 Stille 的“褶皱幕”的发源地，但认识上仍存在着“混乱”（Windley）。在上述有关我国的几个地区内，虽然可以区分出主、次旋回，但从全部褶皱体系看，这种区分总还有其一定的局限性、相对性和纵横方向上的变化性（迁移性）。所以作者认为，从 Pangea E 的分裂到 Pangea B 的完成，是古全球构造后期的一个整体的多旋回演化过程。可以按照进程的相对宁静或活跃而在总体上分为加里东和华力西两个旋回，但每一旋回并不等于 Morel 所说的一次“大西洋”的开启和一次 Pangea 的重建。Pangea 有过离合，但未曾存在过“第二”和“第三”大西洋。王鸿祯教授指出，“像现在我们所了解的，大规模的海底扩张、大陆碰撞、地块的漂流很可能是印支运动以后才出现的情况。印支运动以前，运动的规模和性质与现在有区别”（王鸿祯，1982）。作者完全同意王鸿祯教授的这一见解。

这种手风琴式的活动方式，实际上就是槽台相互转化的关系。在地球动力学背景方面，可以设想，当 Pangea E 完成之际，新生的大陆岩石圈同在它下面的软流圈及其派生岩浆岩之间存在着不均一的，有待调节的相互关系，调节的方式似可参照图 1（引自 Левин，1982）[14]，作者有所引申：Ⅰ. 当软流圈（或上地幔的柔性流动部分）的物质以底辟或其他方式上涌时，岩石圈拉张变薄，其上发生相应的倒影式的沉降，并接受来自周边的沉积物，如成槽状就是冒地槽，如属其他形状，即是地台基底上的坳陷盆地；Ⅱ. 当岩石圈被拉张成垒堑相间的状态时，便成了所谓裂谷系或作者一度所称的坳拉谷（狭义）。Ⅲ. 如果软流圈或其派生火成岩物质充填岩石圈的裂隙并使之向两侧推拓，那就形成优地槽，甚至出现有蛇绿岩套发育的小洋盆；Ⅳ. 在洋壳遭受破坏分隔时，可以出现具为火山岛弧的优地槽，但并无俯冲作用相伴随。这种活动在时间上和在空间上是在迁移着的，地幔的物质状态也在发生变热、变冷、软化、压实等变化。这就使得由上述坳Ⅰ—拉Ⅱ—槽（Ⅲ + Ⅳ）所组成的槽台体系出现了多旋回、多类型、多种结合关系的复杂图案，同时又以规律性的布局进行着螺旋式的演化。

由于这样的槽台转化运动体制的作用，在不同的构造位置上先后和交杂地发育了不同类型的含油气盆地，包括作者曾在另文中说明的[7]：a. 坳拉槽及其后期发育的台向斜（主要发生于古构造阶段的前期，但在后期仍有自地槽带伸向地台内部的坳拉槽，如顿巴斯）；b. 克拉通周边沉降盆地及后期的前渊（加里东的前渊似只在阿巴拉契亚西缘存在）；c. 塌陷盆地（以华力西后期为主，见下节）；d. 克拉通凹陷及相应的穹起；e. 拉张断陷等与陆间地槽关系密切的盆地。至于与陆缘地槽❶有关的 f，由于地壳黏性流动而产生的陆缘沉降盆地，在此不拟论述。

三、过渡阶段与多旋回的特提斯

到了石炭纪晚期，除了南北方向的乌拉尔和阿巴拉契亚—毛里塔尼地槽外，所有的陆间地槽，包括波罗的与北非之间的华力西—阿特拉斯褶皱带，西伯利亚与中朝—塔里木之间的蒙古褶皱带及不大为人了解的塔里木—扬子与印度之间的目前青藏高原基底的褶皱带（多数人认为属华力西，也可能包括部分加里东），都已基本上完成了褶皱，联合成为新的 Pangea B。西欧一些学者认为，这时在华力西地槽褶皱带中发生的主要的破裂和剪切（逆掩）是硅铝地壳物质对于在陆壳下进行的岩石圈地幔俯冲作用的反应，即所谓 Subfluenz 或 Unterströmung。Zwart 甚至提出[24]，正是这种地幔活动的位置迁移，才使得后来的阿尔卑斯造山运动和大西洋中脊得以发生。这种概念似可说明：地球历史发展到这一阶段，动力学的体制相应地也有了改变，即从上述分散的、迁移的软流圈与岩石圈之间的坳—拉—槽关系发展为软流圈（地幔）的整体块流（Mass flow），为后来的洋壳拉张准备了条件。

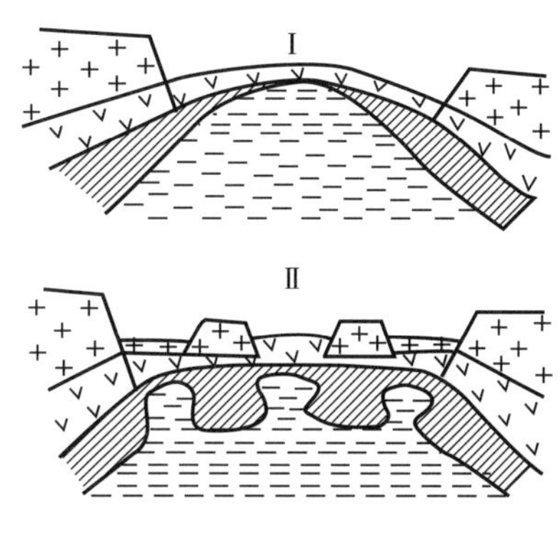

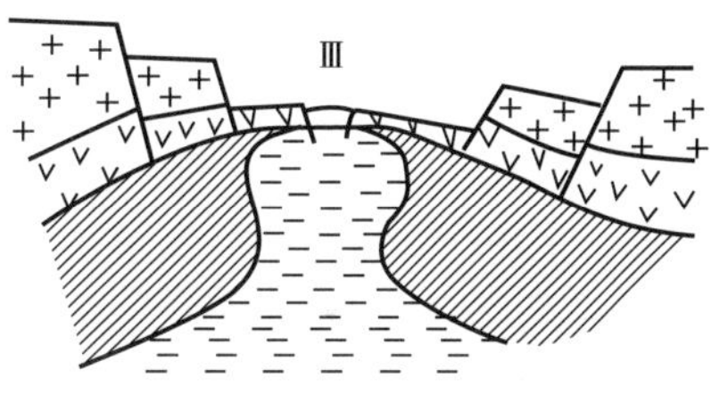

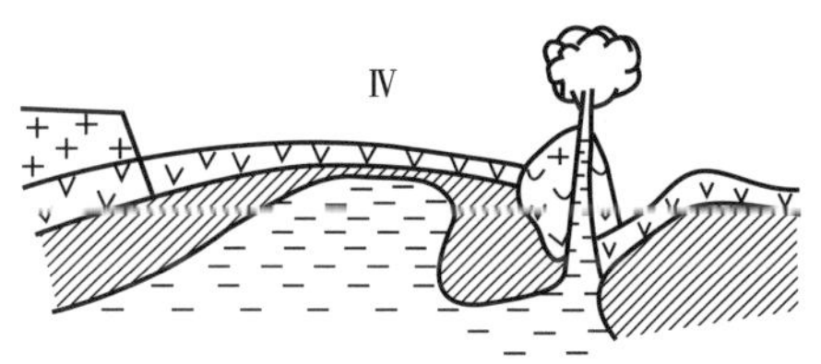

图 1　槽台转化关系调节方式图

1—“花岗—片麻岩”壳层；2—“玄武岩”壳层；3—上地幔；4—软流圈及其派生岩浆岩；5—深断裂

Morel 等指出[19]，这时形成的 Pangea B 同经典的泛大陆（Wegener 等）即 Pangea A 有着重大的差别。（1）Pangea A 的重建图要求在前三叠纪各时代中“沿欧洲板块南缘并或多或少地平行于南华力西前沿带有一个大的洋区，即特提斯”，但这是不符合地质事实的。正如有些人所说，当时“有 Pangea 而没有劳亚和冈瓦纳”（Bucha）。特提斯是在从 Pangea B 转变为

❶ “黄汲清先生在 1945 年把地槽分为两类，即陆缘地槽和陆间地槽。自从板块学说兴起以来，一些地质学家只谈陆缘地槽而不谈陆间地槽”，任纪舜（1982）指出这一点颇为重要。上文所涉及的蒙古、阿尔泰—准噶尔—天山、秦—祁—昆地槽褶皱系及欧洲的华力西褶皱系和下文将提到的特提斯（阿尔卑斯）褶皱系，实质上都是陆间地槽。作者提出古生代盆地类型的区分是建立在这一认识上的。

Pangea A 的过程中才逐渐形成的。（2）从 Pangea B 到 A 的转变，要求在未形成大洋之前，Pangea B 的北块与南块之间发生大规模的右旋剪切。Morel 认为其规模达 3500km，发生在二叠纪和三叠纪。Arthaud 和 Matte 从构造分析上也认为有这样的平移剪切，但发生在石炭和二叠纪，规模为 500～700km[15]。Ziegler 则主张这一右旋剪切是连接着北部乌拉尔与南部阿巴拉契亚的，活动时代应属晚石炭纪—二叠纪[23]。虽然看法不尽相同，但这样巨大规模的剪切所引起的地壳拉张，必然是影响到 Pangea B 的南北分裂，并促成特提斯形成的重要原因。（3）与此同时，在新形成的华力西褶皱带及其前陆上发生了复杂的平移断层及地堑体系，同热体制的改变，如热穹隆的冷却，火山作用的活跃等原因相结合，产生了大型的塌陷盆地，即所谓欧洲的南北"二叠纪盆地"。这种热体制的改变看来是全球性的，目前世界上大部分天然气储量存在于二叠系中并不是一个偶然的现象，也不能仅仅归之于"煤层"的发育。

通过这些活动，地壳的多旋回运动从古全球构造阶段的 Pangea（E—B）的联合改变成为新全球构造阶段的 Pangea（A）的分裂❶。这一过渡阶段包括了从晚石炭世到早侏罗世的一段时期，在不同地区的发展不是同时性的，本身所包含的地壳运动是多旋回的。

这些具有全球性、历史阶段性的活动不可能不影响到中国，特别是与古生代地槽褶皱带息息相关的我国西北地区。作者认为，阿尔泰的北北西向断裂，东准噶尔的北北东—北东向断裂（如塔尔贝特等，甚至包括克—乌断裂的早期），自原苏联延入我国天山南侧的北西向断裂，由古坳拉槽复活并可能包括直至北山的所谓"楼兰系"（彭希龄，1981）北东东向断裂，自走廊北缘经青铜峡、宝鸡延入秦岭的北西向断裂及鄂尔多斯西缘的古坳拉槽断裂等，都可能发生在这一过渡阶段内并有过平移和张裂活动。不过由于它们在印支运动中更强烈地活动，以致产生"大多数巨型平移断层都是印支运动期的产物[2]"的印象。它们对晚古生代乃至中新生代盆地的控制影响是不可忽视的。准噶尔西部的二叠纪（及晚石炭世）油气盆地，作为地槽褶皱带上的塌陷盆地来对待是合理的（欧洲的部分二叠纪盆地也同火山岩关系密切）。由于上述这种褶皱带的复杂格局与先后发展历史，塌陷盆地可以独立地或间接沟通地在不同槽台块段上发育，目前已在东准噶尔注意到这一问题。如果视野更开阔些，那么从阿尔泰—准噶尔—天山，阿尔金—北山，秦岭—祁连—昆仑的褶皱带，一直到武威、民和、中卫—中宁地区，对于过去被认为是褶皱变质地槽带中的一些尽管发展迟早不一，但具有塌陷盆地性质的或大或小的地区都还有对它的含油气性进行探索的价值。黄汲清先生在最近的论文中，也曾从不同的角度提出了重视西北地区某些晚古生代盆地的建议[13]。

显然，过渡阶段的这些活动，不仅限于地槽褶皱带，而且必然在地台上有所反映。石炭纪晚期海水的进侵，二叠纪地层在中朝和扬子地台上的广泛覆被，二叠纪玄武岩浆的活跃（从川滇直至塔里木），早、中三叠世盆地在南、北方的性质和布局等等都是属于这一

❶ 如果上文引述的 Zwart 的意见值得考虑，那么在地球动力学机制方面，最终形成 Pangea B 的底流作用已发展到使大陆岩石圈的拉张更为强烈，地幔物质得以出露并保留为洋壳，而且取得了能以俯冲到陆壳以下的能力，成为新生的特提斯。不过，同后期的洋脊扩张相比，洋壳的规模还是小的，同时还保留着古生代陆间地槽的手风琴式活动方式。

阶段的活动。它们同油气盆地的关系，自然应作因时因地的分析。

虽然特提斯的演化是新全球构造的事件，但它的开始是上述过渡阶段的一个重要标志。正如黄汲清先生所说，“特提斯也是多旋回的”。在欧洲，Ziegler 曾认为“波兰的二叠纪赤底层盆地的沉降是同特提斯早期开张的有限的地壳拉张相联系的”[23]。此后相继有在罗马尼亚被证实的三叠纪特提斯（许靖华）、和被许称作是“阿尔卑斯山系的起源”的典型的（侏罗纪—白垩纪）特提斯，直到以现代地中海为代表的第三纪特提斯。这种此合彼开的“多旋回”格局，仍继承了古生代陆间地槽的特色。在青藏地区，同样或更加明显地显示这种情况。黄汲清先生最近对从昆仑山到喜马拉雅地区按构造带（准地台或冒地槽构造带）和蛇绿岩带相结合的方式，自北而南作了划分[13]。作者认为这种方式具有十分重要的意义［其中昆仑山华力西（二叠纪以前）褶皱带中可能包括的一个蛇绿岩带，性质和时代尚待探讨，可能也属印支期］。（1）它明确地反映了特提斯洋壳自北而南，在时间上依次发生和闭合的多旋回演化特征；（2）它清楚地显示了青藏地区特提斯洋壳开张的非对称性。即在洋壳每次开启时，向南的推移分量超过向北的影响，所以南部陆块在被动边缘上的沉积（冒地槽）远较北部发育，如巴颜喀喇褶皱带仅发育在印支或更早的蛇绿岩带以南，侏罗纪褶皱带主要存在于龙木错—玉树印支缝合带以南，白垩纪地层大量分布在班公错—丁青的侏罗纪—白垩纪缝合带以南，序次十分井然，不同于欧洲的“特提斯构造域”大规模地掩覆了自东南欧至中东的古地质结构，而且南缘被动边缘的沉积曾以大规模推覆的方式逆掩到北缘的克拉通边缘沉积之上；（3）由于每次张裂的南移分量大，而当更南面的新的张裂发生时，这个曾被南移的“微大陆”又向北“回归”。纬度的反复改变，可能易于使与冷、热气候相关的生物群发生混杂，以致很难具体明确它们的或南或北的属性。从油气角度看，由于青藏特提斯的这些活动性质，目前保存在当时的被动边缘上的大片侏罗—白垩纪海相地层沉积厚度大、变质程度低，褶皱强度弱，尽管有这样那样的改造影响（隆升幅度大，岩浆活动强等），但还应看作是标志中生代油气繁荣的“中生洋”的产物，对其含油气条件不容忽视。由于古槽台体系的干扰，上述这几条纬向的特提斯缝合带都折而南行，以至“中生洋”的影响不能及于位于其北和其东的中国大部分地区。这是中国的绝大部分中新生代盆地只能以陆相沉积为主的原因。当然，它们的形成演化机制等仍然受特提斯多旋回构造活动的影响。

四、多旋回的变格运动与关于构造域的讨论

作者在六十年代初期指出[3]：“控制油气盆地形成发展的构造机制，在印支（或晚海西）运动以前和以后分别属于两种不同范畴，应该从全球性规模来看待这两个世代盆地的历史性差别和形成这两种盆地的构造体制的根本性改变”。并借用 S.V.Bubnoff 的“变格运动”（Diktyogenese）一词来表示这种改变。这一概念在很大程度上受到了黄汲清在《单位》一书中有关中国印支运动重要性论述的启示。作者当时和以后所一再强调的意见是：运动体制的变化是形成含油气盆地的重要条件，而制约着运动体制（包括热体制）的地球

的能量、力、作用、物质分布、温度及其变化梯度、速度及其他因素，即其地球物理和地球化学环境，则是随着时间而作单向性的、阶段性的和旋回性的变化的。

在变格运动过程中，有大量的以陆相沉积为主的中新生代盆地在中国的大部分地区形成，其中的绝大部分（包括海区），作者曾称之为“板内盆地”，以与普莱分类中的Ⅰ与背离带和Ⅱ与敛合带相伴随的盆地，以及巴莱分类中的B缝合带边与C缝合带上盆地相区分[4]。这类盆地是由于中生代以来，太平洋及特提斯—印度板块所施加的影响而在中国板块的基础上通过构造（热）格局的改变而产生的。这种影响不仅及于表层地质，而且涉及深部，所表现的构造、沉积岩浆活动的型式是多种多样的，但都是通过中国地台本身的改造而完成的。这个中国地台是包含着中朝、扬子等地台和所有的古生代褶皱带在内的Pangea B的一部分，即是黄汲清先生所说的Pal—Asia。他在“单位”中早已指出，“在中国也可能是在亚洲，有着三个占优势的主要构造型式，即太平洋式、古亚洲式和特提斯喜马拉雅式”，作者认为，在时间上太平洋式和特提斯喜马拉雅式有如黄汲清先生所说，是在华力西旋回以后的时期才形成和发展“并在印支旋回开始强烈活动”的新的构造型式[10]，而在空间上则除了西藏的一部分、冲绳海槽和南海以外，它们仍是在Pal—Asia或“中国板块”的原有领域内发育的。所以尽管它们形成机制的影响来自有关的一个或两个相邻的板块，但仍然是中国板块内部的一种构造型式，并受古亚洲形式的继承性影响，应该称之为板内盆地。对于古生代盆地，更重要的是要在分析太平洋或和特提斯喜马拉雅构造型式的或多或少的改造作用的前提下，恢复和重建相关的古亚洲构造型式。

无论从古生代或中新生代油气盆地的角度看，未经太平洋或（和）特提斯构造型式改造的古亚洲域几乎是不存在的，当然改造或变格的程度有所不同。要在古老的Pal—Asia的整体内区分出特提斯与太平洋的各自的“势力范围”，也还存在着很复杂的问题。例如：（1）西北的几大盆地及川西、滇西属于特提斯域的影响是无疑的，但作者曾指出[19]，特提斯的活动还曾通过沿存在于Pal—Asia内部的断裂平移运动而影响及于中国东部。Tapponier曾提出过这种“滑线场理论”，最近E mery又认为[16]，“印度插入亚洲至少达2000km，而且除了下插之外，它还推动东南亚洲以四块三角形碎块的方式向东移动。这几个块以走向滑动断层为界，一条到达鄂霍茨克海，一条到达北朝鲜，一条从阿尔金通到上海附近，另一条经红河进入东京湾。这些碎块的活动进一步分裂了前寒武纪地块，产生了为海相或陆相沉积所充填大型地堑”。这种大陆块体分为几个三角形碎块向东移动的看法同作者1979提出的意见几乎完全一致。但Emery同Tapponier一样，认为它发生在印度向亚洲下插的同时，似乎为时已晚。因为由此作用而产生的地堑中，实际上充填着老第三纪—白垩纪的沉积，说明这种活动至迟是在中生代发生的，即作者所认为的第二次变格运动（或者还有更早的因素，如过渡阶段时劳亚的整体右移），当时特提斯活动的影响可以远达中国东部。这一概念首先是由黄先生提出来的，他在“单位”中指出：“在中生代时期，当古亚洲大陆向太平洋推进时，太平洋以强大的推力‘回击’，因而产生太平洋褶皱”。这一关于大陆主动向洋推进的设想是十分重要的，至于“回击”的方式，下节中将略做讨论。（2）2亿年前出现的太平洋板块开始是向北移动的，即使毕乌夫带在那时已开始形成，它的影响主要是在北面的阿留申等处。对于中国大陆，它是通过沿一系列近南北向平移断层的相对活动（左旋）来施加影响的（包括对东移陆块的抗阻与“回击”），主要表现在“新华夏”向扭动的印支与早燕山褶皱的形成及沿某些断裂的中酸性岩浆岩的流溢和比较局限的岩浆侵入作用。中生代晚期，当太平洋改向北北西方向活动时，才产生日本东北部的俯冲带，并影响及于日本海的初次扩张甚至锡霍特—那丹哈达的“再生地槽”，余波及于我国东北，使松辽盆地初具断陷的雏形。至于在日本以南从马利亚纳到琉球这套岛弧则显然是在第三纪后期才相继出现的，它们是倾角陡峻的马里亚纳型毕乌夫带（作者曾推测是由于平移断层的“预应力”而发生的），琉球的弧后扩张仅限于冲绳海槽。在广大的东海盆地下，早第三纪沉积仍表现为拉张型的半地堑形态，地球物理场的特性也不同于冲绳，说明在中国东南包括东海海域在内，在中生代到早第三纪这段时间内并未发生过太平洋的强烈俯冲。因此，中国南部的强烈的印支、早燕山构造、岩浆活动，就很难以“中生代以来太平洋板块向亚洲大陆俯冲下去，所以产生的横向压力和横向构造应力是非常强大的，它所涉及的面积是非常广阔的，影响到相当的深度”（任纪舜，1982）这样的概念来加以解释了，作者曾提出过另一种设想[6]，即从青藏转折向南的几条特提斯缝合带是否曾绕南部亚洲（包括扬子地台、南海地台、印支地台及其陆缘古生代褶皱带）再次转折为东西方向，通过现已为新的南海洋壳（渐新世以来）所拉开的两侧：加里曼丹中生代俯冲带与在南海北坡的北东东向磁异常带为反映的残留俯冲遗迹（当然不一定是同时的），东延经现已改变方向的台湾中央变质带与南琉球相连，越过“被圈闭”的西菲律宾海以连接到后来形成的太平洋。正如特提斯西端在中大西洋同后来向两端扩展的南、北大西洋相连接的关系。果如此，那么南中国的变格运动可能更多地同特提斯域有关。南岭的纬向展布与右江的北西西向张裂（三叠纪的岛弧组合与蛇绿岩套）及扬子地台在印支—燕山运动早期的向北推掩，或可作为曾经存在过华南特提斯的佐证。这一问题还须做进一步的研究。黄汲清先生曾指出：“中国东部滨太平洋构造域的研究不但不容忽视，而且甚至更重要[11]”。按作者的理解，他在这里所指的无疑包括了上述的性质未明的中国东南部地区。

提出上述两点，旨在说明要在统一的古亚洲构造域内按地区来明确分出叠加其上的太平洋和特提斯构造型式的各自的“势力范围”，还存在着一定困难。但是，如果我们不是把构造域局限地看作是地域性的区划，而赋予它以运动体制的涵义[5]，那么，无疑地可以理解，中国的绝大多数中新生代盆地是通过二者的单独的或交互的影响经历多旋回的变格运动而形成的。参照黄汲清先生关于印支运动重要意义的创见[1]，关于三叠纪以来中国东部大地构造进展中有两个重要转折时期的论述[10]，以及关于新构造运动和西瓦利克沉积发育的探讨[12]，作者曾把印支以来的变格运动分为三个主要阶段，每个阶段在某些场合又可分为较小的旋回，这些已在另文中作较详的叙述[8]，在此不拟重复。至于作者从变格运动的观点提出的中新生代油气盆地原型及其形成机制的方案，即 A、B、C、D、E、F、G……[8]，其思路早在约 20 年前即来自黄汲清先生的《准地台运动构造的型式》[9]、特别是关于基底褶皱的理论阐述。他当时举出的“以褶皱断裂为主的多旋回（准地台）运动”的六种类型，作者认为可以相应地适用于变格运动的“盆地”。例如：（1）天山型包括了多旋回后期的大幅度隆起及其内部或边缘的大型断陷，也即作者后来所说的碰撞的远距离效应（C 型）；（2）闽浙型的活动相当于作者近来提出的基底拆离（B）及发育在其上的晚白垩世以来的小断陷（E）；（3）八面山型包括与 B 型相联系的盖层逆掩和重力滑动（G）所产生的褶皱与断裂；（4）山东型显然包括华北式的拉张的断陷（E），其中很重要的部分是由于断层走向滑动（F）引起的；（5）燕山型的名称，作者当时即认为值得商榷，因为按黄汲清先生在“单位”中的分析，如果是指水成岩覆盖甚厚处的盖层褶皱，应以鄂尔多斯与山西为代表，但这似已属于黄汲清先生的“振荡运动”（作者的差异沉降 D 型）的范畴；如果是指水成岩覆盖甚薄，活动性大，逆掩断层发育的地区，那么似应以北票型为代表。事实上，从构造机制说，盖层的厚薄与逆掩的强烈与否并没有直接的相关性，所以作者改以龙门山为代表，称与地槽褶皱直接有关的推覆作用为 A 型俯冲，而把另一些在远离当时的毕乌夫带而发生在地台或古褶皱带内部的复杂推掩同基底拆离（B）相联系；（6）另外，在 1965 年的文章中，作者还把叠置在古生代褶皱带之上，早期常有断裂活动与火山喷发相伴随的大型坳陷（隐指当时的松辽盆地），另列为一类。二十多年来新的观察逐渐增多，新的理论的发展已使上述拟比很不恰当，作者已另作阐述。但渊源有自，理应在此做适当的说明。

在论及多旋回生成油气问题时，黄汲清先生曾说过：“一个大的含油气盆地，它的形成时间长，沉积厚。生油、生气层不是一个时代，不是一层的，而是多期、多层的。这个意见 1943 年就已提出了。如新疆的天山两侧的山前坳陷和内部的山间坳陷是多层生油、多层含油。四川震旦系含气，寒武系、奥陶系、志留系、泥盆系都有油苗，石炭系、二叠系、三叠系、侏罗系都含气，可见是多层生油生气的。有了圈闭构造、盖层等适宜条件，都可以形成油气田。同样，储油层也是多层的，哪一层油气更好，这就是需要我们研究的”（黄汲清，1982）。

依作者之见，多旋回构造运动的观点对于开拓中国油气资源的重大意义，将远远超出上述黄先生的自我评价。多旋回构造运动是中国地壳构造发展的特色，相应地也为中国含油气盆地的多旋回发育提供了特殊有利的背景。不同地区，不同大地构造环境下的不同层系可以发育为不同类型的含油气盆地。而不同时代，不同运动体制下的含油气盆地又可以相互并列和叠加，提供多种油气聚集的条件。黄汲清先生在上文提到天山两侧和内部坳陷的多层生油、含油，原意似指中新生代而言，但经过多年来成功的勘探，准噶尔盆地已经证实是一个蕴藏丰富的二叠（石炭）系含油气盆地。他所说的四川的多层系生油生气，是地质历史上多旋回的古地台、坳拉槽、A 型俯冲、差异沉降等运动机制叠加和并立的产物。在华北的第三系断陷盆地之下，已有一定迹象表明可能还有不同类型的上古生界油气盆地存在。古亚洲构造域中某些断裂体系的后期活动为中新生代盆地的形成创造了条件（如河西走廊的某些盆地）。在后期的逆掩推覆之下，古生代盆地或其局部的改造、保存与油气的重新集聚或再生，也是一个值得普遍重视的领域。总之，从油气资源来说重要的不是油气的多层系，而是含油气盆地的多旋回发育，在一个已知盆地内寻找和发现新的隐蔽油气藏，固然是重要的，但究竟远不如通过地壳多旋回运动的探索来找出新的隐蔽的盆地，例如一个新的涵义的准噶尔。在已知的含油气远景区内开拓工作固然是必要的，但究竟远不如在更广大的范围内，按多旋回运动历史的、全球性的演化来对含油气条件进行全面评价，以期在新的“未知”地区中寻找新的旋回的盆地。这将是多旋回构造理论能为中国发现新的油气资源做出新的贡献的本质所在。在本文中不能在这些方面做过多的预测。作者愿在略陈鄙见之余，祝愿这一理论在实践的检验中不断推进。

参考文献

[1] 王泽泣，吴向浓．青藏高原北部的构造轮廓及其有关的几个大地构造问题 // 中国地质学会成立六十周年论文摘要汇编，1982.

[2] 王鸿祯．历史大地构造学及其研究方法 // 构造地质学进展．北京：科学出版社，1982.

[3] 朱夏．我国中新生界含油气盆地的大地构造特征及有关问题 // 中国大地构造问题．北京：科学出版社，1965.

[4] 朱夏．中国新生代油气盆地 // 构造地质学进展．北京：科学出版社，1982.

[5] 朱夏．中国东部板块内部盆地形成机制的初步探讨 // 石油实验地质，1979，1（1）.

[6] 朱夏，陈焕疆．中国大陆边缘构造和盆地演化 // 石油实验地质，1983，5（2）.

[7] 朱夏．试论古全球构造与古生代油气盆地 // 石油与天然气地质，1983，4（1）.

[8] 朱夏，等．中国中新生代构造与含油气盆地 // 地质学报，1983，57（1）.

[9] 黄汲清，姜春发．从多旋回构造运动观点初步探讨地壳发展规律 // 地质学报，1962，42（2）.

[10] 黄汲清，等．中国大地构造基本轮廓 // 地质学报，1977（2）.

[11] 黄汲清，任纪舜．关于大地构造研究的几个重要问题 // 构造地质学进展．北京：科学出版社，1982.

[12] 黄汲清，陈炳蔚．特提斯—喜马拉雅构造域上新世—第四纪磨拉斯的形成及其与印度板块活动的关系 // 国际交流地质学术论文集．北京：地质出版社，1979.

[13] 黄汲清．中国大地构造的几个问题 // 石油实验地质，1983，5（3）.

[14] Левин，Л.Э. 深边缘海和内海的地球动力学与火山作用，1982. 陈颐享．译 // 海洋地质译丛，1983（1）.

[15] Arthaud，F.and P·Matte. Late Paleozoic Strike-slip Faulting in Southern Europe and Northern Africa. Bull.Geol.Soc.Am，1977，vol.88.

[16] Emery，K.O. Tectonic Evoluton of the East China Sea.Preprint，Woods Hole Oceanographic Institution，1983.

[17] Miyashiro，A.Tectonic and Petrologic Aspects of Asia.Men，no.44，Geol.Soc.Taipei，China，1981.

[18] Morel，P.and E.Irving.Tentative Paleocontinental Maps for the Early Phanerozoic and Proterozoic.J.Geol，1978，vol.86.

[19] Morel，P.and E.Irving. Paleomagnetism and the Evolution of.Pangea.J.Geop.Res.，1981，vol.88，no.B-3.

[20] Huang，T.K.On Major Tectonic Forms of China.Men，no A 20 Geol.S_{UTV}.China，1945. 译本 // 中国主要地质构造单位．北京：地质出版社，1954.

[21] Huang，T.K. An Outline of the Tectonic Characteristics of China.Eclogea Geol.Item 71，1978.

[22] Zhu，X.and Chen，H.J. Tectonic Evolution of Chinese Petroleum Basins，Res.Inst Francais du Pétrole，1980，vol.35，no.2.

[23] Ziegler，P.A，northwestern Europe，Subsidence Pattern of post-Variscan basins.Geology of Europe，

Colloque C6，26.CGI，1980.

[24] Zwart，H.J.and U.F.Dornsiepen. The Variscan and Pre–variscan Tectonic Evolution of Cen–tral and Western Europe：A Tentative Model.Geology of Europe，Colloque C6，26.CGI，1980.

[25]Золотов，А.Н. Тектоника и нефтегазоносность древних толш. Недра，Мо–сква，1982.

（1983 年 9 月完稿）

关于盆地研究的几点意见 *

（一）

盆地，特别是含油气盆地的研究，二十世纪七十年代以来，有了长足的进展。国际上许多学者发表过很多重要文章来研讨盆地的形成机理、类型及盆地内的油气聚集条件。其中哈尔鲍特与克莱米（M.T.Halbouty 和 H.D. Klemme, 1970）在《世界大油气田、影响它们形成的因素和盆地的分类》专著中的盆地分类，是从地壳性质来划分盆地类型的第一篇著作。以后，克莱米又在许多文章中详加论述。加拿大的马克罗森与波特（R.C. Mrcrossan and J.W.Porter, 1975），以及法国的布雷、美国的巴莱等人，都提出了对盆地分类的一些看法。差不多同时，美国的费希尔（A.G.Fischer, 1975）和英国的鲍特（M.H.T.Bott, 1976），相继在《石油与板块构造》《大陆边缘和克拉通沉积盆地》等专著上，就盆地的形成机理，作了综合性和总结性的归纳。新近一两年来，又有不少这方面的论著问世。如像大家已知的美国的迪肯森等。

为什么对盆地特别是对含油气盆地，自二十世纪七十年代以来有这么多的论著，我想有两个原因。

一个是为地质科学的发展所促进。这个发展，主要的一条就是板块构造理论的提出。二十世纪六十年代末以前的盆地研究，是与地槽学说分不开的。因为地槽本身也是一种盆地。反过来，不同类型的盆地，也就被称之为不同类型的地槽。如最早出现在斯蒂勒地槽分类中的 Para-geosynclinore 实际就是指一些与克拉通有关的盆地。后来在美国人凯伊、金等人的地槽分类中，在地槽一词前面加了些帽子。称作这样那样的地槽，实际上包括了很多属于盆地概念的内容。这样那样的地槽，也包括了这样那样的盆地。首先联系到石油来考虑盆地类型的是美国的威克斯（L.G.Weeks, 1958）。二十世纪六十年代后期板块学说提出来以后，被认为是地质学上的“革命”。在这个“革命形势”之下，大家对盆地的分类有了一些新的看法。六十年代开始，由哈尔鲍特、克莱米提出的分类，以地壳性质为基础，根据大洋地壳和大陆地壳的相互关系，在板块概念下进行分类。以后的分类就更富有板块学说的色彩，如贝利（A.W. Bally, 1975）和迪肯森（W.R.Dickinson, 1976）的分类，明确地将盆地分作拉张大陆边缘的、裂谷的或敛合边缘的（Convergence）。总的来说，正是由于板块构造学说的发展，促进了对盆地机理、类型的研究。

促进盆地研究的第二个方面同世界性的能源危机有关。二十世纪七十年代，特别是自

* 本文是朱夏总工程师 1980 年 4 月 22 日在《中国中新生代盆地构造与演化》论文讨论会上的发言，对含油气盆地研究的意义、方向、内容、方法都做了精辟的分析。我们根据这篇讲话略加整理，并冠以“关于盆地研究的几点意见”的标题，在此发表，以飨读者。

一九七三年“石油危机”发生以来，能源紧张的形势日益增长。去年十一月，我在加拿大参加了一个由联合国下属组织举办的长远能源会议。从会议讨论的总的趋势看来，整个世界的能源潜力并不匮乏。所谓能源紧张，是因为从二十世纪五十年代以来，资本主义国家在能源构成上，过分依靠廉价的石油。一旦在石油的供求关系上发生了问题，情况也就严重起来。看来，解决这个危机的根本办法是能源多样化。但多样化要有一个过程。有人估计到二十世纪末，新能源的启用才可能有较大的进展；有人更悲观一些，主张至少要五十年以后，才会有真正的新能源出来代替使用常规能源。而石油还有不能被完全代替的特点。也就是说，在这个三十年至五十年或更多年代的转变过程中，油、气将继续是重要的依靠对象。发现和利用更多油、气资源的要求也就更加迫切。

世界上大约有六百个盆地。已在其中的约一百六十个中找到了油气。除去一些希望不大的盆地外，至少还有一百多个盆地值得进一步去探索。对待这些需要探索的盆地，特别是地居偏远，或者工作条件困难的，首先要对有可能发现的资源量有一个估计。对资本家来说，这是下决心，冒风险进行投资的一个重要的问题，即使对已经开发的盆地来说，也还有一个预测潜在资源的问题。近几年来，已有不少文章专门探讨估计未发现资源量的方法。大致说来，首先要用地质类比法。也就是从已掌握的某个地区的基本地质条件，同已经取得较多料的盆地和地区进行类比。运用几十、几百种所谓指标（Parameter），通过计算机，用所谓“Monte—Carlo”模拟法来求出一种曲线，即 Probability—risk 曲线。从这条曲线上，我们可以获得资源量多寡和冒险性（risk）多少的量的概念。举例说，今年二月在香港开过一个会，会上有一位挪威地质学家，估计我国海区的石油资源量：按冒险率 25% 计算为 200×10^8bbl，按冒险率 75% 则为 620×10^8bbl（可采系数均以 25% 计）。方法的细节当然要复杂得多。前不久，由刘和甫等同志代表我国参加的联合国“亚洲地区近海矿物资源共同分类勘探委员会”会议（CCOP），就是一个讨论这些方法的会议。

1957 年 Weeks 说过这样一句话，就是“盆地的分类是估算资源的基础”（Basin classification–as a basis for estimating resource）。可见盆地研究对估算未发现资源量的重要性。而为了发现新的油气区，动员各方面的地质学家在全世界许多地方进行的未发现资源量的分析和估算工作，又推动了盆地分类的研究。这种分类的研究，自然要涉及与盆地形成、发展相联系的许多基本理论问题。前不久，在北京国际石油地质讨论会上见到克莱米，他说盆地分类有两种，一种是 Academic（学院式的），一种是 Industrial（工业的）。他说“我们分类是 Industrial Classification”。意思说，他研究盆地与分类，是为发现更多油气资源服务的。

所以说，盆地研究的动力来源于两个方面。一方面是理论的发展，形成了新的观点，用来划分盆地的类型、研究盆地形成的机制：另一方面是生产上的需要，敦促我们组织力量来从事这方面的研究，为寻找更多油气资源服务。我们的盆地研究工作从这两方面来，也应归回到这方面去。既要在理论上有所提高，更要在实践中接受检验。

（二）

要进行类比，首先要考虑形成油气的基本地质条件。我想把它们归纳成如下几个方面：

第一个是物质的问题。既然要生成油气，首先就有一个物质基础问题。也就是生油物质的性质、数量等。物质—英文叫 Material。

第二重要的问题就是要“成熟”。就是说，有了物质还要有成熟到能够生油气的条件。不成熟，或者过分成熟都不行。所以，Maturation（成熟度）是一个重要的方面。

第三是运移。这里，我想把 Migration 这个字的涵义放得更广一些。比方说圈闭，圈闭是什么呢？圈闭就是不运移。在运移途中停止下来成了圈闭。所以，运移和圈闭是同一事物的两个方面。再如储油层，就是在圈闭条件下，把油气储集在里头。假如没有圈闭，油气还处在运移过程中，这种储层，实际应叫“运油层”。即所谓 Carrier。因此，可以把运移、圈团和储集放在一起，在广义的运移概念之下，作统一的考虑。

最后还有一个，我叫它作 Maintenance，就是“保持”。这里的保持概念，应比通常所讲的盖层条件，或开启条件等，还要广一些。应把后期的构造或改造、热力影响及可能由水动力条件所造成的再分配等，统统考虑进去。对于构造历史复杂的盆地，这一点尤为重要。

因此，以 M 起头的这四个字：Material（物质）、Maturation（成熟度）、Migration（运移）、Maintenance（保持）可以看作是四个基本指标。

在这四个大的指标下面，可再分出许许多多具体指标，与条件接近、资料较多的地方进行类比，并且放到计算机中去模拟，这样得出的油气聚集条件和资源量，可能比单纯从具体指标考虑会有一个比较完整的概念。

在普查工作中，我们所面临的往往是预测性的而不是总结性的问题。因此我们所能掌握的往往不是这些指标的具体数据，而是要从一些地质因素来对这些指标进行评价。

第一个因素就是沉陷（Subsidence）。不论盆地的类型如何，是断陷，抑或坳陷，总要发生沉降，才能形成盆地。在沉降过程中，因有种种干扰因素，对一个盆地整体来说，沉降将是不均匀进行的，原来是统一的基础，由于不均衡地沉降，一部分沉降下去，另一部分不但不沉降，反而相对成为隆起。也有原来是不均一的基础，通过沉降，在新的地层发展中统一起来。这种不均匀的沉降作用，对生油物质的分布、性质、体积、不同成熟度等，起了很大的控制作用。

从板块学说来讲，这里有一个运动的方式和方向问题。因板块运动的方向是水平的，而沉降是垂直的。对引起沉降的原因，可以有不同的认识。

一个可能的原因，是地壳厚度或岩石圈厚度的变化，特别是在岩石圈拉张变薄或收缩变薄的时候，均可引起沉降。有人将这种作用，称作岩石圈的构造衰减（A.G. Fischer, 1975）；第二种原因，可归结于上地幔或软流圈地幔（Asthenospheric mantle）物质的上涌和对岩石圈的作用，形成异常地幔或地幔垫之类的东西。由于这一过程伴随发生壳下物质的相变，从而引起沉降。有人称这种作用为热收缩机制：

还有一种引起沉降作用的原因，不大为人们注意，就是岩石圈在受压之下的弯曲。一种是垂直的下压，可理解作重力负载效应。如大的三角洲或大陆边缘上的一套厚层沉积，在重力作用下，使大陆边缘地壳向下弯曲。另一种是侧压力。就像背向斜一样，侧压力能否使岩石圈发生横向弯曲。从流变学的观点来看，如果重力负载可以引起地壳较大规模的下弯，那么，水平运动或作用于岩石圈（块）两侧的水平压力，可不可以也把它压弯呢？

在我国东部滨太平洋地区，自印支运动或晚三叠纪以来，在开始是东高西低和后来（白垩纪以后）又是西高东低的趋势演变中，确有隆凹相间的规律排列映现。这是不是侧压力的作用结果，算不算是由侧压力引起的岩石圈中的弯曲，似乎值得进一步去研究。当然，在这个地区相应存在的大量断裂系统，应该联系这种弯曲一起来考虑。

第二个问题就是沉积作用（Sedimentation）。它与沉降作用之间有许多复杂的关系。一种极端是沉降作用很快，而沉积很慢，这样，当然要造成一种非补偿的“饥饿”沉积环境；反过来，沉降与沉积作用保持平衡，或者沉积速度大于沉降速度，则盆地内的物质，不管是生油物质、储油岩层及沉积相序垂直组合和水平组合，都会出现不同的情况。

第三个作用应该是应力（Stress）或是 Stress Condition（应力环境）或是 Stress field（应力场）。沉降与沉积经常处于不同的应力环境之下，而这种应力环境（场）又是处于不断变化之中。或者先压后张，先张后压，也可能是张而又压，压而又张。就是说，在这当中也有一个演化的过程，不能只看最后一次结果。从我国东部盆地来说，大家普遍承认侏罗纪或至少是它的中晚期曾处于拉张环境，进入白垩纪时又处于挤压环境，进入早第三纪它又处于拉张环境，到晚第三纪和第四纪以来可能又有一个挤压作用在进行。当然，在这当中也包括了平移活动，以及平移方向的改变。

第四个问题是形态或形式，英文叫 Style。去年 A.A.P.G 上有 Harding 的一篇文章，专讲构造的形态（Structural Style）。我想这个 Style 的范围可以更广一些。不但要把同一应力体系下的张、压扭构造型式考虑进去，还应把与之有关的沉积因素（如上倾方向和坡度的变化对沉积厚度和相的影响）都包括在内。它们同运移、圈闭条件是有直接联系的。

我的意思是说，从地质作用上来考虑一个盆地，是不是可以把 Subsidence（沉陷）Sedimentation（沉积作用）、Stress（应力）、Style（形态）这四个“S”当头的字，同前面谈的四个“M”之间的错综复杂的关系紧密联系起来，由此及彼，由定性到定量。进一步引伸一下，这四个“M”和四个“S”，还受着三个“T”的影响。

三个“T”当中的第一个是构造位置，即 Tectonic Setting。这个 tectonic 是指大的广义的构造，如板块构造（Plate tectonic）。四个“S”和四个“M”的发生，以及它们在不同地区的不同个性，显然与它们所处的大地构造部位息息相关。就板块构造来讲，是处于板块的边缘，还是板块的内部；或者，是板块的拉张边缘呢？抑或板块的敛合边缘。而且这些不同性质的部位，直接控制着四个“M”和四个“S”的具体内容。以我国中新生代盆地为例，从西部到东部，从中生代到新生代，它们之所以显示出各自不同的发展和演化，显然与它们所处的不同 tectonic Setting（构造位置）有关。比方西部的盆地，早期既接受中亚方面的影响，后期又明显地处在它南部青藏板块的推动之下，因而产生了特定的 S 和 M

条件。再如中间的鄂尔多斯，由于它处的位置，正好是在我国西部和东部一条地槽与地台衔接的分界线上，后期又处在东西两个板块不同方式的活动影响之下，从而造成了一边隆一边翘的这样一种型式。东部的华北、苏北等盆地，当然又有所不同。它们各自的特点，应该看作是构造位置在起决定性作用。

第二点就是时间（Time）。也就是历史的发展和演化，不断地在改变着一度固有的一个盆地的性质和特点。我们这些盆地，似乎都经历了好几重的历史演变。从古生代到中生代，从中生代到新生代，这些不同时期的不同演化，造成了一个特定盆地之中的若干复杂的关系（沉积上的或构造上的）。有些构造的变化，可能对油气的形成起了建设作用，而另外一些，也可能是起了破坏作用。

第三，还有一个单独可以提出来的就是温度或热条件（thermal-condition）。一个地区的温度条件或热史，对油气形成演化所起的作用，近年来已被大家越来越重视。应该把它所起的作用，从构造位置和时间发展中独立出来。温度的历史有两个方面的来源，一个是沉降、沉积作用的不断进行，引起地温梯度的增加；另一个来源则应与地壳深部做联系，或从地幔物质的变化上（如由地幔柱沿壳断裂产生的所谓热点反映）找原因。

这样，我们可以从三个“T”：Tectonic Setting（构造位置）、Time（时间）、Thermal condition（热条件）联系到四个“S”，然后再与四个“M”挂上钩，从而达到对一个特定地区的地质发展和油气资源条件的统一研究和评价。

（三）

最后，我想联系我国油气盆地的特色提出几个问题，供大家参考。

第一个问题是为什么我国的古生代盆地与中新生代盆地，在其分布的格局上有明显的差别。例如，古生代的格局是按南北来分的。照黄汲清先生的说法，内中有一个老的原地台（protoplatform），它包括华北、扬子。南北两边是由地槽转变的大陆增生。这种南北分块的情况，向北包括了西伯利亚。但到了中新生代，则明显地东西分带。这个原因何在？在 Halbouty 与 Klcmmc 合著的《大油气田地质》一文中，有这样一句话：“古生代盆地是与古生代的大陆增生有关，而中新生代盆地与海底扩张相联系。”Klemme 本人最近送给我的一篇未完成的著作手稿中，仍然有这两句话。怎样来理解这个问题？

第二个问题是为什么我国西部、中部、东部的盆地，在其构造型式上有很大的差别。像在与周围古老构造格局的关系上，我国西部的盆地，显然与外围协调一致。而东部这些盆地，则与外围构造不协调，在不少地方，似乎是前者对后者的横跨。中间的四川和鄂尔多斯，介于东西部之间，在内部与外围关系上是半符合与半不符合。这又是什么原因？今年三月，Halbouty 在北京做报告时，一开头就提出这个问题。他说：“中国的这些盆地，在西部是与构造线一致的，东部则不然。”这到底是什么原因？就构造型式来讲，西部盆地褶皱的型式，同东部的块断型式。也完全迥异，这又是什么原因？

第三个问题，在前面已谈到了，就是从三叠纪到白垩纪，我国东部为什么就像一块翘板一样，先是东高西低，而后又是东低西高？是否与大陆板块受到挤压有关？是否可以联系起来进行考虑。

第四，为什么中国东部中生界相对统一的盆地，到了第三纪，又出现了两个相对起坎隔作用的门坎。松辽在第三纪是上升的，经过了这个门坎往南就是下降的华北。对我国东部来讲，不管我们是否采用“沉降带”这一称谓，中生界是广泛分布的（包括黄海）。但为什么到了老第三纪，燕山以北和以南，大别山以北和以南，显然发生了分化。为什么本来统一的东西，到了第三纪又解体。

第五，为什么中国东部自印支运动以来，先是由于南北方向的扭动，出现了北东方向的挤压褶皱，但到侏罗纪中晚期，又出现断陷并有火山活动；到了燕山运动末期，这种北东或北北东方向的褶皱又明显重复出现，并得到加强。就是说，代表我国东部中生代的这种北东方向的褶皱（新华夏系）不仅是压性或压扭性质的，而且同左旋的断裂有关。到了第三纪，它们明显转变为张性或张扭性。这种北东方向的从压到张，或者郯庐断裂从左旋到右旋的转换，应该怎样理解？在与郯庐断裂相交的东西或北西西方向上，是否也不光是垂直运动，也有水平运动与郯庐相协调？这些问题，在一个统一的平面应力场中如何认识。

这几个问题，对说明我国油气盆地的形成机制、历史演化、类型划分及与油气生成聚集的关系，可能都有密切的联系。

活动论构造历史观*

编者按：本文是朱夏教授1990年4月17日在无锡地矿部石油地质中心实验室举办的“七·五”国家重点科技攻关项目（75-54-02-01）评审会上的讲话，事后朱教授在病中亲自进行了整理，由于病情的恶化，未及最后定稿。尔后，丁道桂、钱一雄等有关同志根据朱教授的遗稿和讲话录音重新进行了理顺。现全文刊发，以满足广大读者的要求。

需要特别提到的是，由于病魔的侵袭，朱教授在做此报告的时候，身体已经虚弱到了极点，应该说，他每说一句话都要付出极大的努力。尽管如此，朱教授仍以坚强的毅力、严谨的逻辑、聪颖的构思和流畅活泼的语言，表达了他对扬子构造演化的精湛思想。因此，本文如称之为是对扬子的构思，倒不如说是朱教授对当今构造地质学研究的一份贡献。

很高兴今天还能有机会同各位老朋友、新朋友见一次面，也很愿意把近年来自己的一些想法在这里向大家请教。这些年我一直是疾病缠身、孤陋寡闻，能讲的东西都是“虚”的，而且很少。好在我现在的工作准则本来就该是“宜少不宜多，宜虚不宜实”，说些虚话大家是可以谅解的。

这几天看到了中心实验室同志提出的许多报告和论文，虽然限于体力和时间，我只读了其中的极少部分，但觉得大家已经做了许多的“实事”。如果我下面的虚话，能或多或少地起一点“实则虚之”的作用，那就更是我的毕生之愿了。

（一）

想先讲一点什么是构造。构造Tectonics这个词天下通行，流传久远，似乎已不值得再提出来谈。不过，在我自己，总觉得在历史与当代的学术思想潮流中，不能不对这个问题做些反思。

在早期的地质学中，研究地球无非是这样几个方面。一是：由哪些材料组成的？研究这些材料的就叫岩石学（矿物学），当时水成论、火成论还说不清楚，只能是笼而统之。另一方面是：这些材料的放置总得有个层序，这就是地层学，当时也只能分出第一、第二、第三和第四系。这些材料和层次之间必然存在着这样或那样的结构关系，研究这种结构的就是Tectonics，也是包含很广、大小并存的。从一条矿脉到由波罗的、俄罗斯、阿尔卑斯组成欧洲的结构，都是Tectonics。后来各种工作的需要不一，观察的方法愈来愈多，研究的尺度各不相同，才有所谓大构造、小构造之分，Tectonics逐渐被用于大的。其实，像二十世纪三十年代H.Closs所写的讲花岗岩流理（线）、节理等经典名著，讲的东西并不大，但书名仍然叫“Tektonik der Granit”。

* 原载《石油实验地质》，1991年第3期。

大了还不够，于是出现了 Geotectonics，主要是原苏联。原苏联地质学家别洛乌索夫写了一本 Geotectonics 的专著（俄文 1976，英文 1980）。在前面的绪言中，他提出了 Geotectonics 的几条任务和内容，我想可以适用于区域性的 tectonics，略加补充大致有五条：（1）研究几何学或形态学，不论大小，小至一个岩体，大至地台、地槽等条条块块。它都有一个几何形态、大小尺寸。（2）研究它的组分构成（Compositions），无论大小均有其由某些组分构成的结构。（3）运动学：这些组分结构在它形成时和形成之后，经历了不同机制（mechanism）的运动。（4）动力学：为什么会有这些运动？就要考虑。当然，不一定非要查究到是地球自转还是地幔对流，还是“内部作用”等不可，但要明其体制（regime）。（5）很重要的最后一条是历史学，因为所有这些都是在历史过程中不断演化的。一篇 tectonics 的文章似乎应该包括这五个方面，把它融会贯通。所以这样也就包括了由小到大的各种尺度、各种关系，形成一个整体。当然，因为现在各种技术方法愈来愈多，不可能要求一个人从电子扫描到卫星遥感都会操作。这既不可能，也无必要。但是在知识领域中，应容纳下这些学科。从事宏观领域研究的，必须认识到大局是由许多小局组成的；搞局部和微观的，也应懂得大气候、大环境是怎么样的。对一篇区域性、综合性的构造文章就应该这样去对待。这次我在读秦德余等关于秦岭、大巴山和丁道桂等关于大别山的两篇文章时，就做了这样的衡量。要衡量就要有比较，要比较首先要有个可比性。我在看这两篇文章时，曾考虑了它们和同类型文章的可比性。限于见闻，我只是想到了近年来在我国进行的几项工作：一是地质科学院肖序常等在准噶尔西部与美国斯坦福大学 Coleman 教授等合作的区域工作，我只是看到了去年的 tectonics 杂志发表的几篇文章。二是许志琴等同法国 Mattauer 教授等合作的秦岭构造研究，已经发表了专著。还有一篇属于扬子南边。即所谓南华或华南区。这是中科院地质所的李继亮等同瑞士的许靖华教授一起搞的，已发表了好几篇文章。去年写了一篇类似于中间报告的文章，我看到了南大施央申教授送我的一本未刊稿。我觉得“秦岭”和“大别山”的报告同这三项区域构造研究是可以相比较的。当然我无意去评审其高下，但认为是有可比性的。我们石油地质中心实验室的“土产”能同这些有“外知”合作的“新产品”具有可比性，我想这是值得自豪的。

（二）

我认为讲构造就应讲活动论和历史观，也就是研究上述整体构造的认识论哲学。这里只说几点：

1. 古地磁研究明确地指出了许多块体在空间位置的移动及其大致的经历路线。但是，在位置移动的同时，会有几何形态（如分裂出去一小块）、组分结构（如进入了另一种地温场）等方面的变化，而且古地磁数据大多得自当时移动着的“载体”上的沉积物（包括火山物质），这些载体的移动不是在自由空间的“天马行空”，而是同它前后左右的其他块体联系着的。各个载体按不同路线移动中的许多活动要从载体留下的迹象中去追索。那里很难有古地磁数据，而只有其他种种构造迹象要加以联系、融会和综合起来以了解活动的全过程。这就是研究“台”必须研究“槽”，研究古生代盆地必须研究古生代造山带的基本原因。就像一个人，不光只看他两条腿的移动，还要看他的全身。包括上述的种种构造，也就是说，应该把整个地球的各种物质的运动，物质的转化、能量的交流，以及产生的形式和机制联系起来。

2. 活动论承认运动是永恒的，地球一出现就在活动、前进、发展，没有一个从什么时候开始的问题。当然，各种物质的运动方式都是在变化之中的，这种变化不是均变，而是有阶段性的，每个阶段中活动的性质同前一阶段既有继承性又有新的变化。如果你把最后阶段和最早阶段相比，那就比不出来。因为你仅仅看了两头，如果把一个个阶段运动的方式联系起来，那么你可以看出：活动是连续的，活动的方式或活动的性质都在不断改变。

3. 我们通常有个想法就是“活动论构造者，板块构造也”。于是乎就出现了板块构造从何时开始的问题。如果从活动论的观念看这个问题，应该问板块构造是处在地球活动历史上哪一个阶段？它的前身是怎么样？不能说地球从前是不活动的，到古生代后才活动，才产生了板块构造。也不能说太古代以来就有板块构造。需要研究的是与现代的板块活动有何差别。我们正期待着对这一问题较好的答案。

这里，我想先回忆一下我在二十世纪七十年代初期开始接触板块构造学说时的一些想法。当时我曾在特殊困难的条件下，选译了几篇有关的论文，编成了一本《板块构造的岩石证据与历史实例》译文集（1973 年）。在署名 Z.X. 的“译者附言”中主要提出了两点意见。一是这一学说的依据主要来自现代的（包括不到 2 亿年的过去）大洋地球物理与地质的工作。今后在“由洋及陆”“由今溯古”的前进过程中必将有许多新的、重大的发展；二是这一学说应该在活动论的基本原则下，对各种各样的构造复杂体进行因时、因地制宜的解释，不能过多地追求一幅“统一的、结论性的图案”，以免重蹈地槽学说的覆辙。如果说前一点是期望，那么后一点就有点“警告”的意思。

看来，期望正在实现。

这些年来研究有很大的进展。比如说，我们除了 Plate tectonics 以外，还有许许多多的 Tectonics，如“薄皮构造”“碰撞构造”（Collision tectonics）、“伸展构造”（Extension tectonics）、“地体构造”等，还有一些不叫 Tectonics 的 Tectonics，像“陆内俯冲”（Intracontinental subduction）、“壳幔折离”（Crust mantle decollement）等。大家选择一下，是不是都叫小 Tectonics，而把板块构造叫大 Tectonics？还是把它们同板块构造一起总称为活动论构造？如果选择前者，就是把这许许多多的 Tectonics 看作是板块构造的新发展也未尝不可。但必须因此对被当作是板块构造学说的“地质灵魂”的威尔逊旋回重新进行评价。

威尔逊旋回是在坚实的地球物理资料基础上做出的富于吸引力的地质综合，有很多的拥护者。但在应用于许多历史实例中不乏可以质疑的问题。我在 1982 和 1983 年的文章中讲过“手风琴”式的构造活动方式（前面张开把后面关闭）。这种活动方式曾向我的老师李春昱先生请教过。李先生觉得洋壳的单向扩展和消亡等，似乎不合乎威尔逊旋回的动力机制，不好解释。最近我非常高兴，当然也非常悲痛地发现：李先生的一篇文章（也许是他最后一篇了），发表在纪念谢家荣先生的文集中，主要讲威尔逊旋回是 Dewey 在 1970 年初所做的抽象的归纳，在实际工作中不能用威尔逊旋回的这个或那个阶段去一一套用。这也正是我的想法。本来，红海、大西洋、太平洋三者，被看作是代表三个先后相继的关系，只是一种推想。当大西洋的两个被动边缘发展为像太平洋那样的两个活动边缘时，两侧会不会有先有后？出现一边是活动边缘，一边是被动边缘的情况呢？这些问题好像都值得思考。

（三）

现在我想联系秦德余等关于扬子板块北缘中段，即秦岭、大巴区域构造演化的文章谈点想法。这篇文章以多种论据讨论了在晚元古—早古生代的南侧扬子被动边缘扩展和北侧华北活动边缘形成的格局下，北秦岭洋以向北消减而关闭、华北与扬子的碰撞拼合和中生代的 A-Subduction 的作用过程，也即 Subduction-Collision-Squeezing 的一整套“造山作用”历程。用一个通俗的比方，像是一局“麻将”的“吃”“碰”“杠”。现在地质图或构造图上能表示的是“杠头开花”的最终结果。这种“开花”的方式会多种多样。在此以前发生的 " 吃”和“碰”的许多迹象已被改造，只留下被“包容”或“迁就”的形迹。在一张两维的图上要把三维的历史变化都表现出来是极其困难的。但是，人的脑海总是有能力把它重建起来的。这些迹象的重建要依靠从今天的活动构造中所能取得的标志，也就是所谓鉴别古板块的标志来判别。李春昱先生提过八条，郭令智先生好像也是七、八条，但是一个标志不是只有一种解释，要仔细地理解、比较、分析才不至于把它用得太呆板。

1. Subduction 或“吃”的标志是蛇绿岩套。它反映了不同洋壳，如边缘海的洋壳、有扩张中心的洋壳等。像秦德余等的报告在论证蛇绿岩时提出了证据，他们提到了有很多超基性岩的集积体，还有一些辉绿岩墙席。这些东西是代表扩张中心的，边缘海洋壳就没有这一些。同时那里的蛇绿岩同一些复理石绿片岩在一起的位置关系是可以鉴别的。但是扩张中心还不能被完全证明。它还可以是一些分散的、活动性强的、范围较小的、时间较短的扩张中心。如果有洋脊，按威尔逊旋回就该有两侧的对称性。而在这里，南边是扬子拉张壳的被动边缘，至少没有俯冲的各种“岩石证据”。或许，可以按威尔逊旋回的要求，设想有一个向南的、倾角很小的俯冲来把洋壳处理掉，把它塞到扬子长出来的被动边缘下面去。比如有一种设想是所谓 accretion-Subduction（增生俯冲）如图1（引自 A.M.Sengör）。但怎么知道像这张图那样在下面有不俯而冲的情况呢？在这里明显的事实是存在“陆的成长（growth）”。A.M.Sengör 也认为这一方式使陆有“可观的增长”，而洋的消亡只是推理的。图上增长出来的陆，厚度可达 30km，而盆下的蛇绿岩是打问号的。

这种陆的增长意义也可以同 Mattauer 讲的壳幔滑动联系起来，并不需要想当然的俯冲。因此，秦德余等提出的“单向俯冲”是一个很重要的概念。除此，另一种可能性是有一些向另一侧的扩张，当与生长的陆被动顶撞时，逆冲而产生了混杂岩。这种情况在秦岭没有，在另外的地方还值得考虑，下面将再提到。

讲到这里顺便谈一下扬子“成长”的格局。我很拥护罗志立教授孤立核的论点。扬子很特别，太古—早元古代的核很小、很分散，而外面的在中元古代生长出来的“肉”却非常厚，不断在扩大。到了晚元古代开始长“皮”（盖层）的时候，向华北、向华南依然如此，当然具体情况有所差别。秦德余等的文章都把晚元古代作为讨论扬子北缘构造演化的“起点”是有道理的。因为在中元古代扬子长“肉”的时候，华北已先走了一步。在已长好了的“肉”（五台、滹沱）上发生“裂口”，这就是长城、蓟县系为代表的拗拉槽，当然拗拉槽有在内部的，有在边缘的，性质不完全一样。因此，中元古代的华北与扬子是处在不同的状态下，而且也没有资料来说明它们相互位置是“天涯”还是“比邻”，所以无法可以攀比。目前能追查的只是它们从晚元古代以来的“吃、碰、杠”关系了。

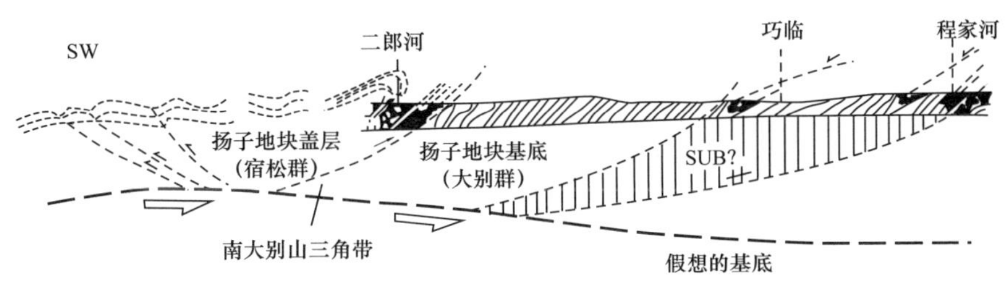

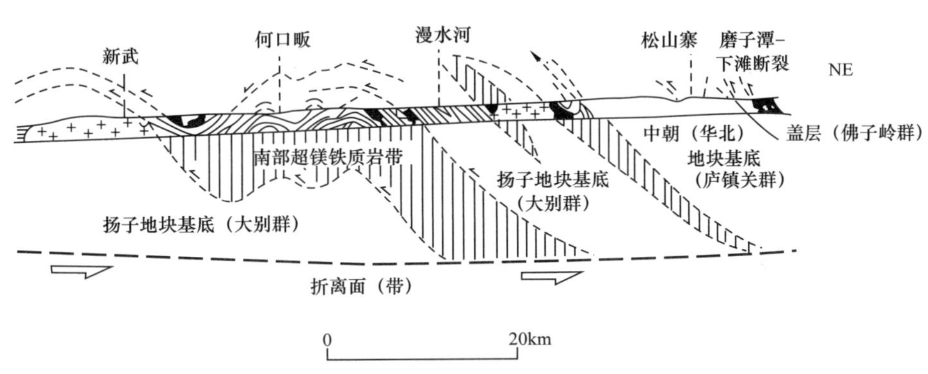

图 1　位于松山寨和二郎河之间、穿过大别山的构造解释横剖面

（引自 A.M.Sengör.1989）

2. Collision 或“碰”：秦德余等指出秦岭地区扬子与华北的“碰”经历了 1 亿多年。表明造山作用不是过去所想象的短期行为，它们把标志碰撞的“兰片岩”作了区分（高长林分为 A、B、C 三类）都是很有意义的。据斯坦福大学刘宗光教授等对中国已知的 40 多处兰片岩的研究，认为它们的年龄都早于相应缝合线的“终端碰撞”（Terminal Collision），而且绝大部分的矿物类型和温压条件都说明了与陆—陆碰撞的雅鲁藏布江兰片岩有所不同。Dewey 提出的 Terminal Collision 是指威尔逊旋回的结束，洋壳已被完全消亡。另外一些人，如 Bally，也认为要么古生代没有实质性的洋壳，要么都已被改造毁灭掉了。事实上，终端碰撞并没有结束造山带的活动，后来的挤或杠有更大的作用（下面再说）。古生代是有洋壳的，而且有些地方并没有完全消亡。现在举出西准噶尔的例子，准噶尔西部和东部可能不同，因为有一条贯通南北的断层把它分开了。现在只能显出准噶尔是个“三角形”，南边是天山，西北边是克拉玛依山，东边是克拉美丽山—阿尔泰山。早在二十世

纪五十年代，我们只能想象它下面有一个三角形的刚性的准噶尔地块，可是也知道准噶尔和塔里木很不一样的。过了很多年，地球物理工作使得这一块块愈来愈小了。1985 年许靖华提出准噶尔是有古生代洋壳的弧后盆地，但论证似乎不足。近来 Feng 和 Coleman 等几篇文章，他们指出准噶尔的西北部晚寒武世（500Ma）至晚泥盆世有蛇绿混杂岩。南边是可能从塔里木分裂出来的伊犁块体。二者是斜交的，在碰撞过程中，是不配合的（Unfittable），因此有平移断层的发生，使中间的三角形洋壳不可能被完全消亡，留下来成为“被圈闭”的（entrapment）洋壳。尽管它还有点扩展的“余热”，但只能通过火山岩浆活动来发泄，因而在产生了大量石炭纪的火山物质后，发生塌陷。在被关闭起来的情况下，不得不接受沉积，直到二叠纪的陆相沉积出现。所以我曾把这种古生代盆地称为 Collapse basin（塌陷盆地）。这种情况可以说是未完成的碰撞，留下了未“吃”完的洋壳加入陆壳之中成为现在的盆地。一些 A 型花岗岩的同位素 Sm/Nd 的分析也表明这里未曾有过花岗质壳。这种说法要比许靖华提出的弧后盆地可信得多。秦岭没有这种情况，“吃”完了，但碰撞并不是“终端”，造山活动仍在继续发展，强烈的活动还在后面，所以我曾称它是温柔的敛合（mild convergence），Coleman 叫 soft-collision 软碰撞，以区别于后来的使造山带有更强烈形变的 Squeezing（榨挤）。

3. 最后是 Squeezing 或“杠”。秦德余等讲了 A-Subduction，特别是对扬子盖层的明显改造。丁道桂等讲了中、下扬子的基底拆离，特别是大别山的“杠头开花”。影响涉及了中元古代的基底和更多的大别基底。今天造山带的面貌是“杠”的后果，它打破了“地槽”与地台的界限，扩大了造山带的领域，把一些“没有造山体的造山作用”也包括进去了。这种花式繁多逐段变化的“杠、花”成为这里的特色。为什么会有这样的特色，留在下面再说。这里先说一下扬子南缘的“吃、碰、杠”。

（四）

扬子南缘或东南缘，许靖华曾提出一个“三叠纪洋”的概念，引起震动。我想同样可以用“吃、碰、杠”的方式来说明扬子与“南华”之间的关系。如同向“秦岭洋”方向生长一样，扬子中元古代的“肉”也在向东生长，包括四堡、上溪、双桥山、双溪坞群等。它们已经被明确地同“板溪群”分开，不再像许所说的还用过去地层会议的决定，把它们统统叫作前寒武系。板溪群是第一层“皮”，第一个扬子晚元古代盖层。它在内部可以有砂岩（我在二十世纪四十年代初在贵州开阳看到过），往外成为板岩或千枚岩，再往外可以由于前面说过的可能由于洋壳扩张的反向逆冲而成为混杂岩。这种逆冲同时可以使原来向外延伸的板岩、千枚岩中出现反向的柔性倒转平卧褶皱，如丘元禧教授在雪峰山所见到的。所以，板溪的板岩、千枚岩同混杂岩是同时并存的。寒武、奥陶系在扬子东缘同样有明显的岩相递变，以“石煤层”为代表的较深水相沉积分布到衡阳附近，那里曾见到同石煤有成因联系的“沥青煤”。再往外是不是也有因洋壳逆冲而成的混杂岩，现在还不清楚。如果有，那么它同下面较早的混杂岩就更难以区分。这就成了许靖华所说的“板溪混杂岩”。后来许说：“板溪洋是前泥盆纪而不是前震旦纪的”是正确的，它不是“三叠纪板溪洋”封闭的产物。

同扬子扩大方向相同的洋壳扩展指向当时的“南华”，而被吞“吃”在它的下面。这同秦岭洋的向北被“吃”不同。因为当时（晚元古—奥陶纪）的南华不像华北那样已经巍然成块，而只不过是一些孤立的中元古代小核，正在成长。有如今天菲律宾洋中的一些岛块或岛链。在核上或核周正在发育着深水的沉积（如燧石层）、水下浊流沉积（复理石）及火山沉积。洋壳对它们的俯冲不能够形成明显的蛇绿岩或其他的俯冲带，只是促进它们的活动。成块成体的冲刷可以在被俯冲的体上出现，而在俯冲带上形成了没有“陆”源但厚度很大的增生楔。它在地层学上包含了晚元古—奥陶系，地层有相应的化石证据但难以作区域对比。在沉积上是以复理石为主偶尔有洋壳显示的混杂体。这就是许靖华所说的“南华复理层”。

“洋”在南华复理层与板溪混杂岩之间消失。没有明显俯冲标志的软碰撞可能在奥陶纪已经出现。志留系的厚度、岩性、岩相变化表明当时仍处在活动环境中。说不定在某些地方是沉积在残留洋壳之上的。泥盆系的东、西岩相区分已较显著，同扬子已趋于一致，不过厚度仍有不小差异。以少量磨拉石开始的湘中泥盆系碳酸盐岩可以看作是兼有软碰撞的特殊型式的前陆盆地和原被动边缘上的继承盆地的性质。

这种情况大致是指雪峰—罗霄—武夷山之间而言的。延向西南，在广西、贵州之间，这个洋并没有因泥盆纪的软碰撞而关闭。两侧继续发育泥盆—石炭纪的被动边缘，二叠纪存在深槽，三叠纪有大量复理层，然后再碰撞。此时黔湘广闽已是“开杠”的时候。西边的盖层推覆形成了宽阔的盆岭式褶皱和侏罗山式的滑脱，可能也有基底拆离使中元古界及侵入其中的花岗岩体推掩到原来的盖层之上。东边则是一系列强烈活动的平移剪切。

南华中元古块体中的陈蔡群，因为在晚元古代已经同北面的下扬子结合了，所以后来的情况不同于其他的南华活动基底。江山—绍兴缝合带中的多种岩石的和分歧的年龄数据说明它是一条历经多次活动的根带，但不存在“南华复理层”。萍乡—宜春带是它的延续，但武功山神山群的属性还不明确。它可能是南华诸块体中的先驱者，限制了扬子边缘以荷塘组石煤层为标志的皖南—浙西型早古生代地层的分布，并成为软碰撞中的硬块。所以这里有巨大的近东西向平移剪切，并同山岭之间有相向的基底拆离。

（五）

扬子南北造山带的这种既有一致性、又有许多样式的“吃、碰、杠”方式，应如何加以解释？先说后期的“杠”，我认为其动力根源是特提斯洋的封闭。1982 年我曾提出在南华块体与现在占据南海的“南海块体”之间存在过一块同特提斯相联系的洋壳，它的关闭导致了广东沿海的“强烈的印支和燕山运动”。1986 年王鸿桢先生认为在琼州海峡有一条消亡缝合带。近年有些证据表明海南岛是冈瓦纳大陆分裂的先驱体（许靖华称之为东南亚大陆）的组分，它同南华之间的洋壳同被称之为“古南海洋”的看法趋向是一致的。

古南海是什么时候、怎样封闭的？现在还不了解。间接的表现是永梅（福建永安—广东梅县）坳陷中的晚二叠（黄汲清的 Ps）—早三叠世沉积，据周祖翼的研究，反映出前陆盆地的复理层特征，说明当时已有挤压作用，可能来自南面的碰撞。广东沿海晚三叠—侏罗—早白垩世的沉积与火山作用更是明显而强烈的前陆活动。南华与南海（东南亚）块体的拼合是在这一期间完成的。这是南北大陆之间的重大活动。当时南华与扬子之间尚未完成碰撞的部分（如广西）终于会合，而已先期联接的部分则是近水楼台，更发生了不同式样的、强烈的榨挤，产生了现在扬子南北缘和广泛涉及其内部的种种拆离和滑脱的活动。

在完成近东西向拼合的同时，还产生了近南北向的剪切。

在北面，生长着的扬子连同“秦岭洋”壳向外（北）俯冲；在东面，“板溪洋”壳随着扩大的扬子边缘向外（东）俯冲；扬子—南华联合体的晚古生代增长边缘连同“古南海”一起向“东南亚”俯冲。据许靖华设想，后者是沿着一条向东南倾的毕乌夫带，而今天的南海洋壳是同中国大陆一起向东俯冲到菲律宾之下的。在台湾，据毕庆昌，台东的弧陆碰撞是由一条远在海外的东倾俯冲带开始的。这一切意味着什么？许靖华指出：Hamilton 等认为东南亚从古生代以来就有西倾俯冲的假设是对了解西太平洋地质的主要阻力。

这种俯冲应该叫什么？显然不是 B-Subduction，也不同于 Bally 提出的 A-Subduction。罗志立教授所说的 C-Subduction 是不是有这个涵义？我曾指出：Bally 把 A- 俯冲冠以 Ampferer 的名义是不确切的，是以刚性体的概念来处理的。Ampferer（1906）提出的是“底流”（Subfluz），它是指地壳底下的物质向外流动，不是刚性体的破裂。它同 Argand（1924 年）的大陆蠕散有些相似，也可以同 Bott（1973 年）的下地壳 ductile flow 相比。近年来在岩石圈研究中所发现的下地壳低速层对比研究可以有所启示。当然，古代的岩石圈结构并不等同于今天，还有待于更多的探索。可以设想，存在着从陆底移向陆缘再移向洋底这样的一种底流过程。

这里举出两张图，请比较一下。一张是大家都熟悉的威尔逊旋回的板块构造图（图 2），可以代表中、新生代的活动；另一张是引自 Kröner 的（图 3），表示了元古代内硅铝造山带的演化。请注意图 3 表达了单向活动、非对称对流、单侧俯冲等现象。我们这里所说的古生代，尤其是早古生代造山带，所处的历史地位是在两者之间，它们将何从何去？如果说，元古代的活动是内硅铝的（ensialic），因为当时的硅铝与硅镁如何区分、有何关系等已难追索，那么，图中的板块活动也就是内硅镁的（ensimatic），因为它来自大洋的研究，很少考虑到大陆内的情况。对于介于二者之间的古生代构造活动，我们必须兼顾二者，事实上也都有可供我们探求的种种依据。有人说，古生代的活动只是陆间的关系，这还不能说明真正的大陆与大洋之间的情况。我们不能忘记：古生代是 Pangea 形成的一个时期，在劳亚部分只有分散的陆，而不可能有完整的大陆，所以不能用处理大陆与大洋或“板块”之间关系的模式（威尔逊旋回）来对待。即使在 Pangea 形成之初的晚古生代，我们至今还没有证据来说明当时的 Pangea 与 Panthalassa 是按照板块构造的规章办事的。看来对构造活动的历史阶段区分是不可避免的，不会因使用或废弃这种名称或那种名称而改变。Howell（1985）的太平洋地体图的图例就分出了后 Pangea 活动的地体；在 Pangea 形成期间或以前的增生地体，和未来的潜在地体。

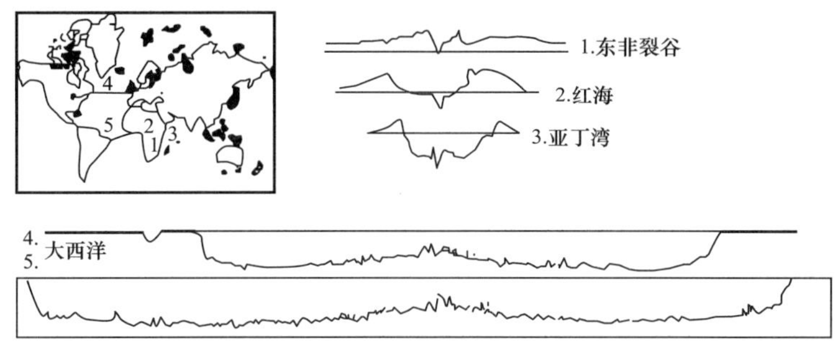

图 2　大洋不断成长的几个阶段

（引自金性春论文中的图，1980）

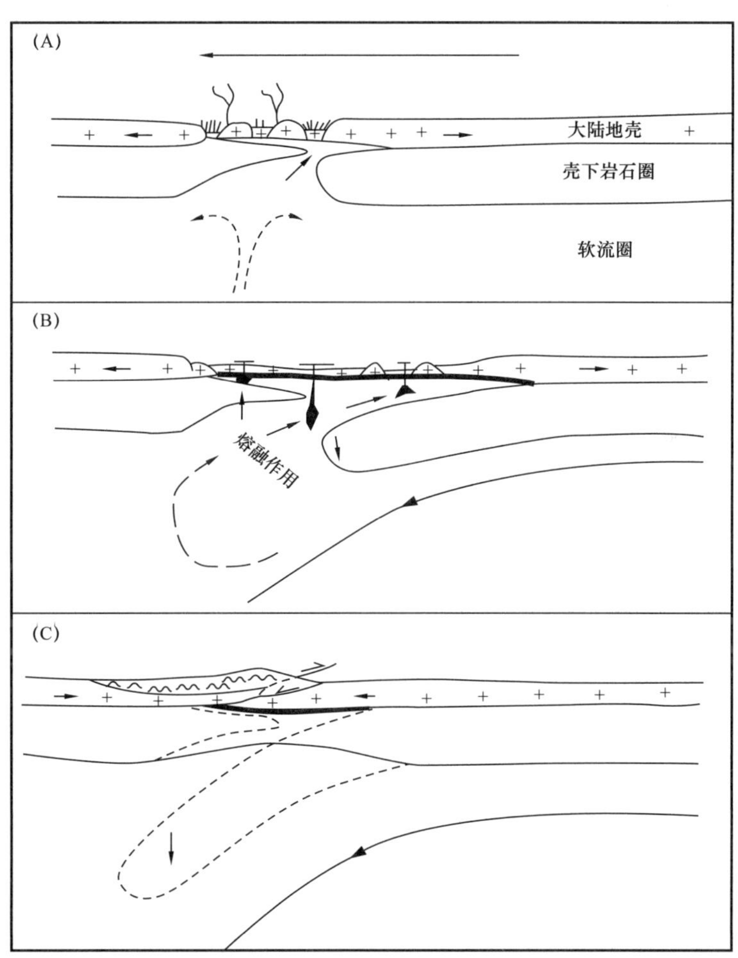

图 3 通过裂谷、地壳拉伸，地幔岩石圈的拆离作用和内堆迭或由水平收缩与造山作用引起 A 型俯冲而形成的内硅铝褶皱带演化三阶段示意图

（据 Kroncr 修改，1981）（引自张国伟译文，1985）

综上所述，无非是想说明扬子及其南北缘的种种活动来源于：1. 在历史背景中，它比华北年青，在成长中一直比较活跃，当一同被卷入古生代末到中生代的“南北战争”洪流中时，它自然有更为强烈的反应；2. 在构造处境上，它身在距冈瓦纳最接近的位置上，当后者一步一步地入侵时，它受到的影响和做出的对抗自然留下了深刻的烙印。这两者又都是由于反映热体制演变的底流地从陆底经陆缘到洋底的移动。这就是我以前提出的 TSM 系统中的 3T。